重庆市暴雨天气分析图集

主　编　陈贵川

副主编　刘　德　张　焱
　　　　廖　峻　李　晶

气象出版社
China Meteorological Press

内 容 简 介

本书旨在通过分析研究发生在重庆市的暴雨天气过程，揭示暴雨的规律和成因，提高暴雨分析预报能力。书中概述了重庆市暴雨天气气候特点和暴雨分析预报思路，重点分析了 1980—2011 年发生在重庆市的 48 个暴雨天气个例，建立了暴雨预报概念模型。本书可供天气预报人员和有关部门参考。

图书在版编目（CIP）数据

重庆市暴雨天气分析图集 / 陈贵川主编.
—北京：气象出版社，2015.1
ISBN 978-7-5029-6083-4

Ⅰ．①重… Ⅱ．①陈… Ⅲ．①暴雨分析－重庆市－图集
Ⅳ．①P458.1-64

中国版本图书馆 CIP 数据核字（2015）第 004679 号

Chongqingshi Baoyu Tianqi Fenxi Tuji

重庆市暴雨天气分析图集

陈贵川 　主编

出版发行：气象出版社
地　　址：北京市海淀区中关村南大街 46 号　　　邮政编码：100081
总 编 室：010-68407112　　　　　　　发 行 部：010-68409198，68406961
网　　址：http：// www.qxcbs.com　　　　E-mail：qxcbs@cma.gov.cn
责任编辑：李太宇　　　　　　　　　　终　审：袁信轩
封面设计：博雅思企划　　　　　　　　责任技编：吴庭芳
印　　刷：北京地大天成印务有限公司
开　　本：889 mm×1194 mm　1/16　　　印　张：18
字　　数：530 千字
版　　次：2015 年 1 月第 1 版　　　　　印　次：2015 年 1 月第 1 次印刷
定　　价：120.00 元

《重庆市暴雨天气分析图集》
编 写 组

主　编：陈贵川

副主编：刘　德　张　焱　廖　峻　李　晶

编　委：向　波　李　强　邓承之　陈　鹏

　　　　王　欢　刘晓冉　杨　春　刘　念

　　　　龙美希　邹　倩　刘婷婷　吴政谦

　　　　龙小雨　廖芷仪　罗　娟　赵福虎

　　　　庞　玥　张　虹　郑天雄

序

  暴雨是重庆市的主要气象灾害之一，同时引发山洪、地质灾害、城市内涝等衍生灾害，具有突发性和破坏性，造成的影响和损失巨大，历来是各级政府和广大人民群众关注和防范的重点。

  暴雨天气过程受多种天气系统、各类地形条件相互作用，预报难度很大。重庆位于青藏高原和长江中下游平原的过渡地带，属典型的亚热带湿润型季风气候区。辖区内山脉纵横、水系发达、地貌类型多样，是暴雨多发地区和难报地区。"东边日出西边雨"，唐代诗人刘禹锡任夔州（今奉节）刺史时就有此感概。

  通过多年的探索实践，尤其是近些年数值天气预报取得的明显进展，为暴雨等极端天气的预报提供了更加丰富的信息，暴雨预报水平有所提高，但对一些突发性、局地性和持续性暴雨的预报能力还较弱。因此，需要加强对大量历史个例的分析研究，从众多暴雨个例中总结预报经验，提炼预报指标，建立预报模型，不断提高暴雨分析预报水平。

  人的认知过程就是由个体到整体、由偶然到必然、由表象到本质的量变到质变的过程。《重庆市暴雨天气分析图集》遵循了对事物认识的规律，重点分析了1980—2011年发生在重庆市的区域暴雨天气个例，并由此建立了暴雨预报概念模型，是一部实用性、指导性较强的书。希望全市预报业务和科研人员能够认真研读此书，并在实践中进行检验和完善，不断提升对重庆暴雨发生规律的认识，不断提高暴雨天气过程预报的准确率和精细化水平，为重庆市经济社会发展和人民群众福祉安康提供有力保障。

（王银民，重庆市气象局局长）

2014 年 12 月

前 言

　　重庆市位于四川盆地东部，地势从西向东以浅丘、山地、高山逐渐攀升，河谷纵横，长江从西向东贯穿其境，天气气候独特，季风气候明显，暴雨集中在夏半年，由暴雨引发的山洪、地质灾害、城市内涝等灾害造成的经济损失列自然灾害的首位。如 2014 年 9 月 1 日发生在重庆东北部的大暴雨天气过程造成直接经济损失高达 32.1 亿元。

　　重庆市各级政府和社会公众历来十分关注暴雨天气预报，要求气象部门更加准确地预报暴雨等灾害性天气。但由于暴雨受多尺度天气系统和复杂的地形条件影响，目前的预报水平还难以满足各级政府和社会公众的期望。提高暴雨预报水平是重庆市气象部门追求的目标，必须经过预报科研人员的不懈努力。

　　编写《重庆市暴雨天气分析图集》（以下简称《图集》）旨在通过分析研究发生在重庆市的暴雨天气过程，揭示暴雨的规律和成因，提高暴雨分析预报能力。

　　《图集》概述了重庆市暴雨天气气候特点和暴雨分析预报思路，重点分析了 1980—2011 年发生在重庆市的 48 个暴雨天气个例，建立了暴雨预报概念模型。全书共分四章，第 1 章由向波、刘晓冉、陈贵川、李晶、刘婷婷编写；第 2 章由陈贵川、李强、张焱编写；第 3、4 章由张焱、廖峻、邓承之、李强、刘念、王欢、杨春、龙美希、邹倩、龙小雨、刘晓冉、李晶、刘婷婷、陈鹏、吴政谦等编写和分析。陈贵川、廖芷仪、罗娟、赵福虎、庞玥、张虹、郑天雄参与了《图集》的修改和编辑工作。刘德对《图集》给予了技术指导。

　　《图集》的出版得到了重庆市气象局的资助。王银民局长、顾骏强副局长对本书的编写和出版给予了大力支持和帮助。本图集还得到了顾建峰、俞小鼎、谌芸、何立富等专家的悉心指导。段相洪、唐红玉、周国兵、向鸣、王中、方德贤审阅了全书并提出了宝贵意见。王中还为分析常规天气资料提供了大量计算程序，在此一并表示感谢！

　　由于编写人员水平有限，加之编写时间仓促，书中错漏之处在所难免，恳请读者批评指正。

《重庆市暴雨天气分析图集》编写组

2014 年 11 月

目　录

序

前言

第1章　重庆暴雨的气候特征

　　重庆受东亚季风和地理环境影响，为典型的亚热带湿润型季风气候，雨量充沛，暴雨及其次生的洪涝、滑坡、泥石流等灾害频繁。重庆暴雨呈现夏季频率高、影响范围广、时空差异大、灾害损失重的特点。1981 年 7 月 3 日荣昌特大暴雨、1989 年 7 月 10 日合川大暴雨、2004 年 9 月 5 日开县特大暴雨、2007 年 7 月 17 日重庆西部特大暴雨等暴雨过程都给经济社会造成了巨大损失。本章主要统计分析重庆暴雨的气候特征。

1.1　重庆的地形特点与天气分区

　　重庆市位于四川盆地东部，地形地貌复杂，根据地形天气气候特点将重庆分为西部、中部、东北部和东南部四个区域（图 1.1）。西部以丘陵为主，中部多为平行岭谷，东北部及东南部主要为山地。长江自西向东贯穿全市，嘉陵江自北向南汇于重庆主城区，乌江自南向北汇于涪陵。重庆处于东亚季风区，夏季中低层盛行西南风，因此，重庆的降雨带一般沿西南－东北向发展。由于西南风受地形的抬升作用，在大巴山的南麓开县附近常常形成暴雨中心。

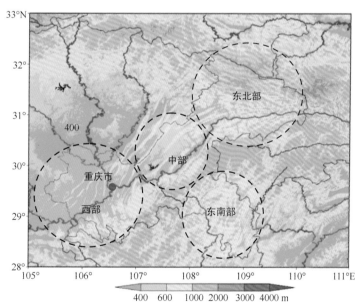

图 1.1　重庆市地形及区域分布图

1.2　重庆暴雨的年平均日数分布

　　根据重庆 1981—2010 年共 30 a 的各国家观测站降水资料统计（以下若无特殊说明，本章中重庆暴雨气候统计资料年限均为 1981—2010 年，共 30 a），全市年平均暴雨日数 2.4（江津、石柱）～5.1 d（开县），长江沿岸地区相对较少，长江沿岸往西北和东南方面都出现逐步增加的分布特征，年均大于3.5 d的多发区域主要集中在东北部，包括巫溪、云阳、万州、垫江、梁平、开县、城口，此外还有东南部的酉阳和西部偏北的合川、北碚。开县年均5.1 d暴雨，是全市仅有的一个年均大于5 d的地区（图1.2）。

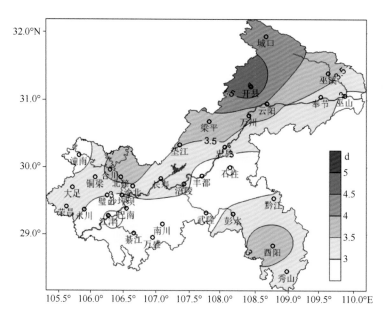

图1.2　重庆市年平均暴雨日数分布图（1981—2010年）

1.3　重庆暴雨的年最多日数分布

全市年最多暴雨日数6～10 d（图1.3），6 d的地区包括石柱、潼南、綦江、南川、丰都、璧山和涪陵，10 d的地区包括梁平和长寿，总体的分布特征和年平均暴雨日数类似，等值线呈现东北—西南走向。

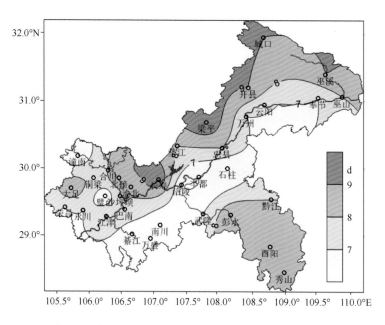

图1.3　重庆市年最多暴雨日数分布图（1981—2010年）

　　5月全市平均暴雨日数0.2（大足）～0.7 d（垫江），年均大于0.5 d的多发区域除开县和酉阳外，主要在西部偏东北以及中部偏北的地区，包括合川、北碚、长寿、涪陵、丰都和垫江。年均小于0.3 d的区域在重庆西部偏西和东北部偏东的区域（图1.4）。

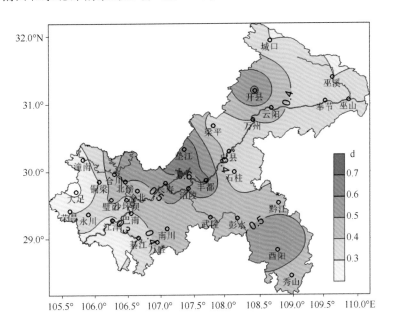

图1.4　重庆市5月平均暴雨日数分布图（1981—2010年）

　　5月全市最多暴雨日数1～3 d，仅1 d的地区只有大足，最多暴雨日数为3 d的地区包括巫溪、开县、垫江、长寿、丰都、铜梁、沙坪坝、黔江和酉阳（图1.5）。

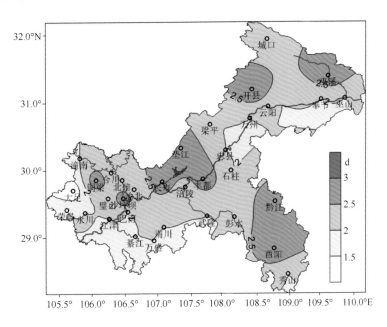

图1.5　重庆市5月最多暴雨日分布图（1981—2010年）

　　6月全市平均暴雨日数0.4（江津、丰都）～1.1 d（酉阳），年均大于0.7 d的多发区域集中在长江以北以及黔江以南的地区（图1.6），年均超过0.9 d的地区包括渝北（0.9 d）、北碚（0.9 d）、开县（1.0 d）和酉阳（1.1 d）。

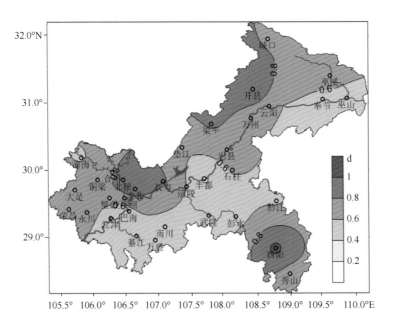

图 1.6　重庆市 6 月平均暴雨日数分布图（1981—2010 年）

6 月全市最多暴雨日数 2～5 d，2 d 的地区主要在东北部偏南的巫山、奉节、云阳、万州，西南部南川、綦江、万盛以及垫江和渝北。最多暴雨日数为 5 d 的地区集中在东南部的黔江、酉阳、武隆和西部的大足（图 1.7）。

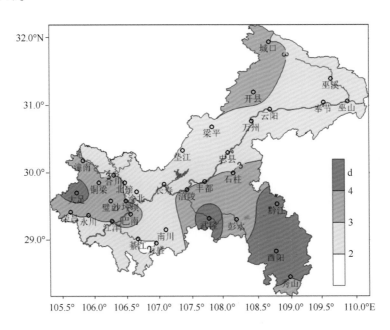

图 1.7　重庆市 6 月最多暴雨日数分布图（1981—2010 年）

7 月全市平均暴雨日数 0.5（石柱、綦江）～1.4 d（开县），年均大于 1 d 的多发区域集中在东北部偏北的的奉节、城口和开县以及西部的合川、铜梁、北碚和沙坪坝。年均 0.7 d 以下的区域主要集中在西部和中部的长江以南区域，包括綦江、南川、丰都、石柱以及东南部的武隆、黔江（图 1.8）。

7 月全市最多暴雨日数 2～5 d，2 d 的地区只有渝北。最多暴雨日数为 5 d 的地区集中在东北部偏北的梁平、开县和城口以及西部偏北的大足、合川和北碚（图 1.9）。

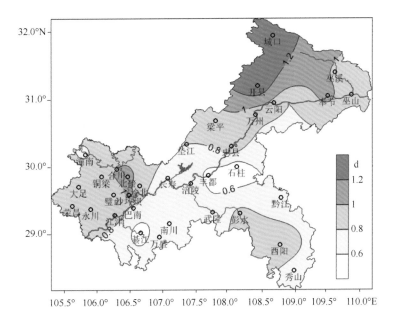

图 1.8　重庆市 7 月平均暴雨日数分布图（1981—2010 年）

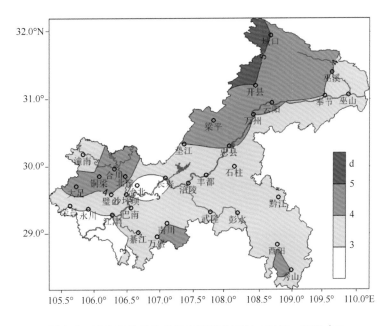

图 1.9　重庆市 7 月最多暴雨日数分布图（1981—2010 年）

8 月全市平均暴雨日数 0.3（石柱、丰都）～0.9 d（荣昌），年均大于 0.7 d 的多发区域集中在东北部的万州、梁平、开县、云阳以及西部的铜梁、万盛和荣昌。年均小于 0.5 d 的区域包括中部偏东的石柱、丰都，东北部的奉节、巫山以及西部的綦江、沙坪坝和巴南等地（图 1.10）。

8 月全市最多暴雨日数 2～5 d，2 d 的地区主要集中在中部和西部偏西地区，包括了石柱、长寿、涪陵、渝北等地，此外，还包括了东南部的武隆、酉阳，西部的永川、铜梁和东北部的巫山。最多暴雨日数为 5 d 的地区有沙坪坝、江津、秀山、垫江和开县（图 1.11）。

9 月全市平均暴雨日数 0.03（巴南）～0.8 d（开县），总体呈现西南—东北逐步增加的分布特征，年均大于 0.6 d 的多发区域集中在东北部，包括万州、云阳、开县、城口、奉节和巫溪。年均小于 0.2 d 的在中部偏西、偏南以及西部偏东、偏南的地区（图 1.12）。

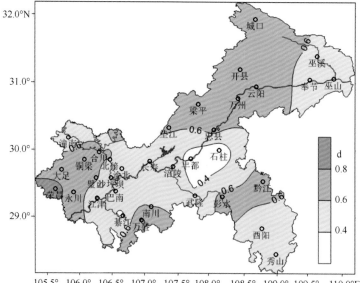

图 1.10　重庆市 8 月平均暴雨日数分布图（1981—2010 年）

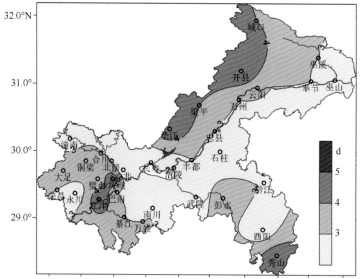

图 1.11　重庆市 8 月最多暴雨日数分布图（1981—2010 年）

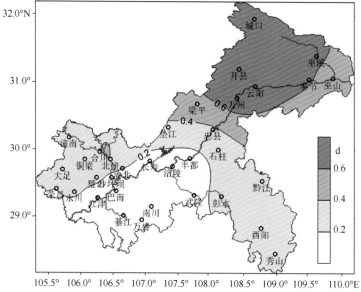

图 1.12　重庆市 9 月平均暴雨日数分布图（1981—2010 年）

9月全市最多暴雨日数1~5 d，1 d的地区主要在西部，包括綦江、万盛、南川，此外还有中部的丰都。4 d以上的地区主要在东北部，包括城口、云阳和巫山，此外还有西部的沙坪坝（图1.13）。

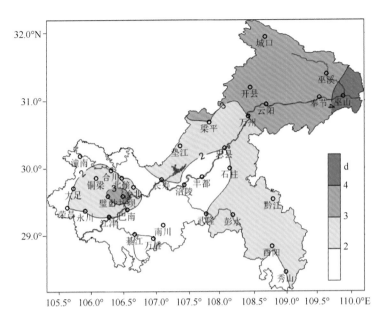

图1.13　重庆市9月最多暴雨日数分布图（1981—2010年）

1.4　重庆暴雨的季节变化

重庆暴雨季节变化明显，下面以沙坪坝、涪陵、万州、黔江分别代表重庆西部、中部、东北部、东南部各区域来分析重庆不同部位暴雨的季节变化特征。

重庆西部（沙坪坝）暴雨发生在4—10月，年均2.8 d，多发于5—8月，占全年总暴雨日数的92.9%。7月年均不足1.1 d，占全年暴雨日数的38.2%。1981—2010年统计年限内，4月和10月极少暴雨发生。沙坪坝有气象记录以来（1941年以来）的资料最早和最晚暴雨分别出现在1969年3月28日（60.2 mm）和1945年11月11日（90.9 mm），1969年10月31日（59.6 mm）。

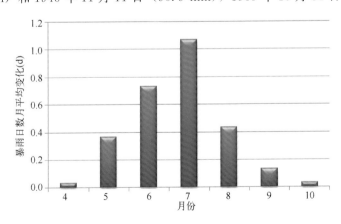

图1.14　重庆西部（沙坪坝）暴雨日数月平均变化图（1981—2010年）

重庆中部（涪陵）暴雨发生在4—10月（图1.15），年均2.7 d，多发于5—8月，占全年总暴雨日数的87.9%。7月年均不足0.8 d暴雨日，占全年暴雨日数的28.2%。1981—2010年统计年限内，4月和9月年均都只有0.1 d。涪陵有气象记录以来（1952年以来）的最早和最晚的暴雨分别出现在2005年4月9日（64.9 mm）和1979年10月25日（79.0 mm）、1997年10月25日（66.1 mm）。

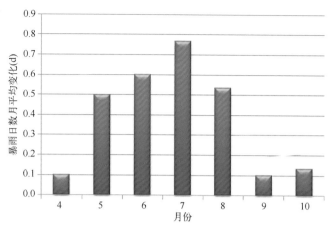

图 1.15　重庆中部（涪陵）暴雨日数月平均变化图（1981—2010 年）

重庆东北部（万州）暴雨发生在 4—10 月（图 1.16），年均 3.6 d，多发于 6—9 月，占全年总暴雨日数的 81.8%。7 月年均不足 0.9 d 暴雨日，占全年暴雨日数的 24.0%。1981—2010 年统计年限内，仅 10 月年均不足 0.1 d。万州有气象记录以来（1954 年以来）的最早和最晚的暴雨分别出现在 1967 年 3 月 16 日（66.7 mm）和 1998 年 10 月 13 日（58.1 mm）。

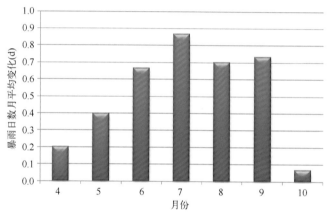

图 1.16　重庆东北部（万州）暴雨日数月平均变化图（1981—2010 年）

重庆东南部（黔江）暴雨发生在 4—11 月（图 1.17），年均 2.7 d，多发于 5—9 月，占全年总暴雨日数的 96.3%。8 月年均不足 0.7 d 暴雨日，占全年暴雨日数的 24.5%。1981—2010 年统计年限内 4 月、10 月和 11 月均只有 1 次暴雨记录，分别是 1998 年 4 月 11 日（51.9 mm）、2000 年 10 月 2 日（56.8 mm）和 1994 年 11 月 15 日（55.3 mm）。黔江有气象记录以来（1959 年以来）的最早和最晚的暴雨分别出现在 1968 年 3 月 20 日（57.7 mm）和 1994 年 11 月 15 日（55.3 mm）。

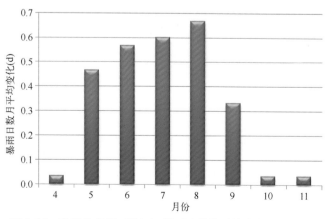

图 1.17　重庆东南部（黔江）暴雨日数月平均变化图（1981—2010 年）

1.5　重庆区域暴雨频率的年际变化

　　1981—2010 年，重庆市年均区域暴雨 5.4 次（此处区域暴雨定义为：20 时—次日 20 时重庆 34 个国家级观测站中 8 个站达到暴雨）。1961 年以来，年最多区域暴雨 11 次，出现在 1982 年，2001 年是仅有的没有出现区域暴雨的年份。从年代际变化来看，呈现先增后减的趋势，即从 1960 年代的年均 4.8 次增加到 1980 年代的年均 6.2 次，此后又逐步减少，到 2000 年代减少到年均 4.7 次，和 1960 年代大体相当（图 1.18）。

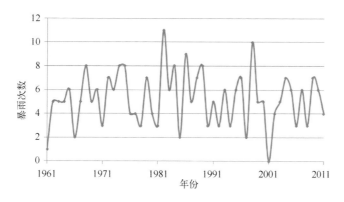

图 1.18　全市区域暴雨次数变化趋势图

1.6　重庆暴雨的极值

　　重庆各地 24 h 最大降水量（图 1.19）在 127.6 mm（涪陵，1986 年 5 月 29 日 20:00—5 月 30 日 20:00）～306.9 mm（黔江，1982 年 7 月 27 日 20:00—7 月 28 日 20:00）之间，雨量达到 250 mm 以上的区域包括了西部的荣昌、永川、璧山、沙坪坝以及东北部的梁平、开县和东南部的黔江。150 mm 以下的区域则包括涪陵、南川、城口和大足。

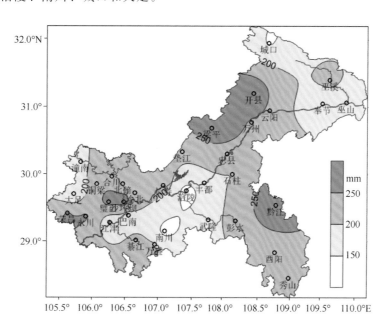

图 1.19　重庆市 24 h 最大降水量分布图（1981—2010 年）

重庆各地 12 h 最大降水量（图 1.20）在 110.3 mm（南川，1974 年 9 月 5 日 20:00—9 月 6 日 08:00）～264.3 mm（开县，2004 年 9 月 4 日 20:00—9 月 5 日 08:00）之间，雨量达到 200 mm 以上的区域包括西部的荣昌、璧山、合川、綦江以及东北部的梁平、开县。140 mm 以下的区域包括南川、涪陵、石柱、巫山、城口、奉节和大足等地。

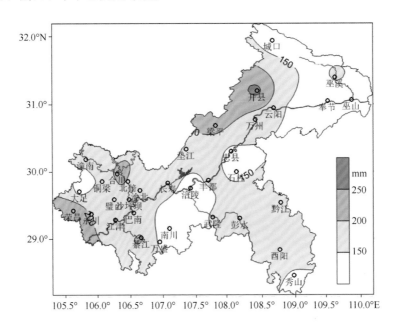

图 1.20　重庆市 12 h 最大降水量分布图（1981—2010 年）

重庆各地 2 d 最大降水量（图 1.21）在 133.7 mm（涪陵，1986 年 5 月 30 日、31 日日雨量分别为 127.6 mm 和 6.1 mm）～393.9 mm（荣昌，1981 年 7 月 2 日、3 日日雨量分别为 142.1 mm 和 251.8 mm）之间，雨量达到 300 mm 以上的区域包括忠县、梁平、云阳、万州、开县、黔江、沙坪坝、铜梁和荣昌，雨量在 200 mm 以下的地区则包括涪陵、南川、大足、江津、巫山和奉节。

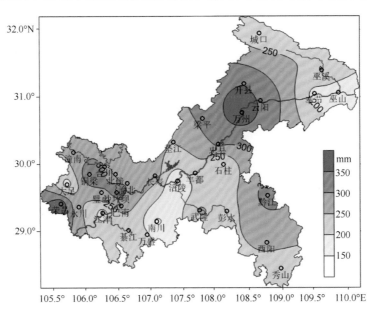

图 1.21　重庆市 2 d 最大降水量分布图（1981—2010 年）

重庆各地 3 d 最大降水量（图 1.22）在 161.2 mm（涪陵，1989 年 5 月 10 日、11 日、12 日日雨量分别为 44.0 mm、0.0 mm 和 117.2 mm）～411.9 mm（铜梁，2009 年 8 月 3 日、4 日、5 日日雨量

分别为 233.4 mm、120.4 mm 和 58.1 mm) 之间，雨量达到 350 mm 以上的区域包括沙坪坝、合川、荣昌、铜梁、忠县、云阳、梁平、开县和万州，雨量在 200 mm 以下的地区则包括涪陵、南川、大足、江津。

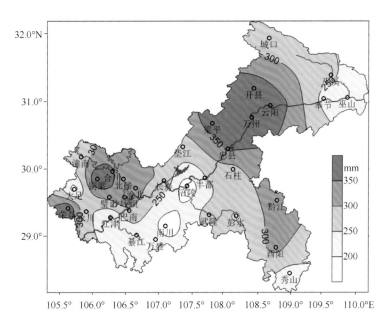

图 1.22 重庆市 3 d 最大降水量分布图（1981—2010 年）

重庆大多数地区最长持续暴雨日为 2 d（图 1.23），最长持续 3 d 以上暴雨的地区中部偏东北及东北部的石柱、忠县、梁平、万州、开县、城口，西部的潼南、铜梁、合川、荣昌、巴南和万盛以及东南部的秀山。持续 4 d 暴雨的情况只有 2 次，分别出现在城口 2009 年 7 月 10—13 日，日雨量分别是 98.0 mm、98.2 mm、50.9 mm 和 79.2 mm 以及万州 1993 年 7 月 17—20 日，日雨量分别是 108.3 mm、101.9 mm、57.4 mm 和 52.1 mm。

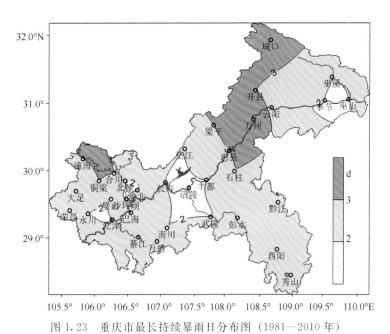

图 1.23 重庆市最长持续暴雨日分布图（1981—2010 年）

1.7　重庆沙坪坝年暴雨特征

重庆沙坪坝气象观测站 1941 年 1 月 1 日正式开始观测记录，是重庆有气象观测历史最长的观测站。从 1941—2011 年沙坪坝年暴雨日数（图 1.24）和年最大日雨量（图 1.25）分析来看，沙坪坝年暴雨日数一般 1～5 d，最多暴雨日数 8 d，分别是 1968 年和 1974 年，另外 1971 和 2001 年无暴雨日。沙坪坝年最大日雨量一般在 50～150 mm，2007 年最大日雨量达 271 mm（2007 年 7 月 17 日），为沙坪坝有气象记录以来的极值（图 1.25）。

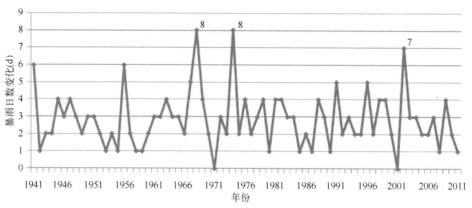

图 1.24　重庆沙坪坝年暴雨日数变化（1941—2011 年）

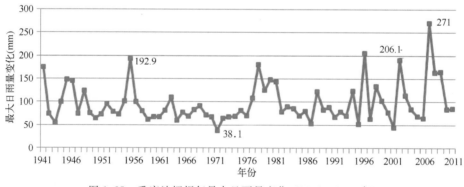

图 1.25　重庆沙坪坝年最大日雨量变化（1941—2011 年）

1.8　重庆暴雨灾害

暴雨本身并不一定是灾害，适时的降水有利于农作物生长、植被繁茂、净化空气、调节湿度和气温，但是强度大时间长的暴雨往往容易形成洪涝、滑坡、泥石流等灾害。重庆地形复杂，较强的暴雨过程或多或少都会带来灾害，特别是一些大暴雨和特大暴雨过程具有强度强、时间长、范围广的特点，造成的灾害损失巨大。2004 年 9 月 3 日夜间至 6 日夜间，重庆出现了一次区域暴雨天气过程，开县达特大暴雨（2004 年 9 月 4 日 20 时—5 日 20 时 24 h 降水量达 295.3 mm），造成开县老县城几乎整个被淹，全市受灾人口达 168.5 万人，其中死亡 69 人，失踪 16 人，房屋倒塌 3.2 万间，直接经济损失 22.2 亿元。2007 年 7 月 16 日 20 时—17 日 20 时重庆西部地区出现暴雨到特大暴雨天气过程，其中璧山日降水量达 264 mm，沙坪坝 271 mm，此次区域暴雨天气过程对包括璧山和重庆主城在内的西部地区造成严重灾害，全市因灾死亡 30 多人，直接经济损失 20 多亿元。

第 2 章　重庆暴雨的预报思路

2.1　暴雨预报分析思路

暴雨预报是重庆夏季灾害性天气预报的重点和难点。暴雨预报需要对暴雨开始时间、主要降水时段、降水强度、降水落区、过程总降水量、结束时间等作出较准确的预报，难度很大。暴雨不仅受天气系统的影响、还与当地的气候和地形有密切关系。要作好暴雨预报，必须建立清晰的分析思路（图 2.1）。

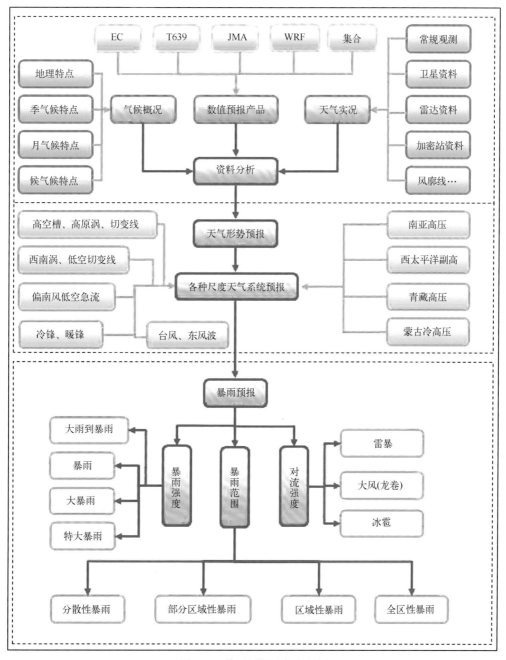

图 2.1　暴雨预报思考流程图

2.1.1 资料分析

暴雨预报同常规的天气预报一样，首先对本地的气候概况要有深刻的认识，需要仔细分析各种实况资料和数值预报产品。气候概况分析主要对重庆的地理特点，暴雨的候、月、季特点，以及各种气象要素的平均值、极值、概率等进行分析，了解气候背景。实况资料分析主要是对近期各时次高空和地面天气形势、卫星云图、雷达回波演变以及稠密的区域气象站资料进行分析，了解重庆及周边的天气系统，天气系统的发展趋势。数值预报产品分析是对多种数值预报产品进行分析检验，了解近期数值预报对重庆天气预报准确率的效果，根据相对可信的数值预报产品分析未来影响重庆的天气系统及其发展趋势。

2.1.2 天气形势预报

通过以上的分析，明确各层次对重庆的具体影响系统（譬如：200 hPa 分析南亚高压，500 hPa 分析高空槽、高原涡、切变线、东风波等低值系统以及西太平洋副热带高压、青藏高压等高压系统，700 hPa 和 850 hPa 分析西南涡、切变线和偏南风低空急流，地面分析冷锋和暖锋）及发展趋势，分析反映天气系统特征的物理量诊断特征，推测各种天气系统的移动变化和配置对重庆暴雨形成是否有利，综合得出天气形势预报。

2.1.3 暴雨预报

暴雨预报是建立在对各种资料综合分析和对天气形势正确判断基础上的。有了这些分析，预报员再根据影响重庆的动力和热力条件的强弱以及影响系统移动速度和方向对暴雨强度、范围、时间作出比较准确的预报。

2.2 重庆暴雨的影响系统

影响重庆暴雨的天气系统在各个层次上都有不同的作用。地面冷空气起到触发的作用，中低层（700 hPa 和 850 hPa）的西南涡、切变线有利于辐合上升运动，偏南风低空急流向暴雨区输送充沛的水汽，中层（500 hPa）的高空槽、高原涡、切变线、东风波等低值系统为辐合上升运动提供重要的动力条件，高层（200 hPa）的南亚高压有利于高空辐散运动的发展，进而有利于该等压面以下上升运动发展。一次区域性暴雨过程往往是以上系统相互配合的结果。这些系统的强弱和配置结构以及在重庆的具体部位决定了暴雨的落区和强度。

500 hPa 的主要影响系统有西风槽（长波槽和短波槽）、高空涡和切变线（图 2.2—图 2.4）。在本图

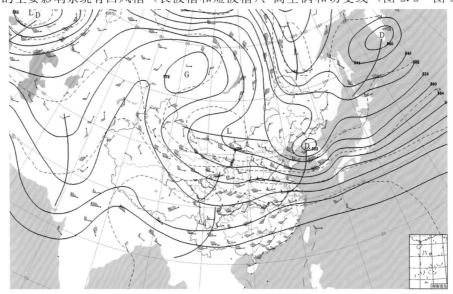

图 2.2　西风槽（1992 年 5 月 16 日 08 时（北京时，下同）500 hPa 天气图）

集所选 48 个个例中西风槽 38 个，占 78.2％，高空涡和切变线各 5 个，分别各占 10.4％。图例如下。

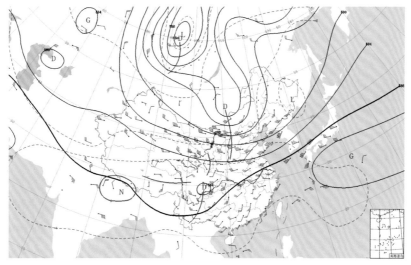

图 2.3　高空涡（1998 年 8 月 2 日 08 时 500 hPa 天气图）

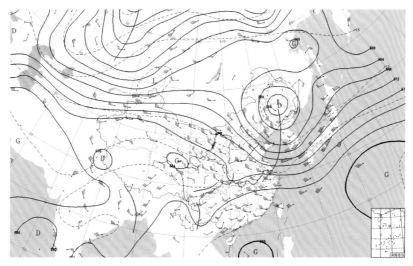

图 2.4　切变线（2002 年 6 月 13 日 08 时 500 hPa 天气图）

　　700 hPa 的影响系统主要是西南涡和切变线（图 2.5，图 2.6）。由于地形作用，部分暴雨中西南涡和切变线两者都有影响，或者在暴雨过程的不同阶段表现为不同的低值系统，在所选 48 个个例中西南涡 41 个，占 85.4％。图例如下。

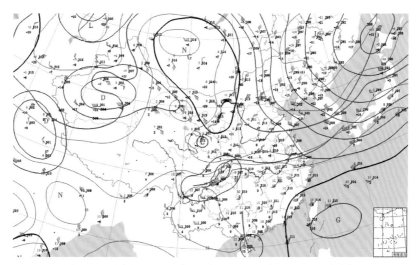

图 2.5　西南涡（1986 年 5 月 20 日 08 时 700 hPa 天气图）

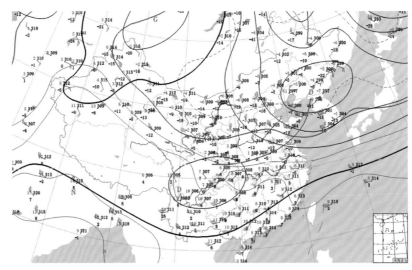

图 2.6 切变线（1992 年 5 月 16 日 08 时 700 hPa 天气图）

850 hPa 的影响系统主要是低涡（图 2.7）。图例如下。

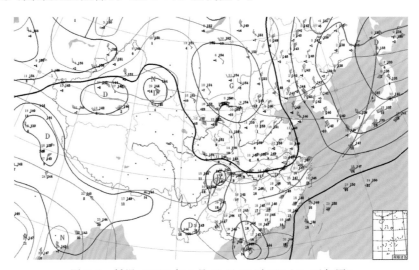

图 2.7 低涡（1986 年 5 月 20 日 08 时 850 hPa 天气图）

地面的影响系统主要有冷锋和热低压（图 2.8，图 2.9）。在所选 48 个个例中有较明显冷锋的个例 35 个，占 72.9%。图例如下。

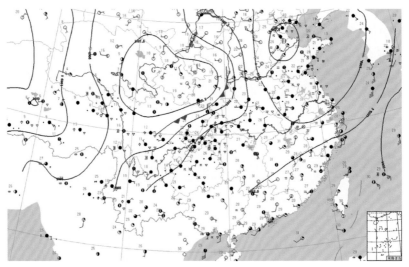

图 2.8 冷锋（2011 年 7 月 7 日 08 时地面天气图）

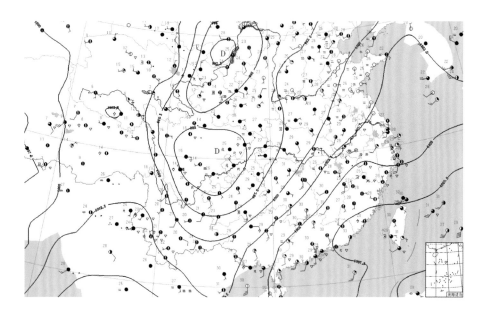

图 2.9　热低压（2007 年 7 月 17 日 08 时地面天气图）

以上系统通过不同的配置形成重庆不同类型或区域的暴雨过程。

2.3　重庆暴雨发生的天气系统基本配置条件

通过本图集所选 48 个个例的综合分析，总结得到重庆暴雨的天气系统基本配置条件。

（1）200 hPa：200 hPa 对重庆形成暴雨的条件可分为两类，一类是南压高压中心在青藏高原中部偏南位置，重庆位于脊线附近，高空辐散强；另一类是南压高压位置比较偏南，未跃上青藏高原，重庆为西北急流控制，高空辐散较强。

（2）500 hPa：青藏高原有低值系统东移，高原涡或者西风槽影响重庆（低值系统部分或全部在 100°～108°E，28°～34°N 的范围内），槽前较强的涡度平流会强迫出对流层中层的上升气流，有利于中低层西南涡的形成，副热带高压 588 dagpm 线位于长江以南。

（3）700 hPa：重庆为西南涡或切变线控制，昆明－宜宾－重庆形成较强暖湿的西南风带，重庆处于强辐合区，有利于将孟加拉湾或者西南地区南部的水汽向重庆输送，而西南暖湿平流同时也会导致和/或加强上升运动。700 hPa 重庆本站的温度 $T_{700} > 6℃$。

（4）850 hPa：重庆主要为低涡控制，一方面如果 700 hPa 西南涡发展，在这一层也可看到明显的涡旋，另一方面，如果四川盆地地面热低压发展或者冷空气从四川盆地北部侵入，850 hPa 也可以发展成低涡，有利于辐合上升运动。华南到四川盆地为较大范围高湿的偏南风控制，重庆处于偏南风左前侧的辐合区，有利于将南海或者西南部偏东南区域的水汽向重庆输送。850 hPa 重庆本站的温度 $T_{850} > 15℃$。

（5）地面上：重庆区域表现为完全不同的两个类型，一类是暴雨过程中有冷空气从四川盆地北部侵入影响，另一类是暴雨过程中重庆大部为热低压控制型。

根据以上分析条件，图 2.10 为设定重庆暴雨过程 200 hPa 有南亚高压和地面有冷锋影响下的综合图。

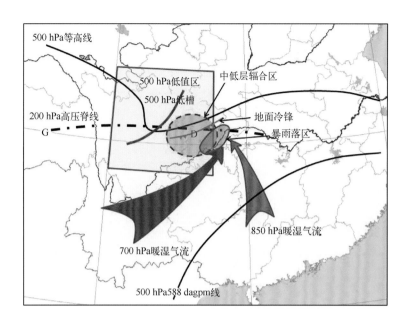

图 2.10　重庆暴雨的天气系统基本配置图

（此图设定过程中，200hPa 有南亚高压和地面有冷锋影响）

2.4　重庆暴雨的概念模型

形成暴雨需要充分的水汽供应、强烈的上升运动、较长的持续时间[1~3]。重庆地形独特，环流系统影响复杂，水汽供应条件在不同的部位和时段分布不均，上升运动在不同的层结条件和地形条件下强弱不一，不同的影响系统造成降水持续性大不相同，因此，重庆暴雨分类复杂。大致上，重庆暴雨可以根据落区范围、对流性、季节、持续性等作如下分类：

按季节划分：春季暴雨（3—5月）、夏季暴雨（6—8月）、秋季暴雨（9—11月）。重庆春季暴雨主要受斜压作用，冷空气持续影响，降温与降雨相伴，降水量一般不超过 150 mm，如果前期温度较高，还比较容易出现大风、冰雹等强对流天气。夏季暴雨是重庆一年中暴雨的最强阶段，有时西风槽系统的斜压性强，有时中低层的西南涡、西南风急流都较强，有时大气层结极不稳定，这类暴雨往往强度强、范围大、灾害重，强的日降水量可达 250 mm 以上。秋季暴雨中 9 月的暴雨与夏季暴雨相似，10—11 月的暴雨与春季暴雨相似。重庆冬季大部地区一年中降雪量很小，但偏东部分山区在冬季可出现暴雪的情况。

按落区划分：全区性暴雨、西部暴雨、中部暴雨、东北部暴雨、东南部暴雨、中西部暴雨、中东部暴雨等。重庆全区性暴雨主要受比较强的西风长波槽、较强的西南风急流等较大范围系统的影响。重庆分区域的暴雨较多，主要是一方面重庆市地理跨度大，东西 6 个经度，南北 5 个纬度，地形复杂，另一方面影响系统时空尺度变化大。暴雨的具体区域落区与高低层的配置有重要关系。

按对流性划分：对流性暴雨（伴有雷电、大风或冰雹等强对流天气）、非对流性暴雨（不伴有强对流天气，持续性降水）。对流性暴雨在重庆春、夏、秋三季都有，与前期温度较高、风切变、大气层结的稳定性、系统配置和移速有关。重庆的非对流性暴雨主要发生在前期温度不高，持续性冷空气缓慢影响，系统移动慢的情况下。

按降水的持续性划分：非持续性暴雨（24 h 以内的暴雨）、持续性暴雨（2 d 及以上的暴雨）。重庆暴雨大部分发生在 24 h 内，但是，如果副高较强，长江中下游形成阻塞形势，或者华南受台风影响，副高减弱为大陆高压，停滞在贵州、湖北南部等地，这也有利于降水系统的维持，在重庆形成持续性暴雨天气。

虽然重庆暴雨根据以上分类可以分为多种不同类型，但是暴雨产生的条件和机制是相似的。从众多专家学者对四川盆地暴雨的总结来看[1~16]，四川盆地暴雨大部分都与西南涡有关，重庆暴雨也不例外，根据过程中西南涡是否受冷空气影响，分为暖性西南涡暴雨和冷性西南涡暴雨[2,7]（部分暴雨过程前期表现为暖性西南涡暴雨而后期有冷空气影响，此类也划为冷性西南涡暴雨）。本图集所选个例中暖性西南涡暴雨占 27.1%，冷性西南涡暴雨占 72.9%，表明大部分重庆暴雨受冷空气影响。下面分别以个例的形式建立其概念模型。

冷性西南涡暴雨以 2004 年 9 月 5 日重庆开县特大暴雨为代表，其概念模型如图 2.11 所示。

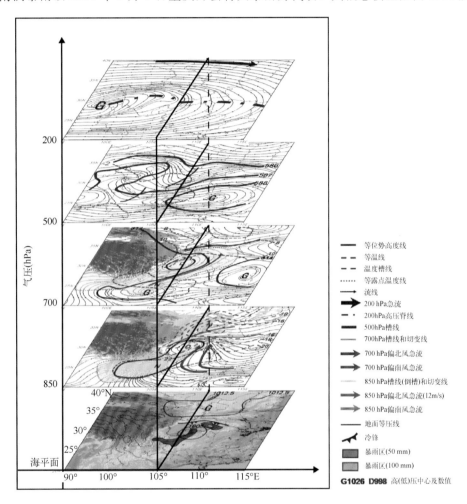

图 2.11　2004 年 9 月 5 日重庆开县特大暴雨的概念模型

2004 年 9 月 3 日夜间至 6 日夜间，重庆大部出现大雨到暴雨，局部达大暴雨，开县达特大暴雨（2004 年 9 月 4 日 20 时至 5 日 20 时，日雨量 295.3 mm）。

2004 年 9 月 4 日 20 时（图略），200 hPa，南压高压的中心在青藏高原南部，其长轴控制四川盆地，高空急流位于 40°N，重庆东北部就处于高空急流南侧 8～10 个纬度内南压高压轴线的强辐散区中；500 hPa，西风槽位于四川盆地，槽前有强的正涡度平流；中低层有冷空气从四川盆地北部入侵；700 hPa，西南涡中心位于四川盆地中部，西南涡东南侧有强的西南风急流，急流从孟加拉湾向重庆东北部输送充沛的水汽，西南风和偏东风在重庆东北部形成暖切变；850 hPa，西南涡中心比 700 hPa 略偏东，强的暖湿气流从南海以先偏东再偏南的路径向重庆东北部输送，偏南风与偏东风也在重庆东北部形成暖切变；地面图上，四川盆地大部为热低压控制，冷空气主要从四川盆地的西北侧侵入，小部分缓慢从四川盆地东北侧侵入，对重庆东北部暴雨形成持续性影响。开县特大暴雨就形成在 200 hPa

强辐散，500 hPa 槽前，700 hPa、850 hPa 东侧暖切变与地面冷锋配合较好的区域。

暖性西南涡暴雨以 2007 年 7 月 17 日重庆西部特大暴雨为代表，其概念模型如图 2.12 所示。

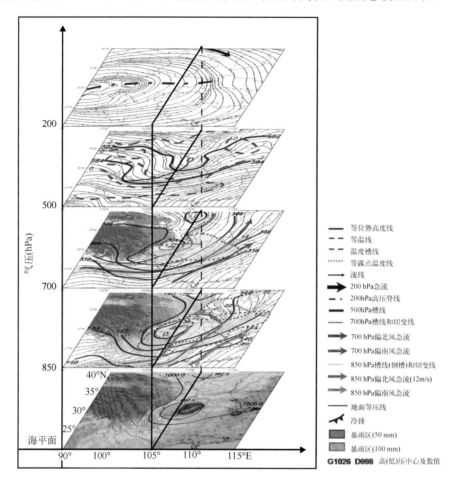

图 2.12　"2007.07.17"重庆西部特大暴雨的概念模型

2007 年 7 月 16 日 20 时—17 日 20 时重庆西部地区出现暴雨到特大暴雨天气过程（图略），其中璧山极端强降水达 264 mm，沙坪坝更大，达 271 mm。此次区域暴雨天气过程对璧山和重庆主城造成严重灾害，全市因灾死亡 30 多人，直接经济损失 20 多亿元。

2007 年 7 月 16 日 20 时（图略），200 hPa，南亚高压中心位于青藏高原东南部，四川盆地为南亚高压脊线控制，有利于高层强辐散；500 hPa，西太平洋副高 588 dagpm 线位于华南，河套地区有一高压环流，青藏高原东南部有一较弱的高压脊，四川盆地为三个高值系统包围的低值区，其东北部为低涡控制；700 hPa 西南风急流控制中国中东部大部地区，四川盆地中部处于西南风急流左侧的强辐合区，低层水汽输送明显；850 hPa 偏南急流控制四川盆地东部、长江中下游—华南的广大地区，重庆西部处于偏南风急流左侧的强辐合区，低涡中心位于重庆西部；地面图上，四川盆地处于西北热低压的东南侧。17 日 08 时，200 hPa，南亚高压维持；500 hPa，西太平洋副高略增强并和河套高压相连，对四川盆地低涡阻塞明显，低涡略西退；700 hPa，西南风急流增强，重庆西部形成强辐合区，水汽辐合中心在重庆西部；850 hPa，低涡中心位于重庆西部偏西区域，重庆西部为强的水汽辐合中心；地面图上，四川盆地为热低压控制；探空图上宜宾和重庆中低层都为高湿区，重庆中低层的风切变较大，有利于强对流发展；卫星云图上（图略）可见重庆西部 MCC 云团发展非常旺盛。这样，500 hPa 为低涡控制，西南涡东南侧中低层西南风和偏南风急流带来强的水汽输送，副热带高压和河套高压的结合对低涡有明显的阻塞作用，西南涡东南侧形成强辐合，高层强辐散，上升运动强烈发展，16 日 20 时—17 日 20 时在重庆西部出现了强的特大暴雨过程。

参考文献

［1］朱乾根，林锦瑞，寿邵文等 . 天气学原理和方法（第四版）. 北京：气象出版社，2007：322-323.

［2］卢敬华 . 西南低涡概论 . 北京：气象出版社，1986：129-146.

［3］陶诗言等 . 中国之暴雨 . 北京：科学出版社，1980：1-7.

［4］王家祁 . 中国暴雨 . 北京：中国水利水电出版社，2002：89-121.

［5］俞小鼎，姚秀萍，熊廷南等 . 多普勒天气雷达原理与业务应用 . 北京：气象出版社，2006：116-118，130-163，172-174，208.

［6］刘健文，郭虎，李耀东等 . 天气分析预报物理量计算基础 . 北京：气象出版社，2005：221-225.

［7］李国平，万军，卢敬华 . 暖性西南低涡生成的一种可能机制 . 应用气象学报，1991，**2**（1）：91-99.

［8］陈贵川，谌芸，乔林等 . 重庆 "5.6" 强风雹天气过程成因分析 . 气象，2011，**37**（7）：871-879.

［9］陈贵川，谌芸，张勇等 . "12.7.21" 西南涡极端强降雨的成因分析，气象，2013，**39**（12）：1529-1541

［10］马红，郑翔飚，胡勇等 . 一次西南涡引发 MCC 暴雨的卫星云图和多普勒雷达特征分析 . 大气科学学报，2010，**33**（6）：688-696.

［11］顾清源，周春花，青泉等 . 一次西南低涡特大暴雨过程的中尺度特征分析 . 气象，2008，**34**（4）：39-47.

［12］顾清源，肖递祥，黄楚惠等 . 低空急流在副高西北侧连续性暴雨中的触发作用 . 气象，2009，**35**（4）：59-67.

［13］宗志平，张小玲 . 2004 年 9 月 2—6 日川渝持续性暴雨过程初步分析 . 气象，2005，**31**（5）：37-41.

［14］周国兵，沈桐立，韩余 . 重庆 "9.4" 特大暴雨天气过程数值模拟分析 . 气象科学，2006，**26**（5）：572-577.

［15］李强，刘德，陈贵川等 . 基于 WRF 模式热带气旋对西南低涡暴雨作用数值试验研究，长江流域资源与环境，2013，**22**（3）：359-368.

［16］李强，王中，白莹莹等 . 一次区域性大暴雨中尺度诊断分析 . 气象科技，2011，**39**（4）：453-461.

第3章 重庆暴雨个例入选标准及说明

3.1 重庆暴雨个例选择标准

由于 2008 年之前，重庆市气象台获得的常规天气观测资料不完整、加密雨量站资料及多普勒雷达资料很少，而之后资料较完整，为便于预报员了解具有较多气象的个例，因此将重庆暴雨个例标准以 2008 年为界。

暴雨定义沿用中国气象局的标准。

暴雨：24 h 降水量 50.0～99.9 mm

大暴雨：24 h 降水量 100.0～250.0 mm

特大暴雨：24 h 降水量＞250.0 mm

A 类

1980—2007 年，符合以下任意一条标准即为之暴雨、大暴雨和特大暴雨。

1）重庆国家级区县站中 24 h 降水量 12 站及以上达暴雨；

2）重庆国家级区县站中 24 h 降水量 6 站及以上暴雨，且 3 站及以上大暴雨；

3）重庆国家级区县站中 24 h 降水量 1 站及以上特大暴雨。

共选择符合要求个例 30 例。

B 类

2008—2011 年，符合以下任意一条标准即为之暴雨、大暴雨和特大暴雨。

1）重庆国家级区县站中 24 h 降水量 10 站及以上暴雨；

2）重庆国家级区县站中 24 h 降水量 5 站及以上暴雨，且 1 站及以上大暴雨；

3）重庆国家级区县站中 24 h 降水量 1 站及以上特大暴雨。

共选择符合要求个例 18 例。

暴雨过程开始期：上述所选时间之前重庆市国家级区县站中 24 h 降水量不足 3 站大雨。

暴雨过程结束期：上述所选时间之后重庆市国家级区县站中 24 h 降水量不足 3 站大雨。

具体见表 3.1—表 3.3。

表 3.1 重庆市暴雨个例集图集个例降水概况一

个例序列	暴雨个例名"年·月·日"	暴雨开始期（年-月-日 时）	暴雨结束期（年-月-日 时）	逐日暴雨站数（日期（各日暴雨及以上站数））	暴雨主要降水时段							
					年	月	日	暴雨及以上站次	大暴雨及以上站次	特大暴雨站次	1 h降水极值（mm）	24 h降水极值（mm）
01	"1981.07.02"暴雨	1981-7-1 20	1981-7-3 08	2—3(11, 4)	1981	7	3	4	1	1	77.5	251.8
02	"1982.07.16"暴雨	1982-7-15 20	1982-7-18 08	16—18(8, 13, 4)	1982	7	16	8	5	0	78.1	218.4
03	"1982.07.26"暴雨	1982-7-26 20	1982-7-30 08	27—29(9, 11, 6)	1982	7	28	11	4	1	57.4	306.9
04	"1983.08.19"暴雨	1983-8-18 20	1983-8-19 20	19(12)	1983	8	19	12	3	0	43	115.9
05	"1986.05.20"暴雨	1986-5-19 20	1986-5-20 20	20(17)	1986	5	20	17	1	0	70	143.7
06	"1986.06.20"暴雨	1986-6-19 20	1986-6-21 08	20(12)	1986	6	20	12	0	0	33.9	85.5
07	"1987.07.20"暴雨	1987-7-18 20	1987-7-21 20	19—21(3, 11, 6)	1987	7	20	11	5	0	66.6	185.8
08	"1988.05.18"暴雨	1988-5-17 20	1988-5-18 20	18(12)	1988	5	18	12	0	0	36.9	95.2
09	"1988.09.01"暴雨	1988-8-31 20	1988-9-03 08	1—3(4, 14, 1)	1988	9	2	14	5	0	40.2	122.1
10	"1989.07.10"暴雨	1989-7-07 20	1989-7-11 08	8—11(1, 8, 9, 9)	1989	7	10	9	6	0	42.3	234.1
11	"1990.05.14"暴雨	1990-5-14 08	1990-5-15 20	15(26)	1990	5	15	26	2	0	20.4	104.6
12	"1991.06.30"暴雨	1991-6-29 08	1991-7-01 08	29—30(1, 26)	1991	6	30	26	6	0	66.4	149.8
13	"1991.09.02"暴雨	1991-9-01 08	1991-9-04 08	1—3(1, 12, 2)	1991	9	2	12	2	0	34.2	164.1
14	"1992.05.16"暴雨	1992-5-15 20	1992-5-17 20	16—17(14, 0)	1992	5	16	14	0	0	22	74
15	"1993.05.01"暴雨	1993-4-30 20	1993-5-02 08	1(12)	1993	5	1	12	0	0	39.1	92.6
16	"1993.07.18"暴雨	1993-7-16 20	1993-7-19 20	17—19(4, 12, 5)	1993	7	18	12	2	0	48.4	134.3

表 3.2 重庆市暴雨集个例降水概况二

个例序列	暴雨个例名"年.月.日"	暴雨开始期(年-月-日 时)	暴雨结束期(年-月-日 时)	逐日暴雨站数(日期(各日暴雨及以上站数))	暴雨主要降水时段 年	月	日	暴雨及以上站次	大暴雨及以上站次	特大暴雨站次	1 h 降水极值(mm)	24 h 降水极值(mm)
17	"1996.06.19"暴雨	1996-6-18 20	1996-6-19 20	19(12)	1996	6	19	12	1	0	32.9	108.2
18	"1996.07.21"暴雨	1996-7-19 20	1996-7-22 08	20—21(3、11)	1996	7	21	11	5	0	48.3	206.1
19	"1996.08.27"暴雨	1996-8-27 20	1996-8-28 20	28(16)	1996	8	28	16	2	0	53.9	144.7
20	"1997.07.14"暴雨	1996-7-13 20	1996-7-14 20	14(5)	1997	7	14	16	1	0	23.2	109.2
21	"1998.06.29"暴雨	1998-6-27 20	1998-6-30 20	28—29(4、14)	1998	6	29	14	5	0	44.6	162.3
22	"1998.08.02"暴雨	1998-8-1 20	1998-8-4 08	2—4(13、2)	1998	8	2	13	3	0	44.1	204.8
23	"1999.07.15"暴雨	1999-7-14 08	1999-7-16 20	15—16(14、4)	1999	7	15	14	4	0	22.7	146
24	"2002.06.13"暴雨	2002-6-12 20	2002-6-13 20	13(14)	2002	6	13	14	6	0	67.4	190.1
25	"2002.09.21"暴雨	2002-9-19 20	2002-9-21 20	20—21(1、14)	2002	9	21	14	0	0	91.9	95.5
26	"2003.06.25"暴雨	2003-6-23 20	2003-6-26 08	24—26(2、12、2)	2003	6	25	12	3	0	45.5	189.4
27	"2003.07.18"暴雨	2003-7-18 20	2003-7-19 20	19(14)	2003	7	19	14	1	0	63.8	177.3
28	"2004.05.30"暴雨	2004-5-28 20	2004-5-30 20	29—30(1、17)	2004	5	30	17	1	1	39.3	103.3
29	"2004.09.05"暴雨	2004-9-3 20	2004-9-7 08	4—6(3、8、5)	2004	9	5	8	2	1	48.2	295.3
30	"2005.06.25"暴雨	2005-6-24 20	2005-6-25 20	25(12)	2005	6	25	12	5	0	42.4	122.4
31	"2007.07.17"暴雨	2007-7-16 08	2007-7-20 08	16—20(1、12、6、4、2)	2007	7	17	13	8	2	69.5	271
32	"2008.06.15"暴雨	2008-6-14 20	2008-6-15 20	15(14)	2008	6	15	14	4	0	42.4	163.1

表 3.3　重庆市暴雨个例集个例降水概况三

个例序列	暴雨个例名 "年·月·日"	暴雨开始期 (年-月-日 时)	暴雨结束期 (年-月-日 时)	逐日暴雨站数 (日期(各日暴雨及以上站数))	年	月	日	暴雨主要降水时段				
								暴雨及以上站次	大暴雨及以上站次	特大暴雨站次	1 h降水极值(mm)	24 h降水极值(mm)
33	"2008.07.21"暴雨	2008-7-21 20	2008-7-22 20	22(10)	2008	7	22	10	1	0	46.8	104.1
34	"2008.08.02"暴雨	2008-8-1 20	2008-8-4 08	2—3(5)	2008	8	2	5	1	0	51.2	105.7
35	"2009.06.19"暴雨	2009-6-19 08	2009-6-20 20	20(8)	2009	6	20	9	3	0	43.7	125.3
36	"2009.06.29"暴雨	2009-6-27 08	2009-6-29 20	27—29(1、3、9)	2009	6	29	9	1	0	54.9	103.5
37	"2009.08.04"暴雨	2009-8-1 20	2009-8-5 08	2—5(3、4、9、8)	2009	8	4	9	8	0	53	192.2
38	"2009.08.29"暴雨	2009-8-28 20	2009-8-29 20	29(11)	2009	8	29	11	1	0	48.1	117.4
39	"2009.09.20"暴雨	2009-9-19 08	2009-9-20 20	19—20(3、12)	2009	9	20	12	4	0	66.5	130.4
40	"2010.05.06"暴雨	2010-5-5 20	2010-5-6 20	6(7)	2010	5	6	7	2	0	52.1	164
41	"2010.06.19"暴雨	2010-6-18 20	2010-6-19 20	19(11)	2010	6	19	11	2	0	40.1	106.2
42	"2010.07.05"暴雨	2010-7-3 20	2010-7-5 08	4—5(1、16)	2010	7	5	16	5	0	37.7	150.3
43	"2010.07.07"暴雨	2010-7-7 20	2010-7-10 20	8—10(1、7、4)	2010	7	9	7	4	0	65.2	146.7
44	"2010.08.15"暴雨	2010-8-14 08	2010-8-15 20	14—15(1、8)	2010	8	15	10	4	0	27.4	125.2
45	"2011.06.17"暴雨	2011-6-16 20	2011-6-17 20	17(16)	2011	6	17	16	2	0	52.7	142.2
46	"2011.06.23"暴雨	2011-6-21 20	2011-6-23 20	22—23(3、7)	2011	6	23	7	2	0	53	129.9
47	"2011.07.07"暴雨	2011-7-6 20	2011-7-7 20	07(5)	2011	7	7	5	2	0	40.1	147.6
48	"2011.08.05"暴雨	2011-8-3 20	2011-8-5 20	4—5(4、10)	2011	8	5	10	0	0	22.4	92.7

3.2 重庆暴雨个例图内容

重庆暴雨个例图主要包括以下内容：

（1）暴雨时段：记录暴雨开始时间和结束时间。

为便于计算连续性暴雨的开始和结束期，特定义如下：

开始期：暴雨主要降水时段之前 24 h 不足 3 站大雨；

结束期：暴雨主要降水时段之后 24 h 不足 3 站大雨。

（2）雨情描述：描述暴雨时段内逐 24 h 雨量、暴雨过程国家站总雨量、暴雨过程加密站总雨量（2007 年后个例有此资料）。

（3）灾情描述：描述暴雨过程的主要灾害情况。

（4）形势分析：概括分析天气形势。

（5）天气分析图：包括主要时段天气图、探空图及综合图。

（6）卫星云图：主要影响时段卫星云图（1998 年 6 月后个例有此资料）。

（7）雷达回波分析：简要分析主要时段雷达回波特征（2009 年后大部分个例有此资料）。

（8）物理量图及分析：简要分析过程的物理量特征（2000 年后个例有此资料）。

具体见表 3.4。

表 3.4 重庆市暴雨图集个例内容项一

个例序列	暴雨个例名"年.月.日"	暴雨时段	雨情描述	灾情描述	形势分析	天气分析图	卫星云图	雷达回波分析	物理量分析
01	"1981.07.02" 暴雨	√	√	√	√	√			
02	"1982.07.16" 暴雨	√	√	√	√	√			
03	"1982.07.26" 暴雨	√	√	√	√	√			
04	"1983.08.19" 暴雨	√	√	√	√	√			
05	"1986.05.20" 暴雨	√	√	√	√	√			
06	"1986.06.20" 暴雨	√	√	√	√	√			
07	"1987.07.20" 暴雨	√	√	√	√	√			
08	"1988.05.18" 暴雨	√	√	√	√	√			
09	"1988.09.01" 暴雨	√	√	√	√	√			
10	"1989.07.10" 暴雨	√	√	√	√	√			
11	"1990.05.14" 暴雨	√	√	√	√	√			
12	"1991.06.30" 暴雨	√	√	√	√	√			
13	"1991.09.02" 暴雨	√	√	√	√	√			
14	"1992.05.16" 暴雨	√	√	√	√	√			
15	"1993.05.01" 暴雨	√	√	√	√	√			
16	"1993.07.18" 暴雨	√	√	√	√	√			
17	"1996.06.19" 暴雨	√	√	√	√	√			
18	"1996.07.21" 暴雨	√	√	√	√	√			
19	"1996.08.27" 暴雨	√	√	√	√	√			
20	"1997.07.14" 暴雨	√	√	√	√	√			
21	"1998.06.29" 暴雨	√	√	√	√	√			
22	"1998.08.02" 暴雨	√	√	√	√	√	√		

续表

个例序列	暴雨个例名"年.月.日"	暴雨时段	雨情描述	灾情描述	形势分析	天气分析图	卫星云图	雷达回波分析	物理量分析
23	"1999.07.15" 暴雨	√	√	√	√	√	√		
24	"2002.06.13" 暴雨	√	√	√	√	√	√		√
25	"2002.09.21" 暴雨	√	√	√	√	√	√		√
26	"2003.06.25" 暴雨	√	√	√	√	√	√		√
27	"2003.07.18" 暴雨	√	√	√	√	√	√		√
28	"2004.05.30" 暴雨	√	√	√	√	√	√		√
29	"2004.09.05" 暴雨	√	√	√	√	√	√		√
30	"2005.06.25" 暴雨	√	√	√	√	√	√		√
31	"2007.07.17" 暴雨	√	√	√	√	√	√		√
32	"2008.06.15" 暴雨	√	√	√	√	√	√		√
33	"2008.07.21" 暴雨	√	√	√	√	√	√		√
34	"2008.08.02" 暴雨	√	√	√	√	√	√		√
35	"2009.06.19" 暴雨	√	√	√	√	√	√		√
36	"2009.06.29" 暴雨	√	√	√	√	√	√		√
37	"2009.08.04" 暴雨	√	√	√	√	√	√		√
38	"2009.08.29" 暴雨	√	√	√	√	√	√	√	√
39	"2009.09.20" 暴雨	√	√	√	√	√	√		√
40	"2010.05.06" 暴雨	√	√	√	√	√	√	√	√
41	"2010.06.19" 暴雨	√	√	√	√	√	√	√	√
42	"2010.07.05" 暴雨	√	√	√	√	√	√	√	√
43	"2010.07.07" 暴雨	√	√	√	√	√	√	√	√
44	"2010.08.15" 暴雨	√	√	√	√	√	√	√	√
45	"2011.06.17" 暴雨	√	√	√	√	√	√	√	√
46	"2011.06.23" 暴雨	√	√	√	√	√	√	√	√
47	"2011.07.07" 暴雨	√	√	√	√	√	√	√	√
48	"2011.08.05" 暴雨	√	√	√	√	√	√	√	√

注：√ 表示有此项内容。

3.3　重庆暴雨个例资料来源

（1）雨量资料来源于重庆市气象信息与技术保障中心。

（2）灾情资料来源于重庆市气象台决策服务中心。

（3）常规天气图资料主要来源于国家气象信息中心的报文资料。资料时间为 1980 年 1 月—2011 年 12 月。

（4）卫星云图资料主要来源于国家气象信息中心，资料时间为 1999 年 8 月至 2011 年 12 月。

（5）雷达回波为重庆本地保留的资料，资料时间为 2009 年 8 月—2011 年 12 月。

（6）物理量分析为 NCEP 再分析资料，资料时间为 2000 年 1 月—2011 年 12 月。

第4章　重庆暴雨个例分析图

个例1　1981年7月2日暴雨

（1）暴雨时段

1981年7月1日20时—3日08时（北京时，下同）。

（2）雨情描述

1981年7月1日夜间至2日夜间，重庆西部普降大雨到暴雨，其中荣昌、沙坪坝达大暴雨，其余地区小到中雨。

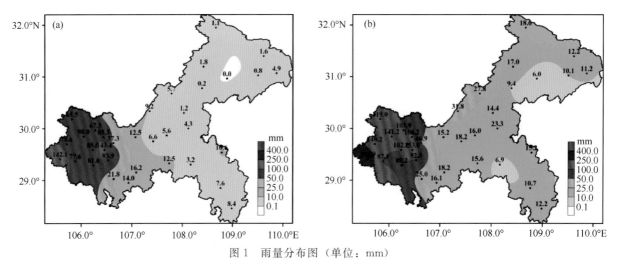

图1　雨量分布图（单位：mm）

（a）1981年7月1日20时—2日20时；（b）1981年7月1日20时—3日08时国家站过程总雨量

（3）灾情描述

此次过程造成荣昌县受灾，受灾人口达6万多人，其中死亡14人；农作物受灾1.8467万 hm²；房屋倒塌30944间；直接经济损失约2000万元。

（4）形势分析

影响系统：短波槽、西南涡、倒槽

1）7月1日20时，500 hPa为"西低东高"的环流形势，高原东部有低槽东移；副高588 dagpm线位于华东沿海，略加强西伸，对低槽移动起到阻挡作用，四川盆地长时间处于低槽控制下，槽前形成持续的上升运动。

2）7月1日20时，700 hPa西南涡位于盆地中部，其东侧偏南气流较强，有利于水汽向四川盆地输送；850 hPa，偏南气流由南海经广西、贵州进入四川盆地，在盆地中部形成倒槽，随着副高西伸，气压梯度增大，偏南风速迅速增大，2日08时沙坪坝风速达到16 m/s，偏南风速的脉动有利于强降水的触发。

3）7月1日20时，重庆上空 CAPE 达到 1247 J/kg，重庆西部层结处于不稳定状态。

（5）天气分析图

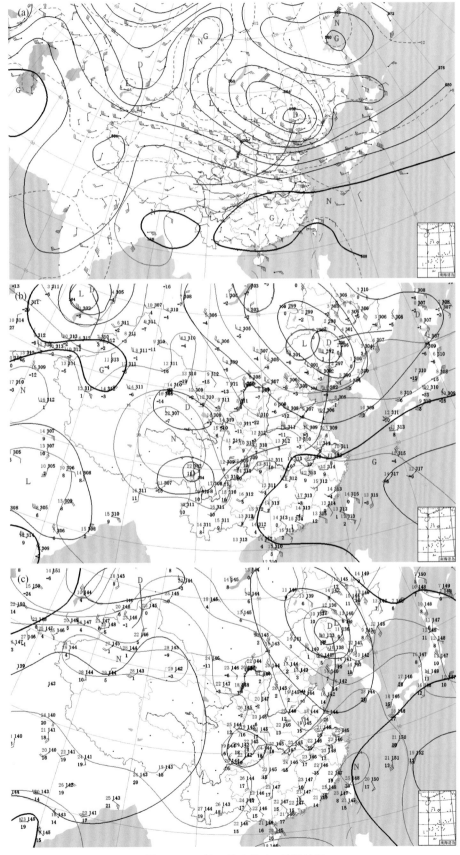

图 2　1981 年 7 月 1 日 20 时天气图

(a) 500 hPa；(b) 700 hPa；(c) 850 hPa

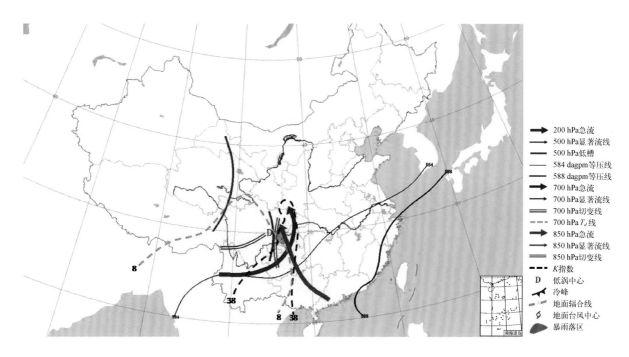

图 3　1981 年 7 月 1 日 20 时探空

（a）宜宾（降水前）；（b）陈家坪（降水前）

图 4　1981 年 7 月 1 日 20 时综合分析图

个例 2 1982 年 7 月 16 日暴雨

（1）暴雨时段

1982 年 7 月 15 日 20 时—18 日 08 时。

（2）雨情描述

1982 年 7 月 15 日夜间至 17 日夜间，重庆市东北部、中西部部分地区出现暴雨到大暴雨，其余地区小雨到中雨，局地大雨。

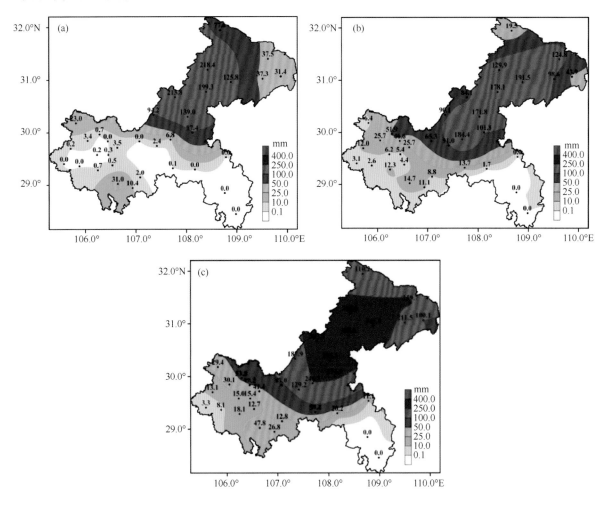

图 1 雨量分布图（单位：mm）

（a）1982 年 7 月 15 日 20 时—16 日 20 时；（b）1982 年 7 月 16 日 20 时—17 日 20 时；（c）1982 年 7 月 15 日 20 时—18 日 08 时国家站过程总雨量

（3）灾情描述

此次过程造成万州、合川、涪陵、丰都、奉节、开县、云阳、梁平、忠县、巫山、巫溪、石柱、武隆等 13 个区县受灾，死亡 127 人，受伤 1879 人；农作物受灾 1.63 万 hm²；房屋倒塌 27210 间；直接经济损失 2.1378 亿元。

（4）形势分析

影响系统：高空槽、低空切变线、西南涡

1）1982 年 7 月 15 日 20 时 500 hPa 中高纬度为两槽一脊形势，东北低涡中心高度值达 560 dagpm，与低涡配合的低压槽经向度较大，其底部延伸到甘肃、陕西南部到四川北部一带，同时高原到盆地为东移的短波槽区，盆地西部的短波槽与上述低压槽在四川盆地上空同位相叠加，为暴雨的发生发展提供了充分的动力条件。

2）副热带高压脊线在 24°N 附近，588 dagpm 线处于重庆长江沿岸，其西北边缘有明显的西南气流，持续为强降水区域输送水汽。

3）过程开始前期盆地内即有弱低涡生成，低涡附近 700 hPa 上表现为呈东北－西南走向的切变，850 hPa 重庆中西部偏东到东北部有明显的涡旋系统存在。上述系统的存在为重庆长江沿岸及以北地区强降雨的产生提供了有利的辐合上升条件。

4）强降雨过程中，对流层中低层自华北到四川盆地有冷平流存在，有利于强降水的触发和持续。

（5）天气分析图

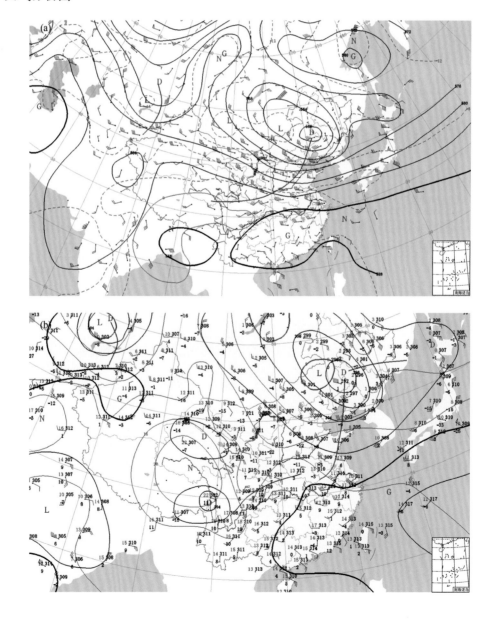

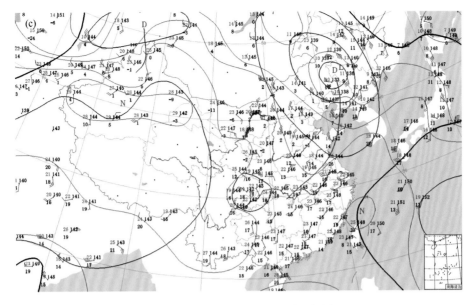

图 2　1982 年 7 月 15 日 20 时天气图

(a) 500 hPa；(b) 700 hPa；(c) 850 hPa

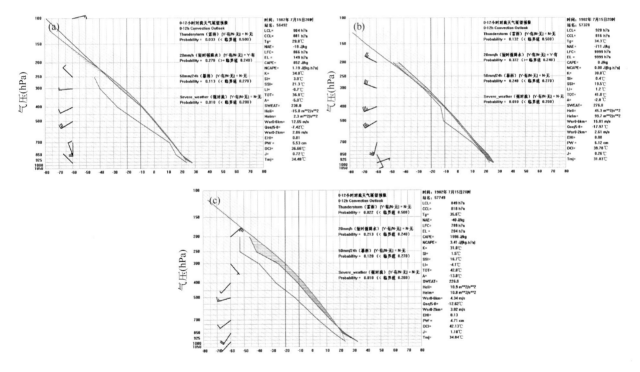

图 3　1982 年 7 月 15 日 20 时探空

(a) 宜宾（降水前）；(b) 达州（降水前）；(c) 怀化（降水前）

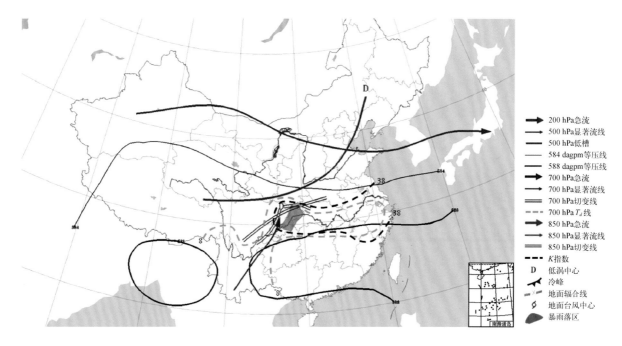

图 4　1982 年 7 月 15 日 20 时综合分析图

个例3 1982年7月26日暴雨

（1）暴雨时段

1982年7月26日20时—30日08时。

（2）雨情描述

1982年7月26日夜间至29日夜间，重庆市出现了一次区域性暴雨天气过程，全市普降暴雨到大暴雨，主要降雨落区在重庆中东部地区，黔江累计雨量达327.2 mm。

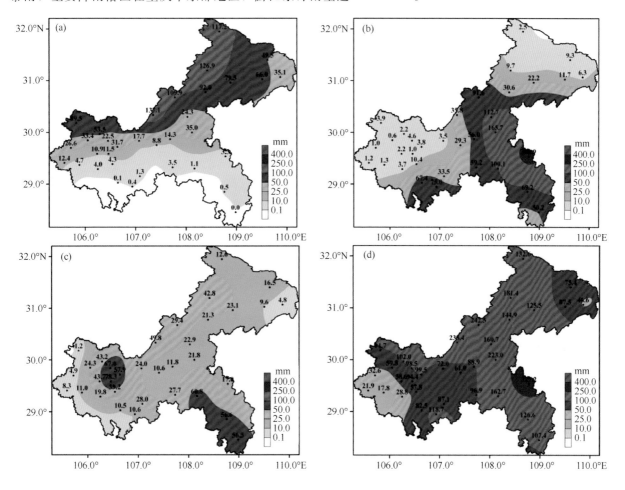

图1 雨量分布图（单位：mm）

（a）1982年7月26日20时—27日20时雨量；（b）1982年7月27日20时—28日20时雨量；（c）1982年7月28日20时—29日20时雨量；（d）1982年7月26日20时—30日08时国家站过程总雨量

（3）灾情描述

此次过程造成万州、梁平、忠县、云阳、开县、奉节、丰都、巫山、巫溪、城口、潼南、合川、石柱、黔江、彭水、武隆、铜梁、荣昌、垫江等19个区县受灾，死亡302人，受伤3461人；大牲畜死亡1万多头；农作物受灾21.1万 hm²；房屋损坏20多万间；直接经济损失2.12亿元。

（4）形势分析

影响系统：高空涡、西南涡、低空急流

1）500 hPa 图上，1982 年 7 月 26 日 20 时，随着西太平洋副高东退，重庆位于 584 dagpm 线边缘，为明显的西南气流影响，风力较强；7 月 28 日 08 时，新西伯利亚附近有冷中心分裂小槽下滑，槽后西北气流携带冷空气南下，有明显冷平流，有利于静力不稳定发展，重庆地区有明显的气旋式辐合存在，有利于动力抬升；7 月 29 日 08 时，青藏高压加强，副高稳定，重庆位于两高之间的切变区，配合蒙古冷中心下滑及南海热带低压登陆，形成了鞍型场，有利于降水的维持。

2）暴雨过程前期中低层有西南涡生成并东移。28 日 08 时，700 hPa 和 850 hPa 低涡中心分别位于重庆西部和中部，其南侧的西南低空急流为降水提供了充沛的水汽，同时低层切变的存在也有利于抬升和辐合作用。自 28 日 20 时起，随着热带低压加强为台风并登陆，700 hPa 和 850 hPa 重庆逐渐转为东风倒槽控制，东南气流不断沿台风边缘向重庆输送水汽。

3）暴雨过程中有弱冷空气从西北路径入侵四川盆地。

（5）天气分析图

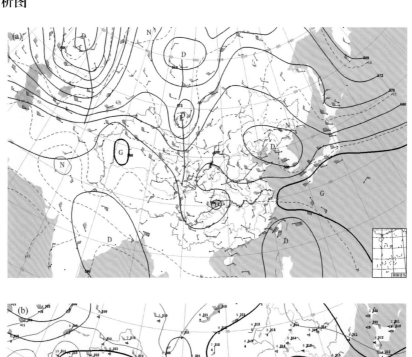

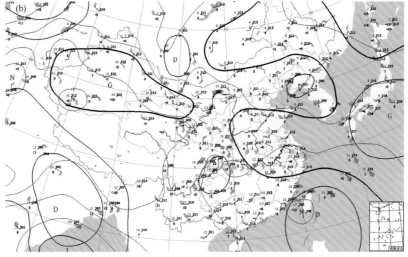

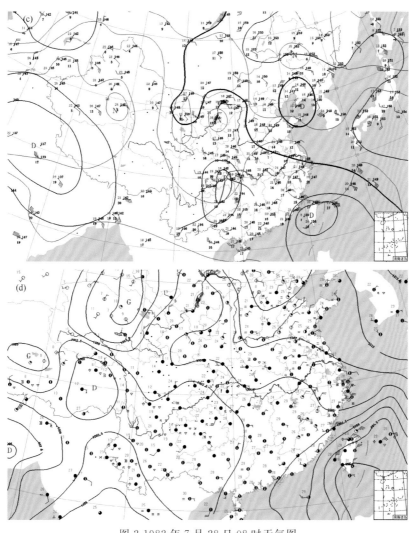

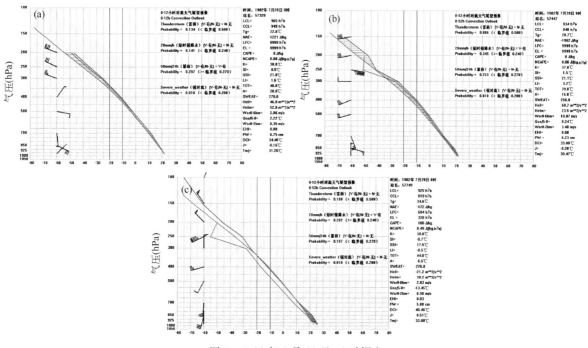

图2 1982年7月28日08时天气图

(a) 500 hPa；(b) 700 hPa；(c) 850 hPa；(d) 地面

图3 1982年7月28日08时探空

(a) 达州（降水中）；(b) 恩施（降水中）；(c) 怀化（降水中）

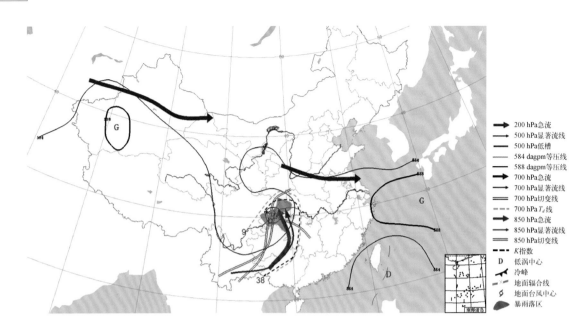

图 4　1982 年 7 月 28 日 08 时综合分析图

个例4　1983年8月19日暴雨

（1）暴雨时段

1983年08月18日20时—19日20时。

（2）雨情描述

1983年8月18日夜间至19日白天，重庆市出现了一次区域暴雨天气过程，长江沿岸及以北地区普降大雨到暴雨，局部达大暴雨，其余地区中雨到大雨，局地暴雨。

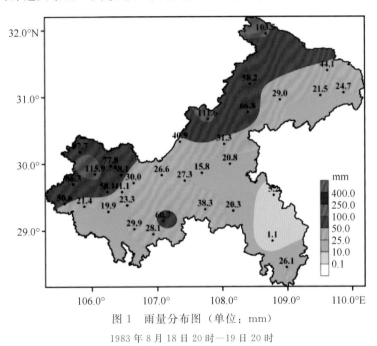

图1　雨量分布图（单位：mm）

1983年8月18日20时—19日20时

（3）灾情描述

无严重灾害。

（4）形势分析

影响系统：西风槽、西南涡、冷锋

1）此次暴雨过程主要是由高空槽东移过程与中低层切变，以及西南低涡共同作用形成的暴雨天气。

2）8月19日08时，500 hPa新疆北部存在一高空槽，河套地区东部至重庆上空存在一明显的高空槽影响，东移的高空槽引导冷空气东移南下入侵盆地。

3）8月19日08时，700 hPa陕西南部至四川盆地上空存在一切变，切变线南侧诱发西南涡发展，为降水提供有利的辐合条件，切变前部重庆上空风速达12 m/s，达到低空急流，有利于水汽的输送。

4）8月19日08时，850 hPa西南涡中心位于四川盆地东北部，19日20时，西南低涡系统南移，基本上与700 hPa西南低涡中心重合，有利于中低层的动力辐合上升运动加强。

5）8月19日08时，地面冷锋由四川盆地北部侵入，位于四川盆地中部至贵州西部地区。

（5）天气分析图

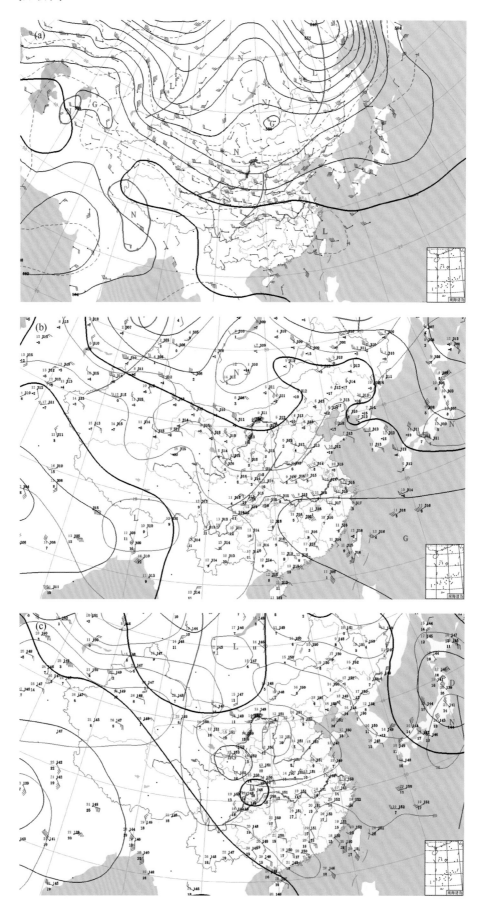

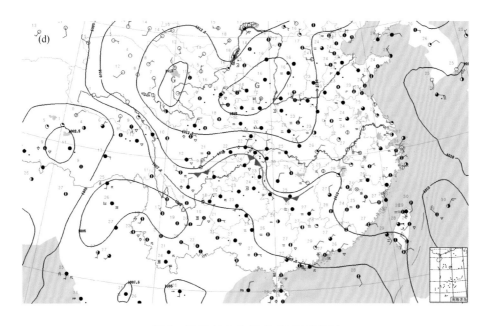

图 2　1983 年 8 月 19 日 20 时天气图

(a) 500 hPa；(b) 700 hPa；(c) 850 hPa；(d) 地面

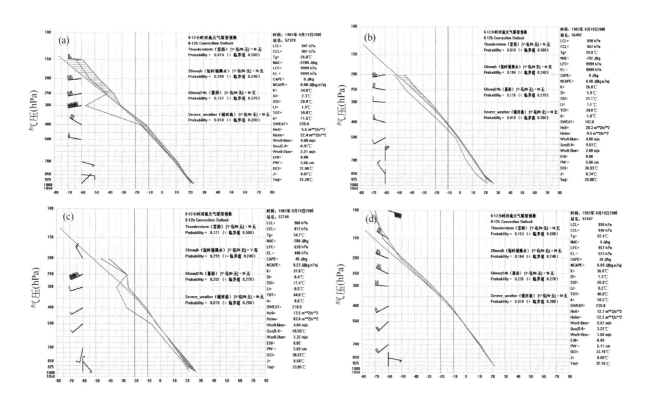

图 3　1983 年 8 月 19 日 08 时探空

(a) 达州（降水中）；(b) 宜宾（降水中）；(c) 怀化（降水前）；(d) 恩施（降水中）

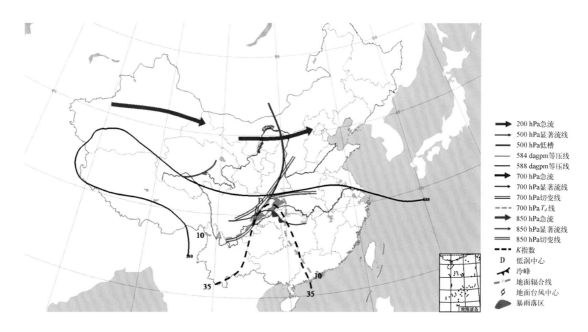

图 4　1983 年 8 月 19 日 08 时综合分析图

个例 5　1986 年 5 月 20 日暴雨

（1）暴雨时段

1986 年 5 月 19 日 20 时—20 日 20 时。

（2）雨情描述

1986 年 5 月 19 日夜间至 20 日白天，重庆出现了一次区域暴雨天气过程，全市普降大雨到暴雨，荣昌达大暴雨。

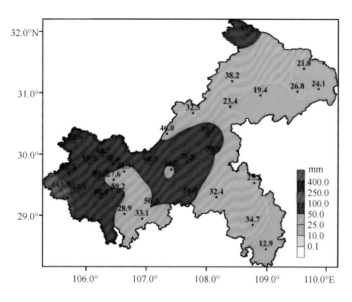

图 1 雨量分布图（单位：mm）

1986 年 5 月 19 日 20 时—20 日 20 时

（3）灾情描述

此次过程造成忠县、长寿、巴南、铜梁、荣昌、璧山、丰都等地受灾，受灾人口达 116.2 万人，其中死亡 53 人，受伤 3220 人；农作物受灾 4.3 万 hm²，成灾 3.2 万 hm²；房屋损坏 28.5 万间，倒塌 984 间；死亡大牲畜 1894 头；损毁公路 4 千米；直接经济损失 6047.8 万元。

（4）形势分析

影响系统：高原低涡（槽）、西南涡、冷锋。

1）1986 年 5 月 20 日 08 时，500 hPa 亚洲中高纬地区为两槽一脊形势，青藏高原西部为一强的冷涡控制，高原东部有短波槽发展东移，影响四川盆地，短波槽的北部受蒙古高压南侧气流影响形成低涡，同时，蒙古高压东南侧的偏东北气流引导冷空气南下，侵入四川盆地。

2）5 月 20 日 08 时，700 hPa 西南涡位于四川东北部，其东南侧西南气流强盛；850 hPa 低涡位于重庆西部，西南涡两侧风速大，动力辐合显著，有利于强降水。

3）这次过程有显著冷空气从偏北路径南下，5 月 20 日 20 时，重庆 850 hPa 日变温达到 10℃。

（5）天气分析图

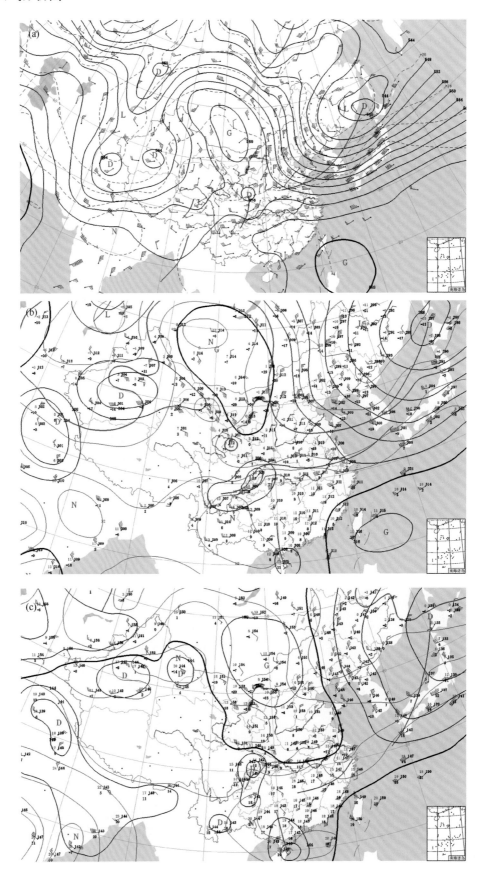

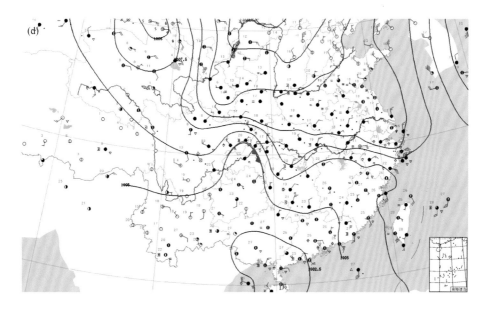

图 2　1986 年 5 月 20 日 08 时高空天气图

(a) 500 hPa；(b) 700 hPa；(c) 850 hPa；(d) 地面

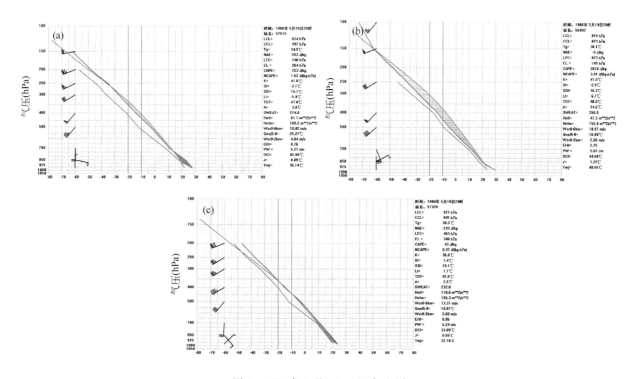

图 3　1986 年 5 月 19 日 20 探空图

(a) 陈家坪（降水前）；(b) 宜宾（降水前）；(c) 达州（降水前）

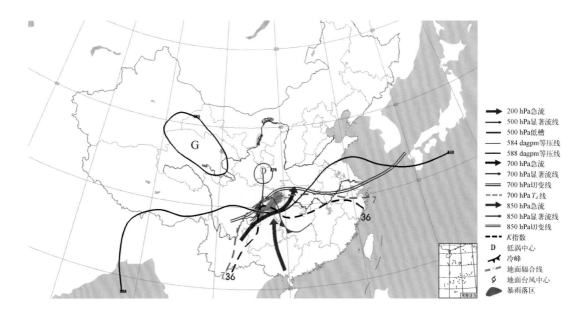

图 4　1986 年 5 月 20 日 08 时综合分析图

个例6 1986年6月20日暴雨

（1）暴雨时段

1986年6月19日20时—21日08时。

（2）雨情描述

1986年6月19日20时—21日08时，重庆市出现了一次区域暴雨天气过程，主要降水时段为19日20时—20日20时，中西部及东南部普降大雨到暴雨，东北部小雨到中雨，局地大雨到暴雨。

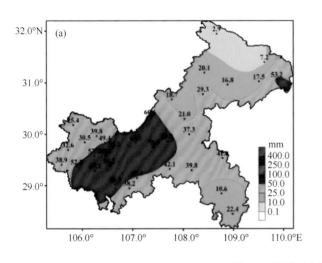 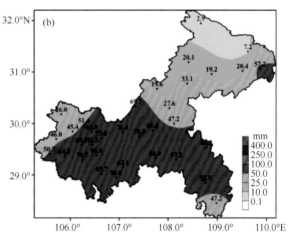

图1 雨量分布图（单位：mm）

（a）1986年6月19日20时—20日20时；（b）1986年6月19日20时—21日08时国家站过程总雨量

（3）灾情描述

此次过程造成酉阳受灾，受灾人口达1.1万人；农作物受灾1260.8 hm²，成灾87.2 hm²，绝收87.2 hm²；房屋损坏8间，倒塌8间；直接经济损失32.5万元。

（4）形势分析

影响系统：高空槽、西南涡、低空切变线、低空急流

1）6月20—21日，500 hPa，副热带高压控制华南地区，并缓慢西伸北抬；高原地区维持纬向气流，19—21日，高空槽缓慢东移，其后部不断有短波槽汇入其中，利于高空槽不断加深，且受前侧副高的阻塞，东移速度缓慢，有利于槽前形成持久的上升运动。

2）20日08时，盆地内中低层有西南涡生成并向偏东方向移动，西南涡前部的700 hPa和850 hPa的切变线分别位于重庆中部和贵州北部上空，有利于重庆中西部及东南部地区产生强烈的抬升运动。

3）西南涡的南侧西南气流逐渐加强，20日08时，贵阳站850 hPa风速为6 m/s，20时，为8 m/s，为重庆地区提供了较充沛的水汽条件。

（5）天气分析图

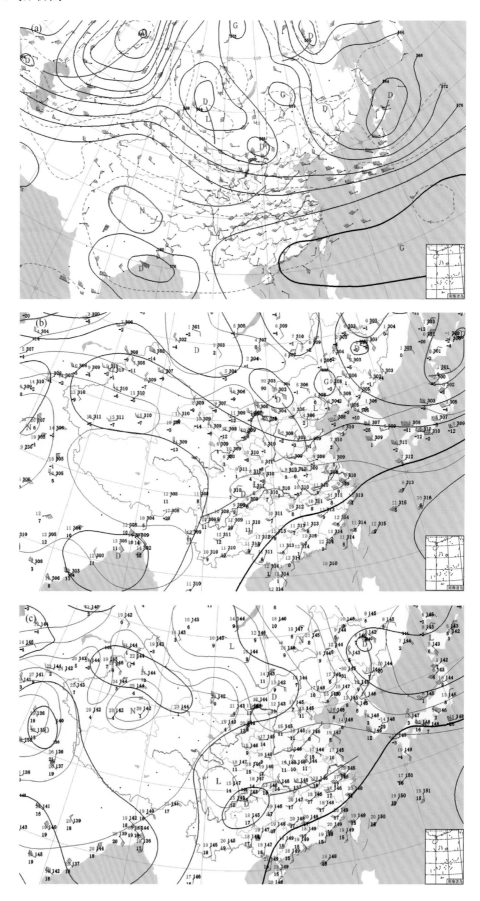

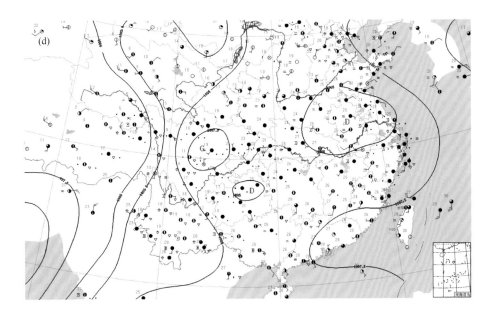

图 2　1986 年 6 月 20 日 08 时天气图

(a) 500 hPa；(b) 700 hPa；(c) 850 hPa；(d) 地面

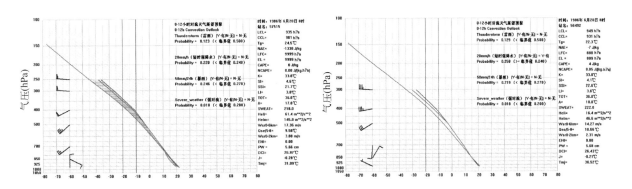

图 3　1986 年 6 月 20 日 08 时探空图

(a) 陈家坪（降水中）；(b) 宜宾（降水中）

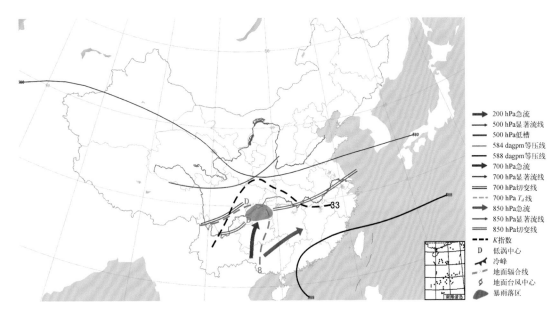

图 4　1986 年 6 月 20 日 08 时综合分析图

个例 7　1987 年 7 月 20 日暴雨

（1）暴雨时段

1987 年 7 月 18 日 20 时—21 日 20 时。

（2）雨情描述

1987 年 7 月 18 日夜间至 21 日白天，重庆出现了一次区域暴雨天气过程，各地普降大雨到暴雨，西部部分地区及梁平达大暴雨。

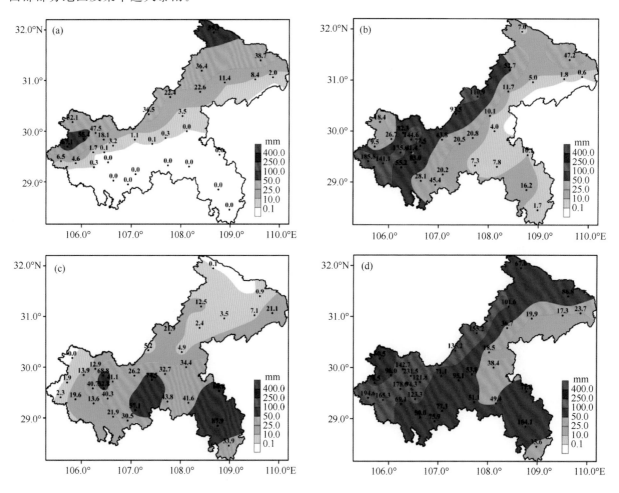

图 1　雨量分布图（单位：mm）

（a）1987 年 7 月 18 日 20 时—19 日 20 时；（b）1987 年 7 月 19 日 20 时—20 日 20 时；（c）1987 年 7 月 20 日 20 时—21 日 20 时；（d）1987 年 7 月 18 日 20 时—21 日 20 时国家站过程总雨量

（3）灾情描述

此次过程造成铜梁、沙坪坝、北碚、长寿、荣昌、璧山、梁平、垫江、巴南等地受灾，受灾人口达 107.2 万人，其中死亡 27 人，受伤 71 人；农作物受灾 9.9 万 hm²，成灾 6.4 万 hm²，绝收 198.7 hm²；房屋损坏 1727 间，倒塌 1906 间；死亡大牲畜 105 头；损毁公路 6.5 km；直接经济损失

4360.2 万元。

（4）形势分析

影响系统：短波槽、西南涡、低空切变线、低空急流

1）7月19—20日，500 hPa 的贝加尔湖南部有冷涡发展，青藏高原到四川盆地为东移的短波槽区，副高 588 dagpm 线位于浙江到广东一线，随着短波槽的东移，588 dagpm 线略有东移南退，但位于广西北部的副高西伸脊点没有明显变化，对短波槽形成阻塞，有利于强降水的持续。

2）700 hPa 西南涡位于四川盆地东北部，受副高阻塞，过程期间西南涡位置变化不大，切变线的位置位于四川盆地长江沿岸及以北地区，切变前部为一致的西南气流，为持续性降水提供了稳定的水汽输送，切变后部有明显的冷平流，有利于强降水的触发和持续；强降水中心位于 700 hPa 低涡及其切变线附近。

3）850 hPa 西南涡位于成都和重庆之间，过程期间，稳定少动，西南低空急流一直位于广西百色到湖北武汉一线，并一度加强（20 日 08 时，湖南怀化，16 m/s）。

4）地面有弱冷空气侵入四川盆地。

（5）天气分析图

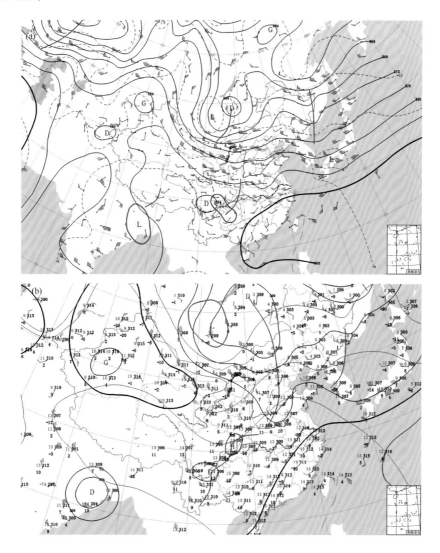

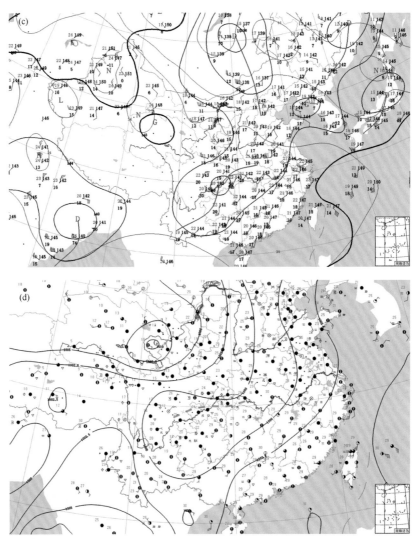

图 2　1987 年 7 月 20 日 08 时天气图
(a) 500 hPa；(b) 700 hPa；(c) 850 hPa；(d) 地面

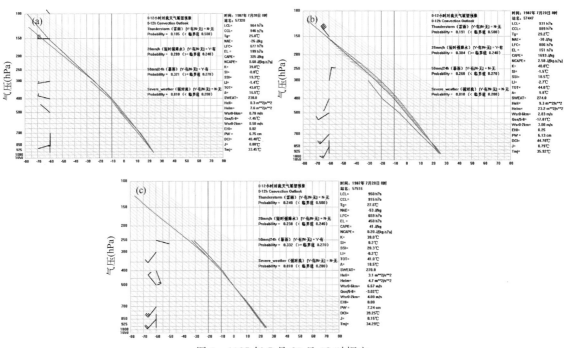

图 3　1987 年 7 月 20 日 08 时探空
(a) 达州（降水中）；(b) 恩施（降水前）；(c) 沙坪坝（降水中）

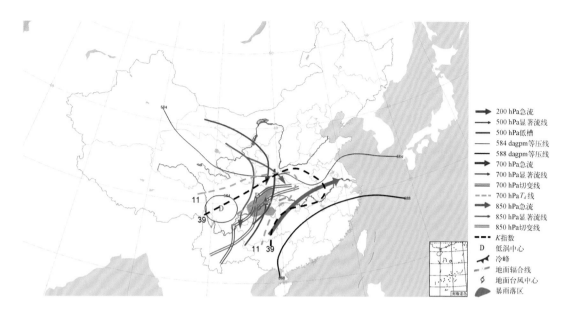

图 4　1987 年 7 月 20 日 08 时综合分析图

个例8 1988年5月18日暴雨

（1）暴雨时段

1988年5月17日20时—18日20时。

（2）雨情描述

1988年5月17日夜间至18日白天，重庆出现了一次区域暴雨天气过程，中部、西部部分地区和东南部部分地区出现大雨到暴雨，其余地区小雨到中雨。

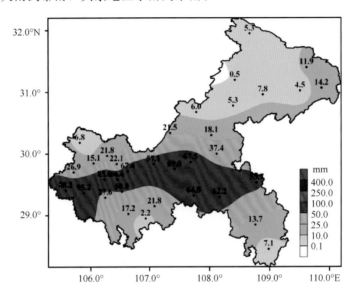

图1 雨量分布图（单位：mm）

1988年5月17日20时—18日20时

（3）灾情描述

此次过程造成长寿、巴南、黔江、璧山等地受灾，受灾人口达5万人，其中死亡7人，受伤3人；农作物受灾2万 hm²，成灾217.7 hm²；房屋损坏1318间，倒塌54间；直接经济损失290万元。

（4）形势分析

影响系统：高空槽、西南涡、低空急流、地面热低压

1）1988年5月17日20时，500 hPa，中高纬地区，以西风波动气流为主，有一低槽从宁夏延伸到盆地中部，重庆处于槽前西南风气流中，18日08时，槽略前倾，处于河套地区，槽线尾部压在重庆东部。

2）18日08时，700 hPa重庆大部处于西南涡中心，西南急流位于贵州—湖北西部—河南南部一带，给重庆带来充沛水汽。

3）18日08时，850 hPa盆地东部和重庆处于西南涡中心，重庆主要受低涡前西南风影响。700 hPa和850 hPa低涡中心位置重叠，低层辐合明显。

4）18日08时，地面图上重庆为热低压控制。

（5）天气分析图

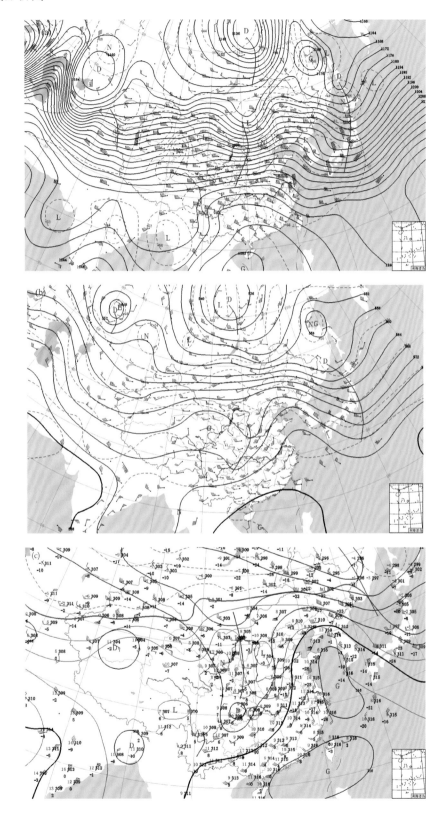

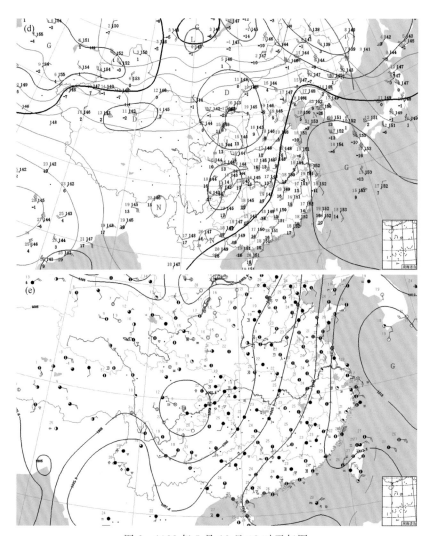

图 2　1988 年 5 月 18 日 08 时天气图

(a) 200 hPa；(b) 500 hPa；(c) 700 hPa；(d) 850 hPa；(e) 地面

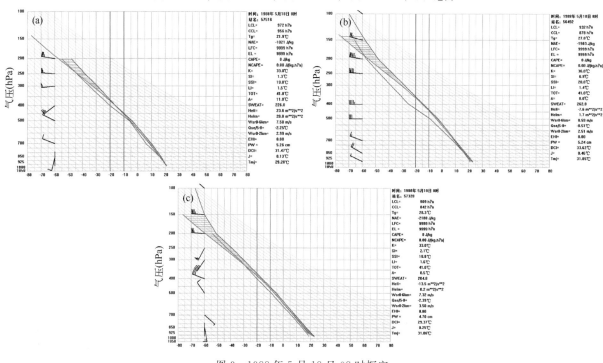

图 3　1988 年 5 月 18 日 08 时探空

(a) 沙坪坝（降水中）；(b) 宜宾（降水中）；(c) 达州（降水中）

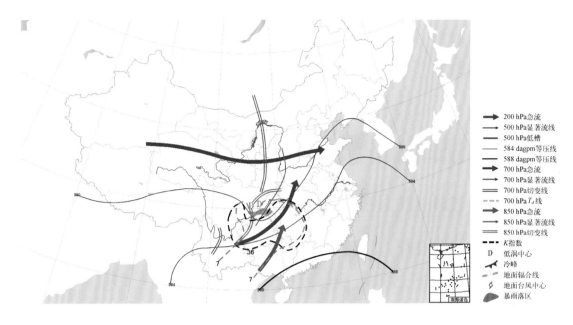

图 4　1988 年 5 月 18 日 08 时综合分析图

个例9　1988年9月1日暴雨

（1）暴雨时段

1988年8月31日20时—9月3日08时。

（2）雨情描述

1988年8月31日夜间至9月2日夜间，重庆市出现了一次区域暴雨天气过程，西部、中部偏东地区和东南部偏南地区普降大雨到暴雨，局地达大暴雨，其余地区小雨到中雨。

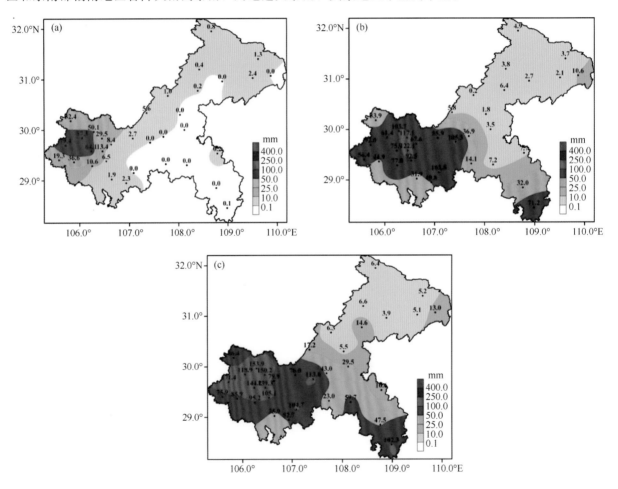

图1　雨量分布图（单位：mm）

（a）1988年8月31日20时—9月1日20时；（b）1988年9月1日20时—2日20时；（c）1988年8月31日20时—9月3日08时国家站过程总雨量

（3）灾情描述

此次过程造成大足、北碚受灾，受灾人口达22.8万人，其中死亡4人，受伤6人，转移安置800人；农作物受灾7416.7 hm²，成灾3466.7 hm²；房屋损坏724间，倒塌580间；死亡大牲畜34头；直接经济损失2500万元。

（4）形势分析

影响系统：高空槽、西南涡、地面辐合线

1）8月31日—9月2日，500 hPa蒙古冷涡缓慢东移，其后部有高空短波槽引导冷空气分裂南下；9月1日20时，高空槽东移，呈东北—西南向压在四川盆地上空。低槽后部的的冷平流持续侵入，有利于中低层西南低涡的发展。

2）8月31日，中低层有西南涡在重庆西部生成，31日20时—9月2日08时低涡位置稳定少动，强度逐渐加强，此后低涡向东偏南方向移动，强度减弱。暴雨过程中，中低层并无明显的西南急流，但低涡的长时间稳定，有利于其前侧的偏南风将水汽和不稳定能量源源不断地向重庆输送。

3）9月1日20时，沙坪坝探空显示 K 指数为40，表明重庆上空大气层结不稳定，有利于强降水的发生。

4）9月1日20时，地面图上重庆长江沿岸为弱的辐合区。

（5）天气分析图

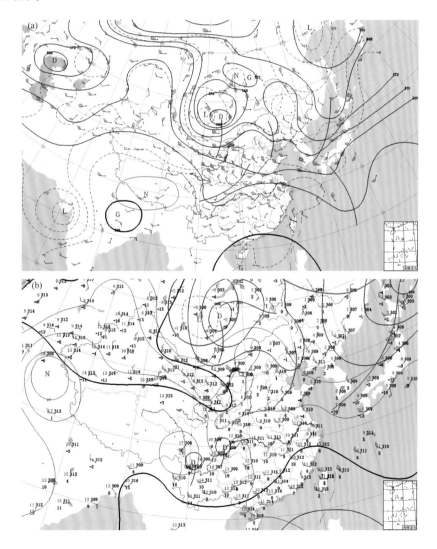

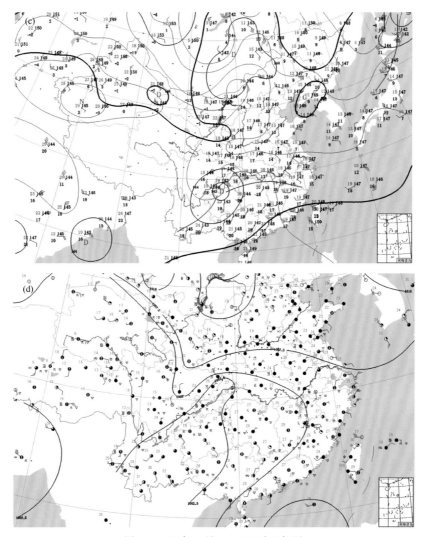

图 2　1988 年 9 月 1 日 20 时天气图

（a）500 hPa；（b）700 hPa；（c）850 hPa；（d）地面

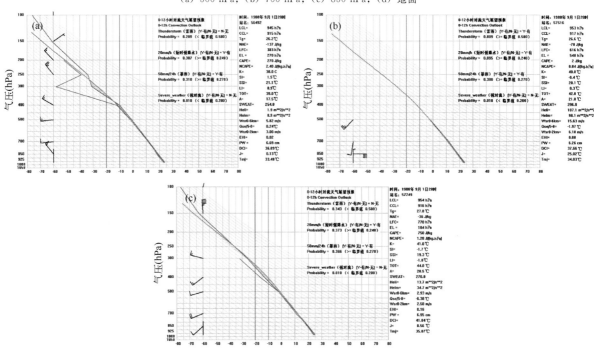

图 3　1988 年 9 月 1 日 20 时探空

（a）宜宾（降水中）；（b）沙坪坝（降水中）；（c）怀化（降水中）

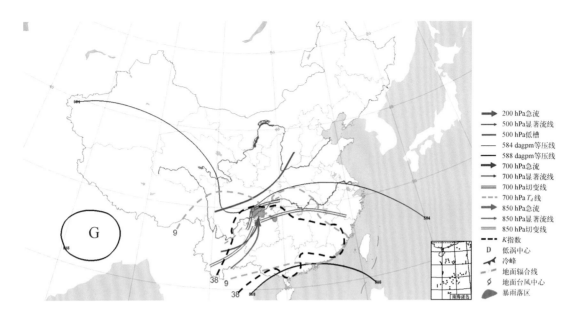

图4　1988 年 9 月 1 日 20 时综合分析图

个例 10　1989 年 7 月 10 日暴雨

（1）暴雨时段

1989 年 7 月 7 日 20 时—11 日 08 时。

（2）雨情描述

1989 年 7 月 7 日夜间至 10 日夜间，重庆市出现了一次区域暴雨天气过程，长江沿岸及其以北地区普降暴雨到大暴雨，其余地区小雨到中雨，局部大雨。

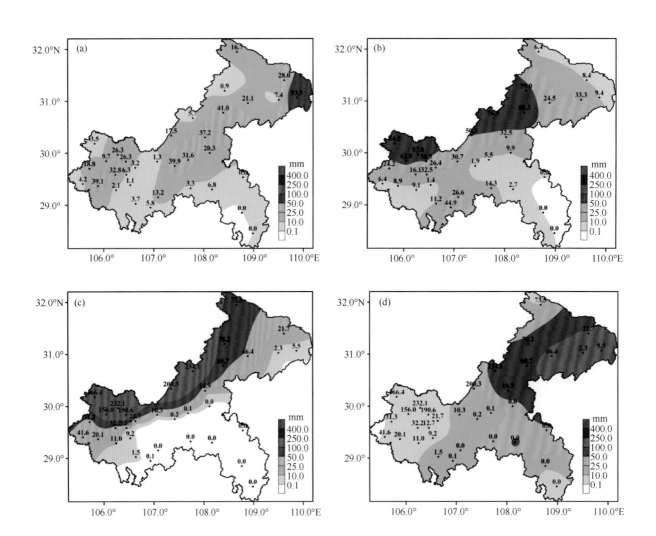

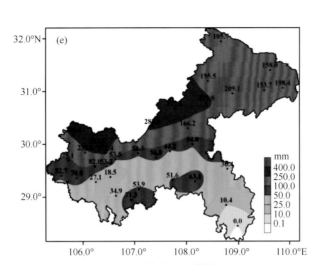

图 1　雨量分布图（单位：mm）

（a）1989 年 7 月 7 日 20 时—8 日 20 时；（b）1989 年 7 月 8 日 20 时—9 日 20 时；（c）1989 年 7 月 9 日 20 时—10 日 20 时；（d）1989 年 7 月 10 日 20 时—11 日 20 时；（e）1989 年 7 月 7 日 20 时—11 日 08 时国家站过程总雨量

（3）灾情描述

此次过程造成长寿、合川、梁平、垫江、渝北、潼南、铜梁、大足、开县、巫溪、荣昌、璧山、忠县、巫山等地受灾，受灾人口达 219 万人，其中死亡 238 人，失踪 26 人，受伤 2293 人，被困 1.8 万人，转移安置 60 人；农作物受灾 23.8 万 hm²，成灾 14 万 hm²，绝收 1.6 万 hm²；房屋损坏 12.2 万间，倒塌 4.9 万间；死亡大牲畜 61.3 万头；损毁公路 220.5 千米；直接经济损失 5.3 亿元。

（4）形势分析

影响系统：高原短波槽、西南涡、低空急流、冷锋

1）7 月 9 日 20 时 500 hPa 中高纬度为两槽一脊形势，东北低涡呈规律东移。青藏高原到四川盆地多短波槽东移，川西高原有一较深厚的低压槽区，槽前强盛的西南气流控制重庆地区，副热带高压 588 dagpm 线位于云南东北部到重庆东南部，东侧延伸到长江中下游地区，对低槽东移形成阻挡，低槽东移较慢。

2）7 月 9 日 20 时 700 hPa 及 850 hPa 四川盆地出现了明显的西南低涡，700 hPa 重庆西部有一支西南风急流。低涡系统的存在为重庆长江沿岸及以北地区强降水的产生提供了有利的辐合上升和水汽条件。

3）副热带高压对高原波动槽有一定的阻塞作用且导致上述低槽低涡移动位置偏北，暴雨出现在重庆长江地区沿岸及其以北地区。

4）地面图上，冷空气从四川盆地北部缓慢侵入。

（5）天气分析图

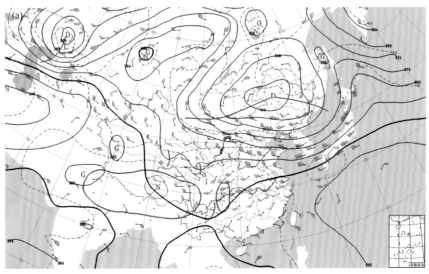

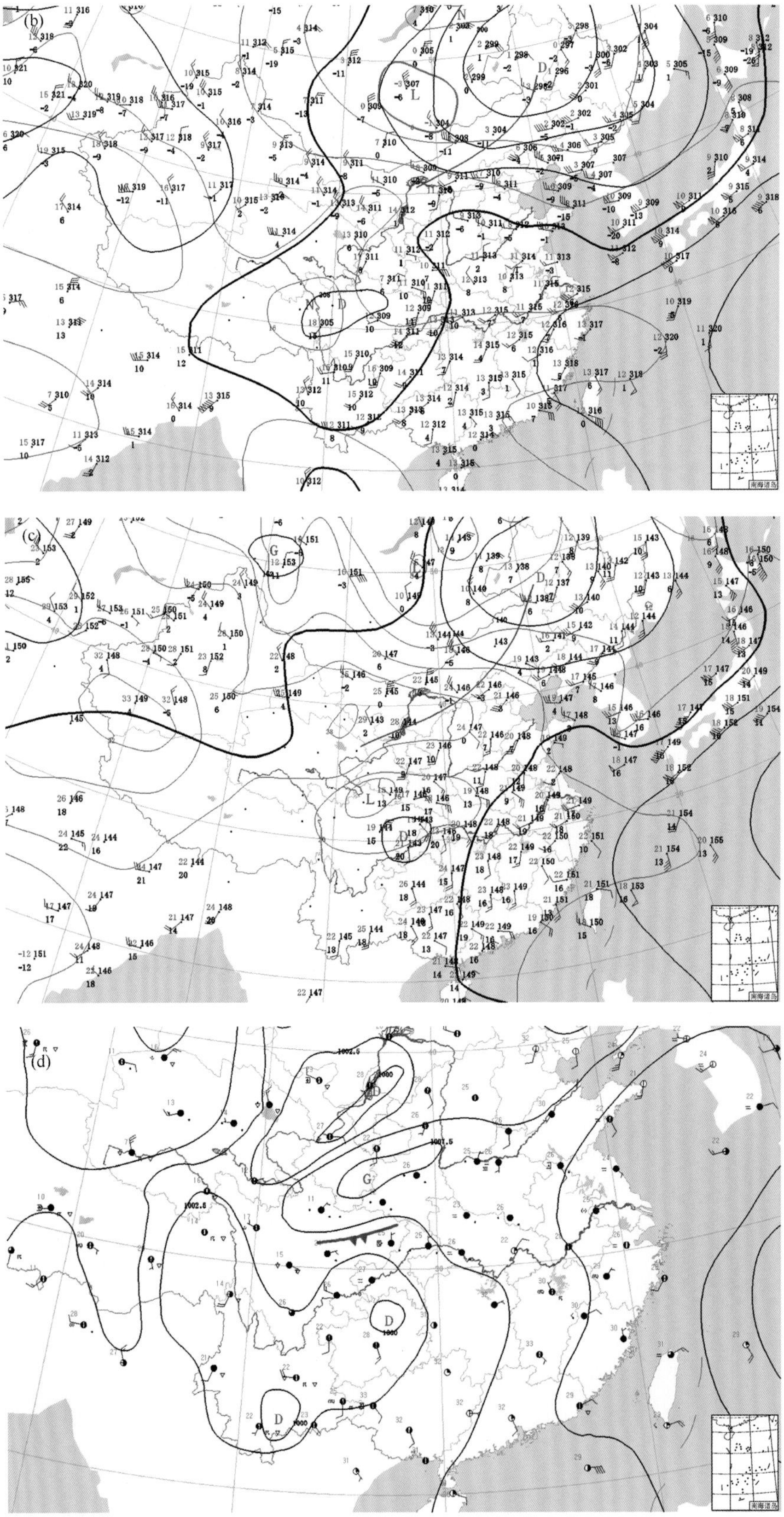

图 2 1989 年 7 月 9 日 20 时天气图
(a) 500 hPa；(b) 700 hPa；(c) 850 hPa；(d) 地面

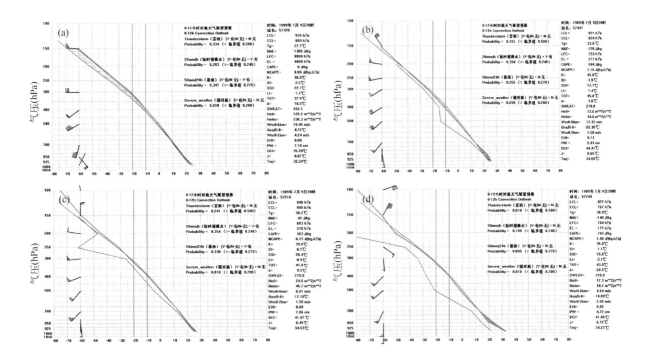

图 3　1989 年 7 月 9 日 20 时探空

（a）达州（降水中）；（b）恩施（降水中）；（c）沙坪坝（降水中）；（d）怀化（降水前）

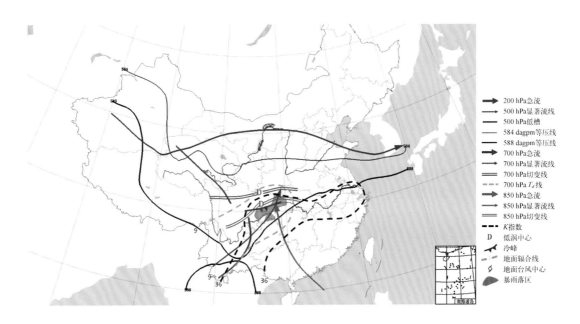

图 4　1989 年 7 月 9 日 20 时综合分析图

个例 11　1990 年 5 月 14 日暴雨

（1）暴雨时段

1990 年 5 月 14 日 08 时—15 日 20 时。

（2）雨情描述

1990 年 5 月 14 日白天至 15 日白天，重庆市出现了一次区域暴雨天气过程，重庆市普降大雨到暴雨，局地大暴雨。

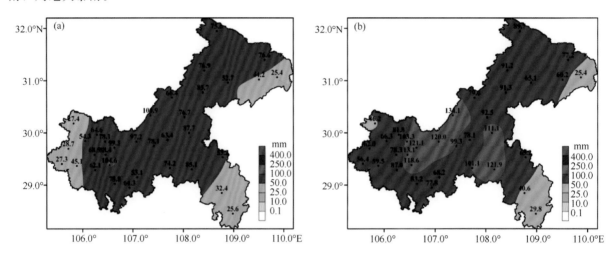

图 1　雨量分布图（单位：mm）

(a) 1990 年 5 月 14 日 20 时—15 日 20 时；(b) 1990 年 5 月 14 日 08 时—15 日 20 时国家站过程总雨量

（3）灾情描述

此次过程造成武隆、长寿、石柱等地受灾，受灾人口达 37.5 万人，其中死亡 2 人；农作物受灾 1.2 万 hm²，成灾 6946.2 hm²；房屋倒塌 145 间；直接经济损失 1040 万元。

（4）形势分析

影响系统：高空槽、西南涡、低空急流、冷锋

1）1990 年 5 月 14 日 08 时—15 日 20 时的 500 hPa 图上，随着蒙古冷涡南压，其南侧槽区不断加深，槽后较强的偏北风携带冷空气南下，重庆受槽前西南气流影响，风速较强，有利于动力抬升。同时，副高呈纬向带状分布，其西北边缘位于东南沿海附近并加强西伸，与华东的大陆高压脊结合，对低槽有阻塞作用。

2）暴雨过程中，四川盆地东南部有西南涡活动，并沿东北—西南向缓慢东移。14 日 20 时，700 hPa 和 850 hPa 图上的低涡中心位于重庆西部偏北地区附近，切变的存在有利于辐合抬升运动。同时，700 hPa 低涡东侧的西南急流和 850 hPa 低涡及倒槽边缘的东南气流为重庆暴雨的发生提供了充沛的水汽。

3）14 日 20 时，重庆位于高空急流出口区右侧的辐散区，配合 700、850 hPa 重庆西北侧的低空暖切变，有利于整层气流的辐合上升。

4）暴雨发生前，地面热低压的存在有利于能量的积蓄，14 日 20 时，有冷空气从四川盆地西北侵入。

（5）天气分析图

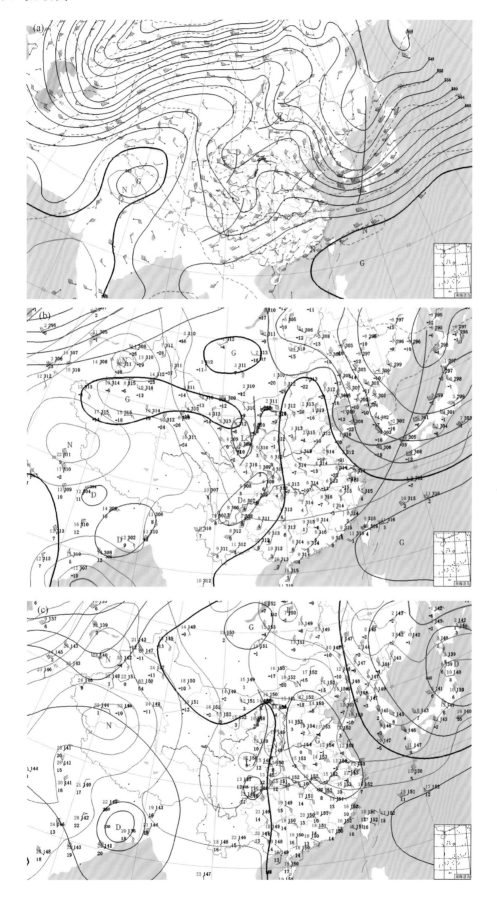

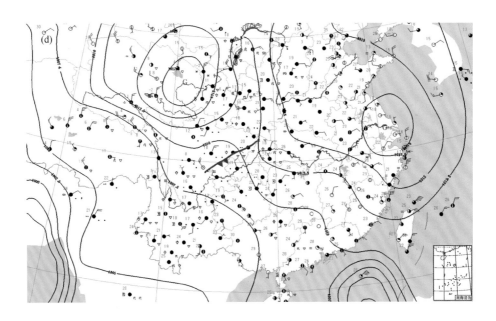

图 2 1990 年 5 月 14 日 20 时天气图

(a) 500 hPa；(b) 700 hPa；(c) 850 hPa；(d) 地面

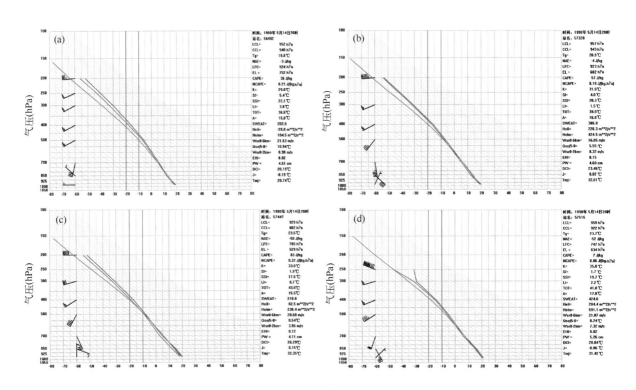

图 3 1990 年 5 月 14 日 20 时探空

(a) 宜宾（降水中）；(b) 达州（降水中）；(c) 恩施（降水中）；(d) 沙坪坝（降水中）

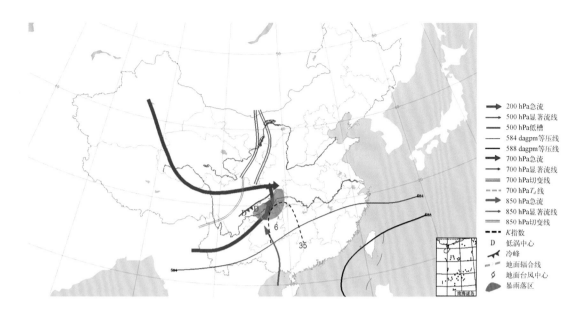

图 4   1990 年 5 月 14 日 20 时综合分析图

个例 12　1991 年 6 月 30 日暴雨

（1）暴雨时段

1991 年 06 月 29 日 08 时—07 月 01 日 08 时。

（2）雨情描述

1991 年 6 月 29 日白天至 6 月 30 日夜间，重庆市出现了一次区域暴雨天气过程，中西部、东北部及东南部部分地区普降大雨到暴雨，局部达大暴雨。

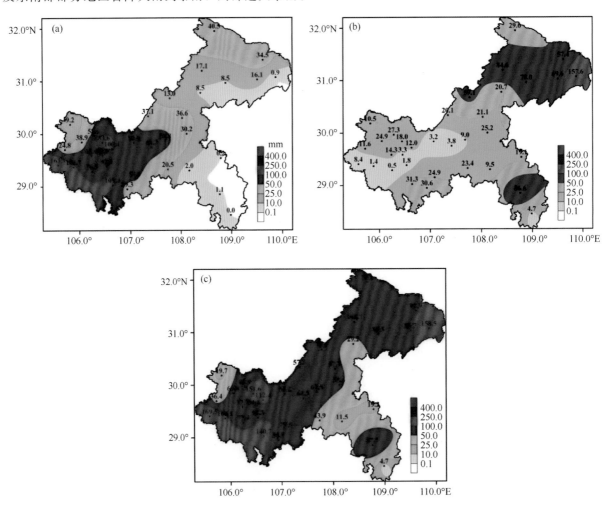

图 1 雨量分布图（单位：mm）

（a）1991 年 6 月 29 日 08 时—30 日 08 时；（b）1991 年 6 月 30 日 08 时—9 月 1 日 08 时；（c）1991 年 6 月 29 日 08 时—9 月 1 日 08 时国家站过程总雨量

（3）灾情描述

此次过程造成巴南、永川、荣昌、开县、万州、沙坪坝、北碚、渝北、合川、大足、璧山等地受灾，受灾人口达 65.6 万人，其中死亡 18 人，受伤 3 人；农作物受灾 4.9 万 hm²，成灾 3.8 万 hm²，绝收 733 hm²；房屋损坏 1.3 万间，倒塌 2775 间；直接经济损失 6943.3 万元。

（4）形势分析

影响系统：西风槽、高原切变、西南低涡、低空急流

1）此次暴雨过程主要是由于高空西风槽，以及低层西南低涡共同作用下形成的暴雨天气。

2）6 月 29 日 08 时，500 hPa 高空槽位于河套地区至四川盆地上空，同时在高原上空存在明显的辐合切变，6 月 30 日 08 时两个系统均东移发展，东亚大槽底部从四川盆地东北部，同时在四川盆地西部至西藏高原东部存在一横切变。

3）6 月 29 日 20 时 700 hPa 四川东北部有一低值系统逐渐生成，6 月 30 日 08 时 700 hPa 西南低涡位于四川盆地东北部交界处，辐合明显增强，且西南低涡前部存在明显低空急流，有利于水汽输送。

4）6 月 29 日 20 时 850 hPa 四川盆地有一低涡系统逐渐生成，6 月 30 日 08 时 700 hPa 西南低涡进一步发展，且略向东北方向移动，且低涡系统前部也存在低空急流，这也为暴雨提供充沛的水汽输送。

5）6 月 29 日 20 时地面图上，盆地有明显冷空气活动。

（5）天气分析图

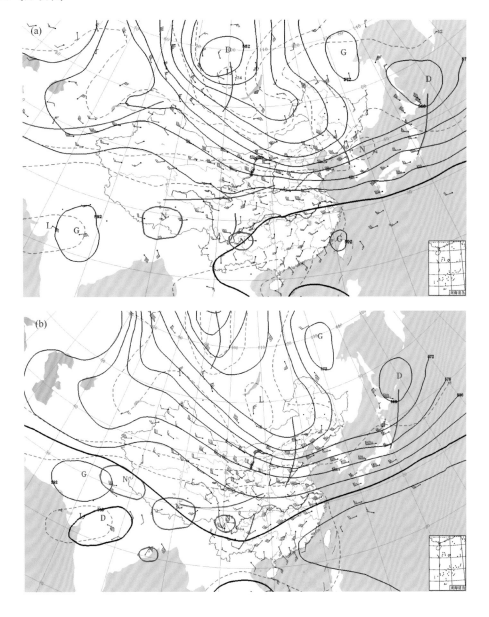

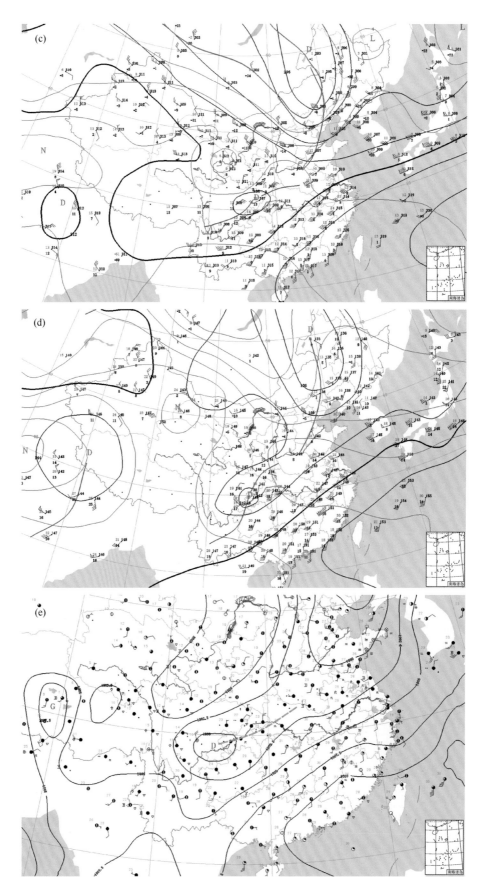

图 2 天气分析图

(a) 1991 年 6 月 29 日 08 时 500 hPa；(b) 1991 年 6 月 30 日 08 时 500 hPa；(c) 1991 年 6 月 30 日 08 时 700 hPa；(d) 1991 年 6 月 30 日 08 时 850 hPa；(e) 1991 年 6 月 30 日 08 时地面图

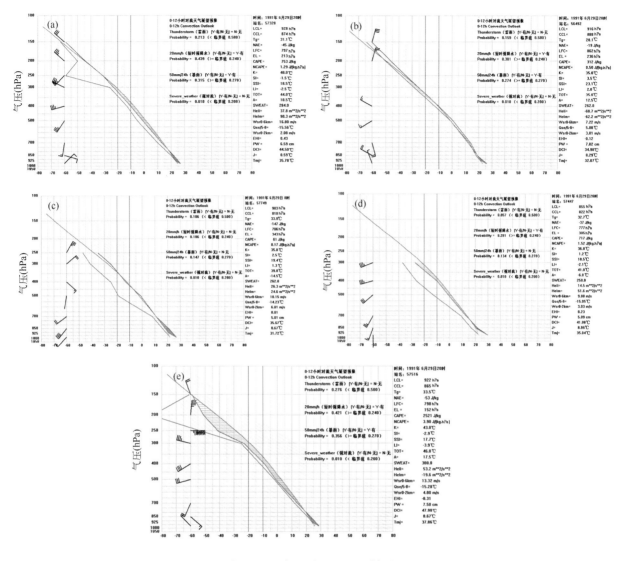

图 3　1991 年 6 月 29 日 20 时探空

（a）达州（降水中）；（b）宜宾（降水中）；（c）怀化（降水前）；（d）恩施（降水前）；（e）沙坪坝（降水中）

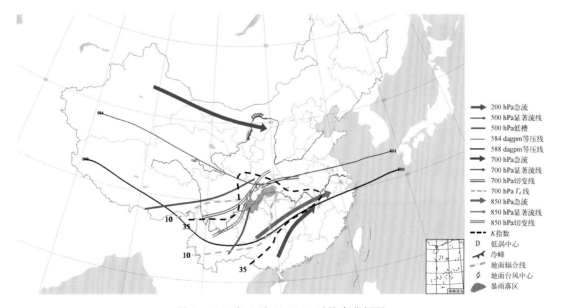

图 4　1991 年 6 月 30 日 08 时综合分析图

个例 13　1991 年 9 月 2 日暴雨

（1）暴雨时段

1991 年 9 月 1 日 08 时—4 日 08 时。

（2）雨情描述

1991 年 9 月 1 日白天至 3 日夜间，重庆市出现了一次区域暴雨天气过程，东北部地区、西部大部地区、中部部分地区及东南部部分地区出现大雨到暴雨，局地达大暴雨。

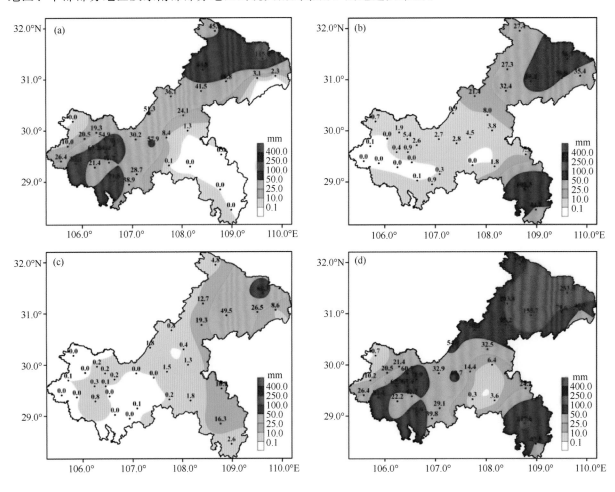

图 1　雨量分布图（单位：mm）

（a）1991 年 9 月 1 日 08 时—2 日 08 时；（b）1991 年 9 月 2 日 08 时—3 日 08 时；（c）1991 年 9 月 3 日 08 时—4 日 08 时；（d）1991 年 9 月 1 日 08 时—4 日 08 时国家站过程总雨量

（3）灾情描述

此次过程造成巫溪受灾，受灾人口达 1 万人，其中死亡 2 人，受伤 300 人；房屋损坏 3371 间，倒塌 1310 间；直接经济损失 100 万元。

（4）形势分析

影响系统：高空槽、西南涡

1）本次过程中，欧亚中高纬地区为纬向多波动气流。9月1日至2日，588 dagpm 线稳定维持在长江沿岸，9月3日588 dagpm 线东退7个经度左右。过程中，500 hPa 重庆上空出现两次青藏高原东移的低槽，分别是9月1日20时和3日08时，第二次的低槽较第一次更强。

2）与500 hPa 两次短波槽作用一致，其对应的区域700 hPa 出现两次西南低涡，700 hPa 低涡移动明显。1日20时850 hPa 出现两个低涡中心，分别位于渝东北（较此时700 hPa 西南涡偏东）和渝西南，2日08时，这两个低涡合并于重庆中东部。

（3）这次过程有弱冷空气从重庆西北方向进入重庆地区。

（5）天气分析图

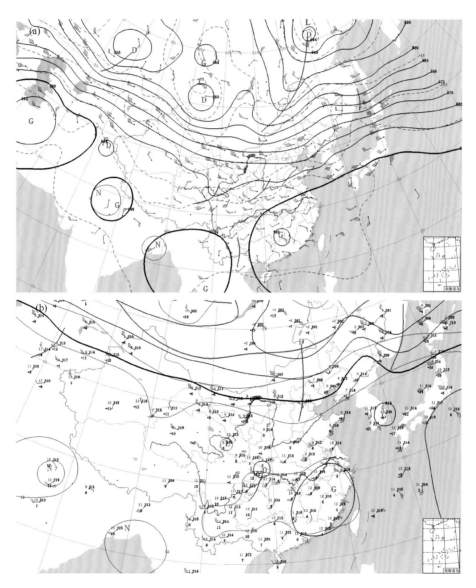

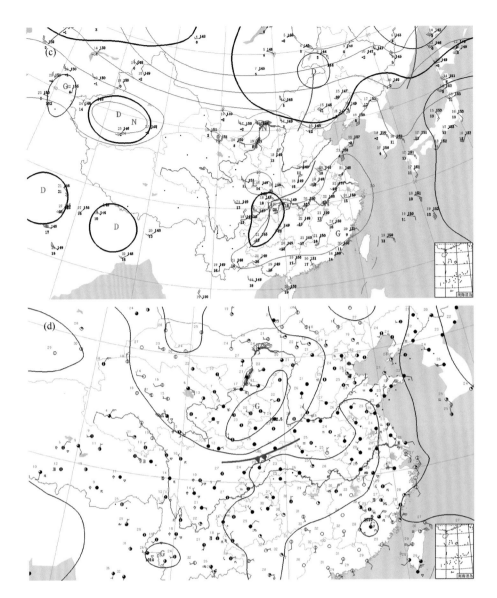

图 2 1991 年 9 月 2 日 08 时高空天气图

(a) 500 hPa；(b) 700 hPa；(c) 850 hPa；(d) 地面

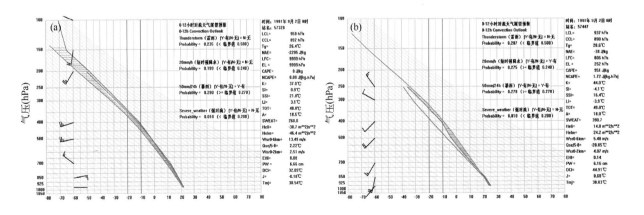

图 3　1991 年 9 月 2 日 08 时探空图

(a) 达州（降水中）；(b) 恩施（降水中）

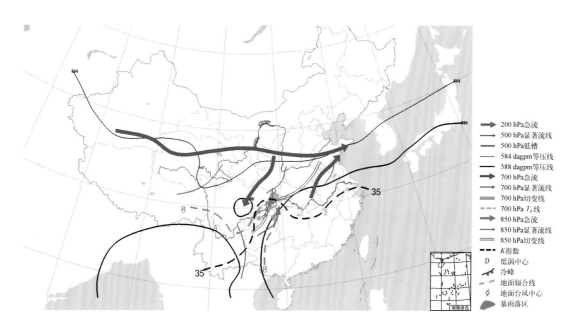

图 4　1991 年 9 月 2 日 08 时综合分析图

个例 14 1992 年 5 月 16 日暴雨

（1）暴雨时段

1992 年 5 月 15 日 20 时—17 日 20 时。

（2）雨情描述

1992 年 5 月 15 日 20 时—17 日 20 时，重庆市出现了一次区域暴雨天气过程，主要降水时段为 15 日 20 时—16 日 20 时，各地普降中到大雨，其中长江沿岸以北大部地区达暴雨。

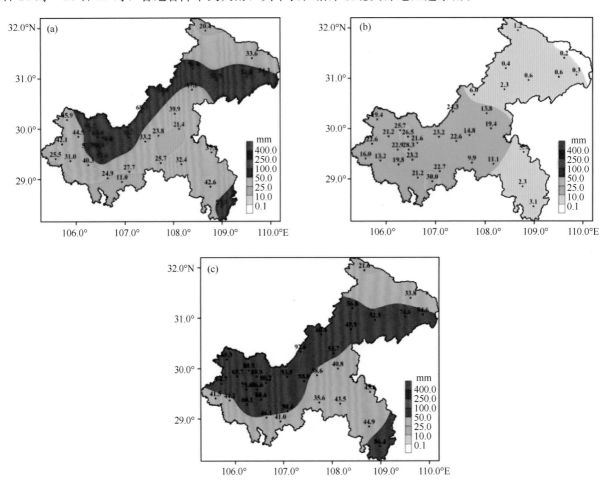

图 1 雨量分布图（单位：mm）

（a）1992 年 5 月 15 日 20 时—16 日 20 时；（b）1992 年 5 月 16 日 20 时—17 日 20 时；（c）1992 年 5 月 15 日 20 时—17 日 20 时国家站过程总雨量

（3）灾情描述

此次过程造成忠县受灾，受灾人口达 49.4 万人，其中死亡 3 人，受伤 10 人；农作物受灾 3.7 万 hm²，成灾 2.4 万 hm²；房屋损坏 744 间，倒塌 744 间；直接经济损失 700 万元。

（4）形势分析

影响系统：低槽、西南涡、低空切变线、低空急流、冷锋

1）5月15—17日，500 hPa，高原南侧有低槽缓慢东移，高原上空维持纬向气流，至16日08时，高原槽与南支槽之间形成阶梯槽，共同影响重庆地区。

2）16日08时，盆地内中低层有西南涡生成并向东南方向移动，西南涡前部的850 hPa和700 hPa上的切变线分别位于重庆北部和中部上空，有利于切变线之间的重庆长江沿岸以北地区产生强烈的上升运动。

3）西南涡的南侧有强低空急流出现，16日08时，贵阳站850 hPa风速达到18 m/s，为重庆地区输送了充沛的水汽条件；同时，河套地区200 hPa为西风急流带，高、低空急流在重庆地区的耦合加强了暴雨区的上升运动。

4）对流层低层有冷空气侵入，16日08时，850 hPa达州站有−3℃负变温区出现，有利于强降水的产生。

（5）天气分析图

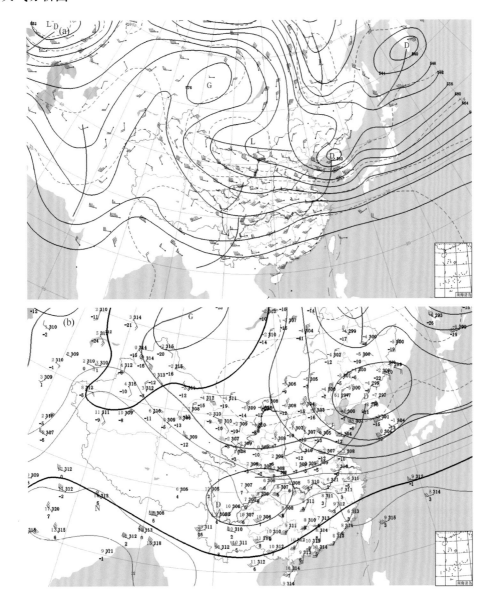

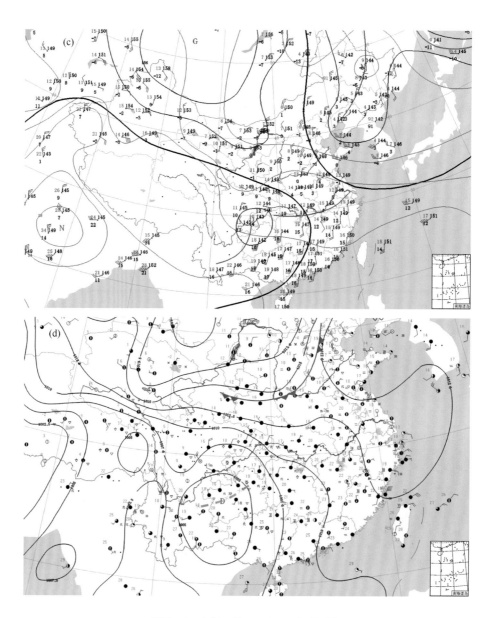

图 2　1992 年 5 月 16 日 08 时天气图

(a) 500 hPa；(b) 700 hPa；(c) 850 hPa；(d) 地面

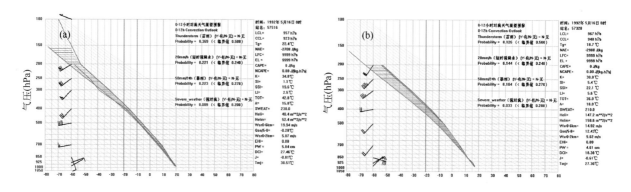

图 3　1992 年 5 月 16 日 08 时探空图

(a) 沙坪坝（降水中）；(b) 达州（降水中）

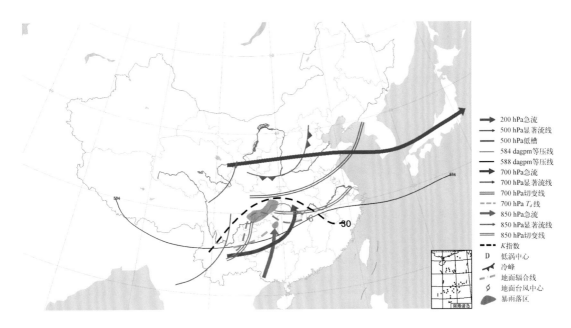

图 4　1992 年 5 月 16 日 08 时综合分析图

个例 15　1993 年 5 月 1 日暴雨

（1）暴雨时段

1993 年 4 月 30 日 20 时—5 月 2 日 08 时。

（2）雨情描述

1993 年 4 月 30 日夜间至 5 月 1 日夜间，重庆普降大雨到暴雨。

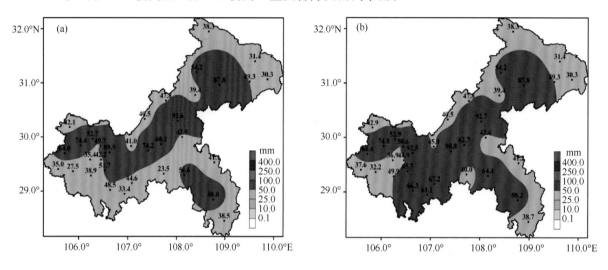

图 1　雨量分布图（单位：mm）

（a）1993 年 4 月 30 日 20 时—5 月 1 日 20 时；（b）1993 年 4 月 30 日 20 时—5 月 2 日 08 时国家站过程总雨量

（3）灾情描述

此次过程造成合川、铜梁、渝北、巴南、涪陵、巫溪、开县、忠县等地受灾，受灾人口达 73.7 万人，其中死亡 9 人，受伤 581 人；农作物受灾 6.2 万 hm²，成灾 2.8 万 hm²；房屋损坏 3 万间；直接经济损失 4177.8 万元。

（4）形势分析

影响系统：东北冷涡、高空槽、西南涡、切变线、冷锋

1）4 月 30 日 08 时，500 hPa 不断有高原短波槽生成、东移，高空槽位于榆林到河南一线，槽后西北气流强劲。

2）4 月 30 日 08 时，700 hPa 成都与宜宾之间有低涡产生，受 500 hPa 强劲的西北气流影响，5 月 2 日 08 时四川盆地北部已经转为高压，重庆转为了东北气流，四川盆地东部到湖北西部有明显冷平流南侵。

3）4 月 30 日 08 时，850 hPa 贵阳（偏南风，10 m/s）与宜宾之间有一低涡，切变线位于重庆境内长江沿岸，5 月 2 日 08 时，四川盆地东部地区大部转为了偏东或偏北气流，贵阳转为 12 m/s 的偏北风。

4）此次过程冷空气显著，4 月 30 日 08 时的地面图上，冷锋位于秦岭、大巴山北侧，等压线分布密集，其后，冷锋快速南下，在高中低层系统的配合下，产生较强烈的动力抬升作用，触发暴雨区的强降水。

（5）天气分析图

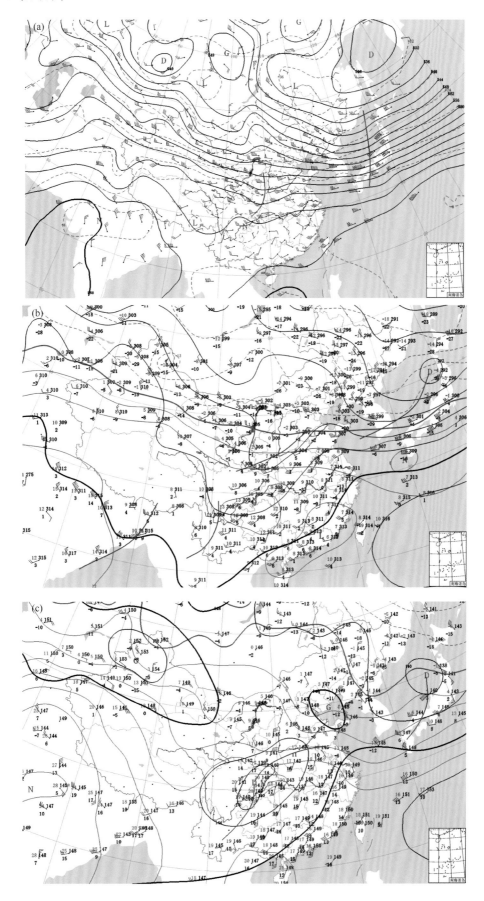

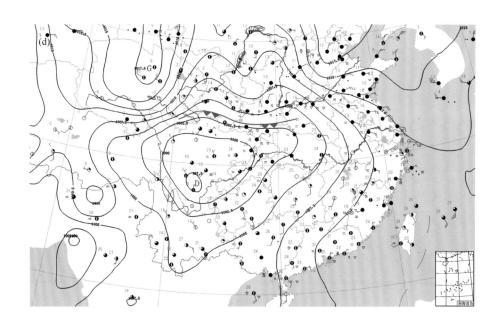

图 2　1993 年 4 月 30 日 08 时天气图

（a）500 hPa；（b）700 hPa；（c）850 hPa；（d）地面

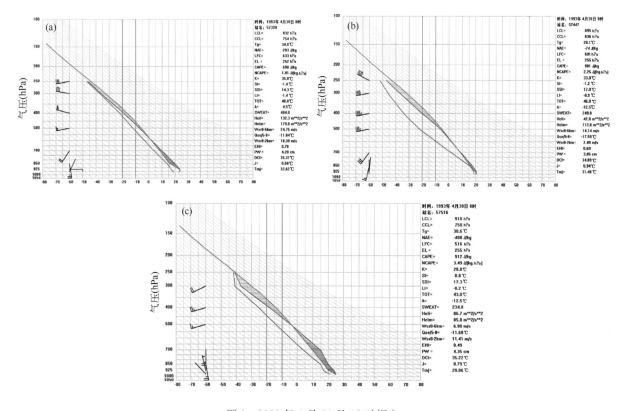

图 3　1993 年 4 月 30 日 08 时探空

（a）达州（降水中）；（b）恩施（降水前）；（c）沙坪坝（降水前）

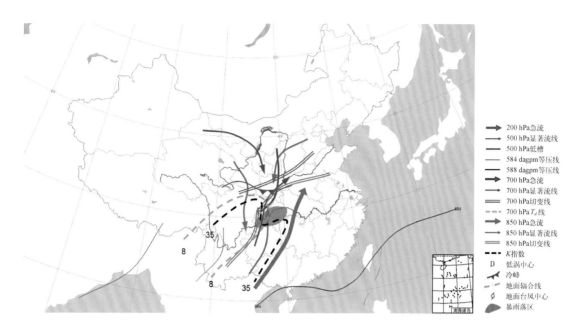

图 4　1993 年 4 月 30 日 08 时综合分析图

个例 16　1993 年 7 月 18 日暴雨

（1）暴雨时段

1993 年 7 月 16 日 20 时—19 日 20 时。

（2）雨情描述

1993 年 7 月 16 日夜间至 19 日白天，重庆出现了一次区域暴雨天气过程，中东部大部地区为大雨到暴雨，局部达大暴雨，西部小雨到中雨，局地大雨到暴雨。

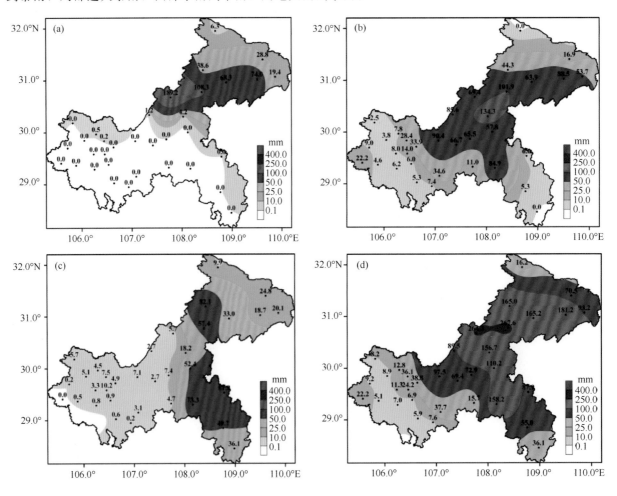

图 1　雨量分布图（单位：mm）

（a）1993 年 7 月 16 日 20 时—17 日 20 时；　（b）1993 年 7 月 17 日 20 时—18 日 20 时；　（c）1993 年 7 月 18 日 20 时—19 日 20 时；
（d）1993 年 7 月 16 日 20 时—19 日 20 时国家站过程总雨量

（3）灾情描述

此次过程造成万州、忠县、梁平、云阳、涪陵、石柱等地受灾，受灾人口达 126.5 万人，其中死亡 14 人，受伤 399 人；农作物受灾 6.6 万 hm²，成灾 4395 hm²，绝收 4372 hm²；房屋损坏 1.7 万间，倒塌 1.4 万间；死亡大牲畜 2000 头；公路受损 0.7 km；直接经济损失约 2 亿元。

（4）形势分析

影响系统：高空槽、低层切变线、西南涡、冷锋

1）1993 年 7 月 16 日 20 时—19 日 20 时，200 hPa，重庆处于南亚高压控制。

2）17 日 20 时，500 hPa，短波槽位于盆地西北部，重庆处于西南气流中；18 日 08 时，槽加深，且东移到盆地中部，重庆中东部持续强降水；18 日 20 时槽线移到盆地东部，重庆仍然处于槽前的西南气流中，降水开始减弱。整个过程中，副高从长江沿岸快速东退到台湾东侧。

3）17 日 20 时，700 hPa 上西南涡位于四川盆地东部，西南气流给重庆带来充沛水汽，至 18 日 20 时，西南涡中心一直维持在重庆，并且加强。

4）17 日 20 时，850 hPa 西南涡维持在盆地东部和重庆上空，江淮切变线尾部压在重庆东北部，18 日 20 时，西南涡维持，切变线尾部南移到重庆东南部。

5）17 日夜间地面有弱冷空气从偏北路径进入。

（5）天气分析图

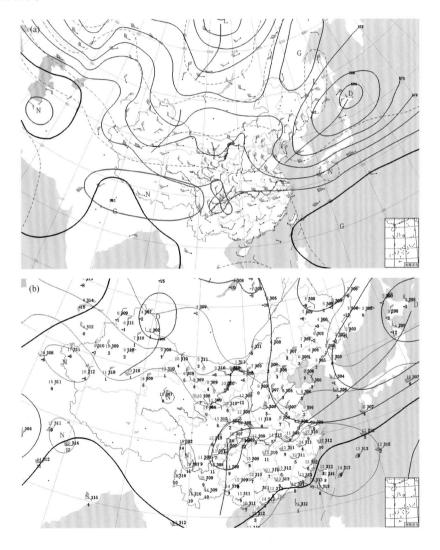

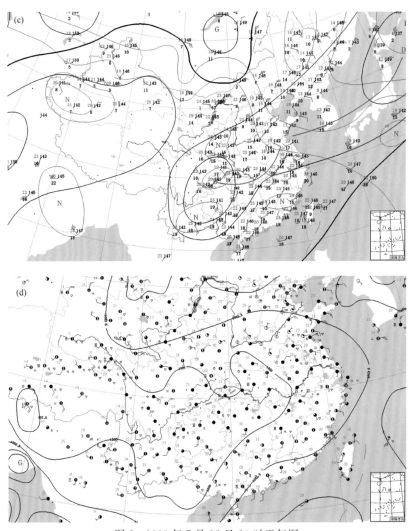

图 2　1993 年 7 月 18 日 20 时天气图

(a) 500 hPa；(b) 700 hPa；(c) 850 hPa；(d) 地面

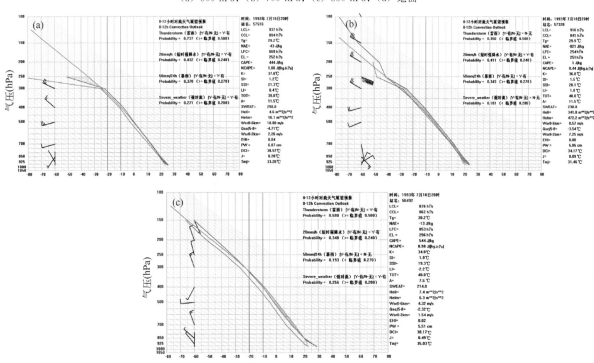

图 3　1993 年 7 月 18 日 20 时探空

(a) 沙坪坝（降水中）；(b) 达州（降水中）；(c) 宜宾（降水中）

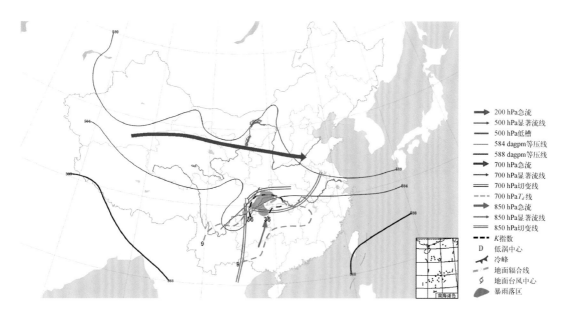

图 4　1993 年 7 月 18 日 20 时综合分析图

个例 17　1996 年 6 月 19 日暴雨

（1）暴雨时段

1996 年 6 月 18 日 20 时—19 日 20 时。

（2）雨情描述

1996 年 6 月 18 日夜间至 19 日白天，重庆市出现了一次区域暴雨天气过程，中西部大部地区、东北部偏南地区及东南部偏北地区出现大雨到暴雨，局部大暴雨。

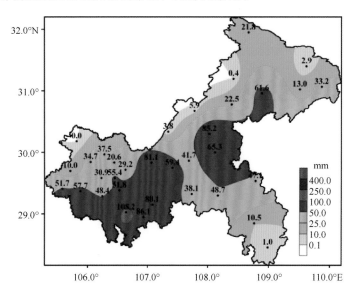

图 1　雨量分布图（单位：mm）

1996 年 6 月 18 日 20 时—19 日 20 时

（3）灾情描述

此次过程造成江北、綦江、万盛、南川、石柱等地受灾，受灾人口达 15.6 万人，转移安置 90 人；农作物受灾 1.5 万 hm²，成灾 5733 hm²，绝收 1533 hm²；房屋损坏 1025 间，倒塌 47 间；死亡大牲畜 700 头；直接经济损失 1343 万元。

（4）形势分析

影响系统：高空槽、低空切变线、西南涡、冷锋

1）6 月 19 日 08 时，500 hPa 中高纬为"西高东低"的环流形势；高空低槽呈东北—西南向压在重庆上空；副高缓慢东退，脊线位于 20°N 附近，外围偏南气流有利于引导低层水汽输入到川渝地区。

2）6 月 19 日 08 时，700 hPa 切变线位于高空槽前，其北侧有明显冷平流；850 hPa，四川东南部有低涡发展东移，低涡前的西南急流将水汽和不稳定能量输送到重庆上空。

3）暴雨发生前，重庆地区在地面热低压的控制下，不稳定能量得以积聚。地面冷空气沿西北路径南下侵入四川盆地，触发重庆地区产生暴雨。

（5）天气分析图

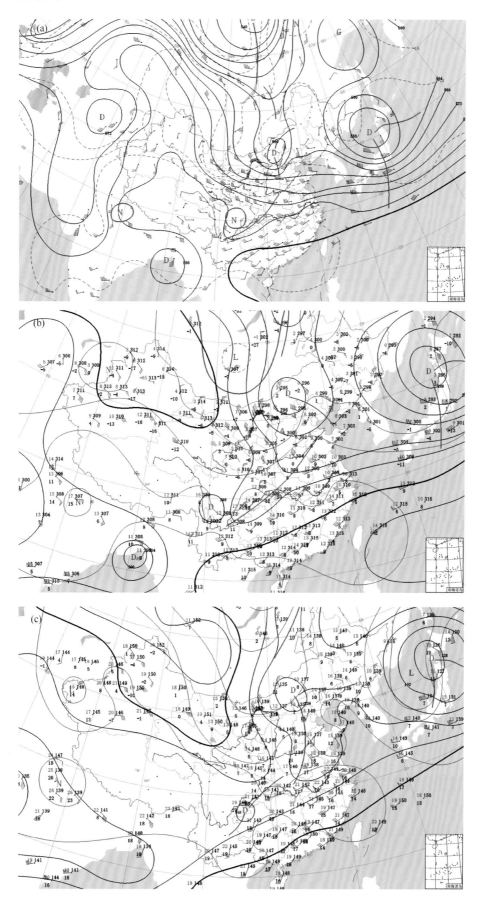

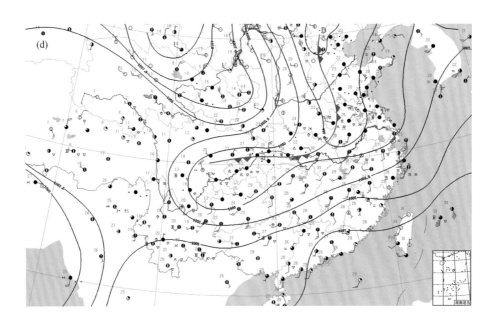

图 2　1996 年 6 月 19 日 08 时天气图

(a) 500 hPa；(b) 700 hPa；(c) 850 hPa；(d) 地面

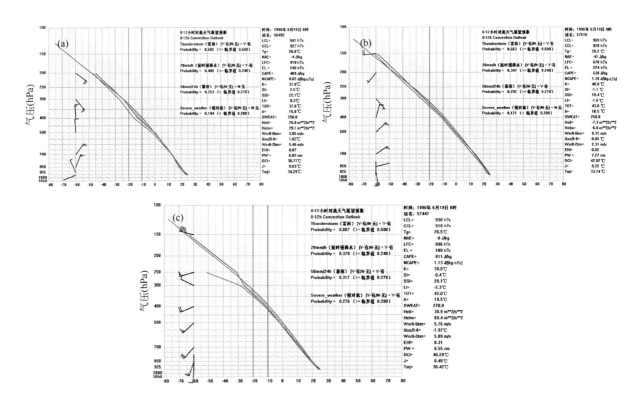

图 3　1996 年 6 月 19 日 08 时探空

(a) 宜宾（降水中）；(b) 沙坪坝（降水中）；(c) 恩施（降水中）

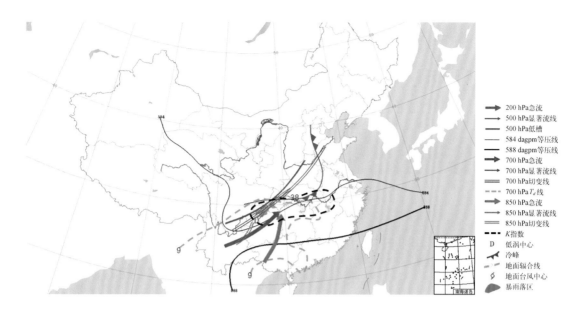

图 4　1996 年 6 月 19 日 08 时综合分析图

个例18 1996年7月21日暴雨

（1）暴雨时段

1996年7月19日20时—22日08时。

（2）雨情描述

1996年7月19日夜间至21日夜间，重庆出现了一次区域暴雨天气过程，中西部大部地区及东南部普降大雨到暴雨，局部达大暴雨，其余地区小雨到中雨。

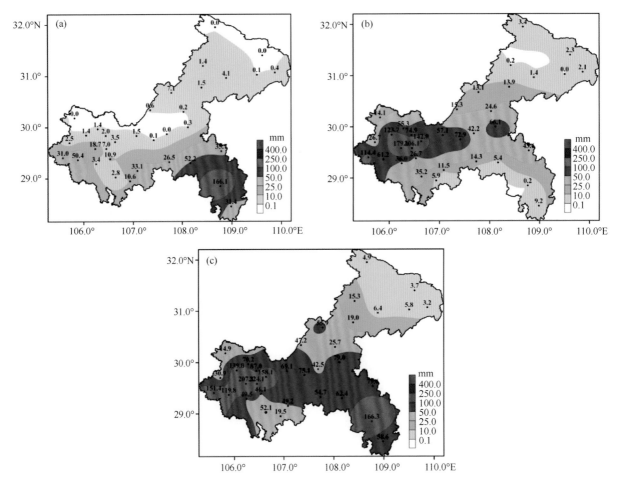

图1 雨量分布图（单位：mm）

（a）1996年7月19日20时—20日20时；（b）1996年7月20日20时—21日20时；（c）1996年7月19日20时—22日08时国家站过程总雨量

（3）灾情描述

此次过程造成永川、南岸、北碚、长寿、江北、沙坪坝、渝北、铜梁、荣昌、璧山等地受灾，受灾人口达48万人，其中死亡22人，失踪9人，受伤41人；农作物受灾3.5万hm²，成灾1.7万hm²，绝收1305 hm²；房屋损坏2.2万间，倒塌6267间；死亡大牲畜30头；公路损坏6.1 km；直接经济损失 6.1 亿元。

（4）形势分析

影响系统：高原短波槽、低空切变线

1）7 月 20 日 08 时 500 hPa 中高纬度为两槽一脊形势，副热带高压脊线在北纬 25 度附近，588 dagpm 线控制我国华南华东地区，副热带高压西北侧有短波槽控制重庆大部地区。

2）7 月 20 日 08 时 700 hPa 重庆长江沿岸有一低空切变线，其南侧为副高边缘的强暖湿气流。850 hPa 四川盆地东部为弱的辐合区。地面图上，重庆无明显冷空气影响。

3）副热带高压在各层势力都很强盛而稳定，青藏高原上的短波槽东移到重庆地区上空与副高西北侧边缘不稳定西南气流结合形成了强降水。

（5）天气分析图

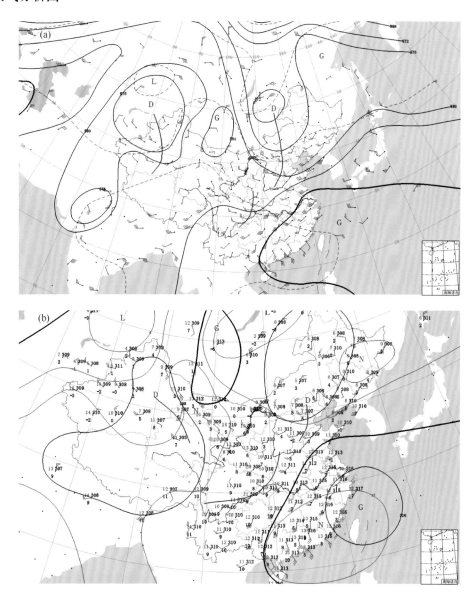

图 2　1996 年 7 月 20 日 08 时天气图

（a）500 hPa；（b）700 hPa；（c）850 hPa；（d）地面

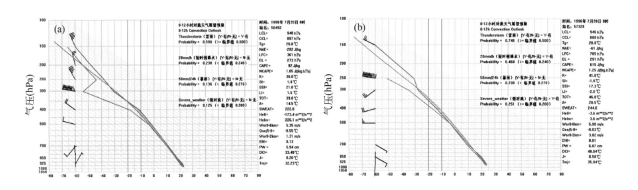

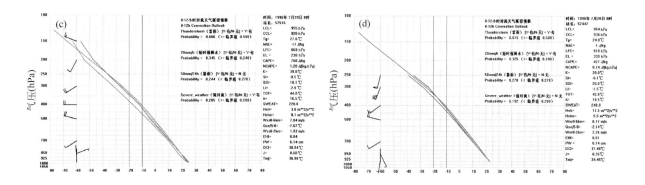

图 3　1996 年 7 月 20 日 08 时探空

（a）宜宾（降水中）；（b）达州（降水中）；（c）沙坪坝（降水中）；（d）恩施（降水中）

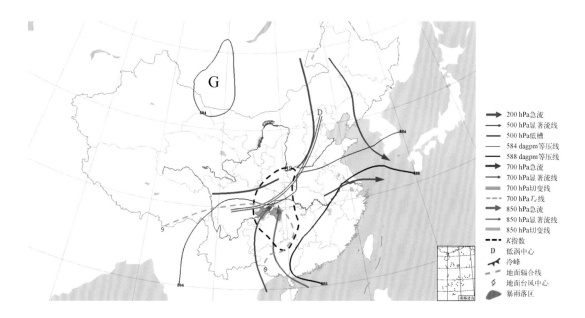

图 4　1996 年 7 月 20 日 08 时综合图

个例 19   1996 年 8 月 27 日暴雨

（1）暴雨时段

1996 年 8 月 27 日 20 时—28 日 20 时。

（2）雨情描述

1996 年 8 月 27 日夜间至 28 日白天，重庆市出现了一次区域暴雨天气过程，中部、西部大部地区、东北部偏南地区及东南部偏北地区出现大雨到暴雨，局部达大暴雨。

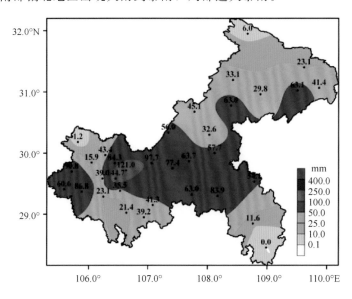

图 1   雨量分布图（单位：mm）

1996 年 8 月 27 日 20 时—28 日 20 时

（3）灾情描述

此次过程造成渝北受灾，死亡 2 人；农作物受灾 90 hm²。

（4）形势分析

影响系统：高空槽、西南涡、低空急流、地面冷锋

1）1996 年 8 月 28 日 08 时，500 hPa 西太平洋副高控制两广及云南、贵州南部地区，重庆为其北侧的 584 dagpm 线低压中心控制，之后，随着副高南撤东移，东北冷涡下滑，其槽区加深并与低压合并，槽线呈东北－西南向东移过重庆，给当地带来有利的动力抬升条件。

2）中低层有西南涡生成，在缓慢东移的过程中与高空槽线位置配合较好。8 月 28 日 08 时，西南涡东南侧低空急流为暴雨的出现提供了充沛的水汽，其北侧较强的冷平流有利于降水的触发及产生。

3）地面明显的冷空气入侵。8 月 28 日 08 时，地面冷锋呈东北－西南向压在重庆西北侧边缘。

（5）天气分析图

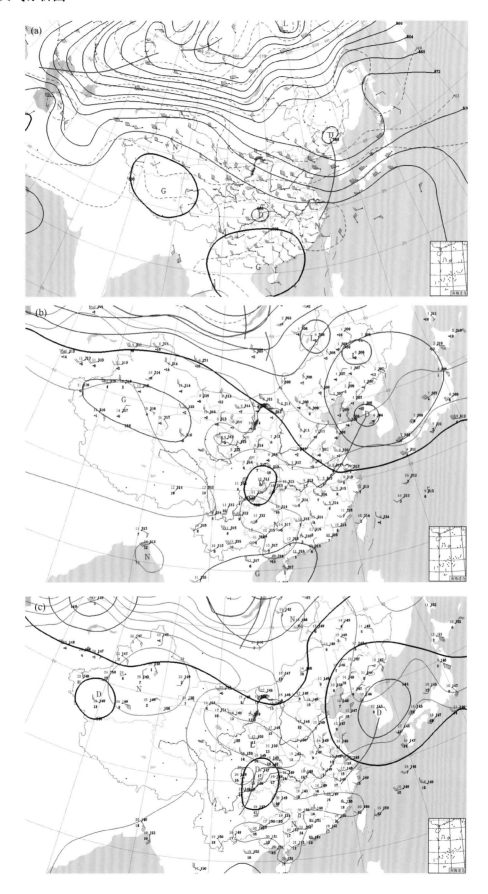

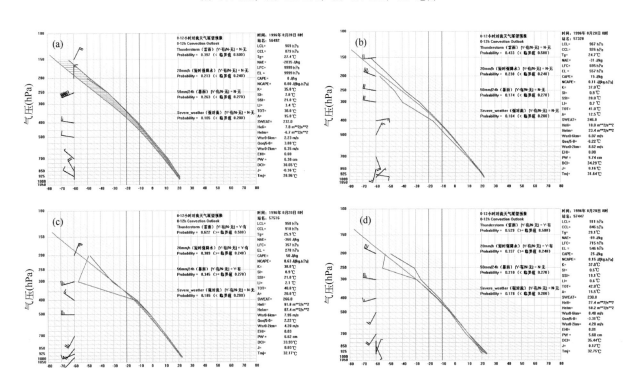

图 2　1996 年 8 月 28 日 08 时天气图

(a) 500 hPa；(b) 700 hPa；(c) 850 hPa；(d) 地面

图 3　1996 年 8 月 28 日 08 时探空

(a) 宜宾（降水中）；(b) 达州（降水中）；(c) 沙坪坝（降水中）；(d) 恩施（降水中）

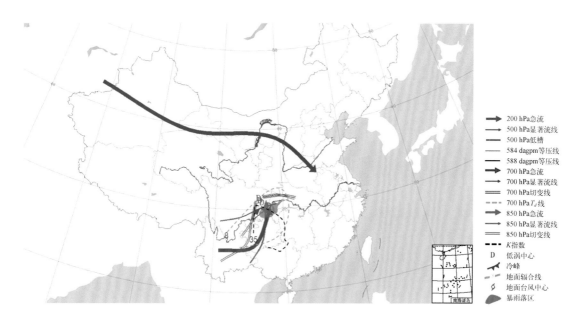

图4　1996年8月28日08时综合分析图

个例20 1997年7月14日暴雨

（1）暴雨时段

1997年7月13日20时—15日20时。

（2）雨情描述

此次暴雨过程先发生在重庆西部，而后向北向东发展，7月13日20时—14日20时降水主要发展在重庆西部，尤其偏南地区降水比较明显，均在暴雨以上量级降水，局部达到大暴雨，7月14日20时—15日20时，主要强降水区向北扩展，而整个暴雨过程，西部地区降水明显较其他地区降水强。

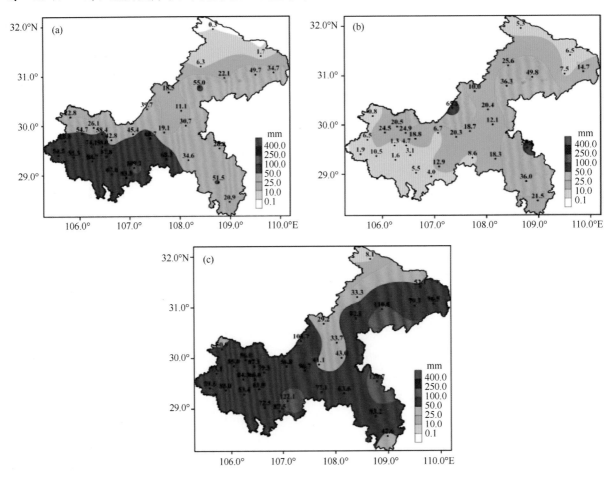

图1 雨量分布图（单位：mm）

（a）1997年7月13日20时—14日20时；（b）1997年7月14日20时—15日20时；（c）1997年7月13日08时—16日08时国家站过程总雨量

（3）灾情描述

此次过程造成铜梁、涪陵、奉节、万盛、北碚、南川等地受灾，受灾人口达45.9万人，其中死亡4人；农作物受灾2.4万 hm²，成灾8486.5 hm²，绝收2419.1 hm²；房屋损坏3060间，倒塌182间；

直接经济损失 3705.6 万元。

（4）形势分析

影响系统：高空槽、西南低涡、低空急流

1）此次暴雨过程主要是由于高层高空槽，以及低层西南低涡切变共同作用下形成的暴雨天气。

2）7 月 14 日 08 时，500 hPa 青藏高原为明显的高压控制，副热带高压 588 dagpm 线位于江南至华南地区，两个高压之间山西南部至河南地区存在一低涡，低涡底部从陕西南部至四川盆地东北部伸展至青藏高原东部为高空槽。

3）7 月 14 日 08 时，700 hPa 在河套以西山西南部和河南地区仍为一明显低涡系统，从其底部延伸出切变线经过四川盆地东部伸展至四川南部地区，且切变南侧贵州至湖南为明显的西南风低空急流，风速部分达 16 m/s，有利于南海水汽向暴雨区输送。

4）7 月 14 日 08 时 850 hPa 四川盆地东北部有一西南低涡系统，而低涡系统南侧也存在明显的低空急流，这也为暴雨提供充沛的水汽输送。

5）7 月 14 日 08 时，地面图上重庆无明显冷空气活动。

（5）天气分析图

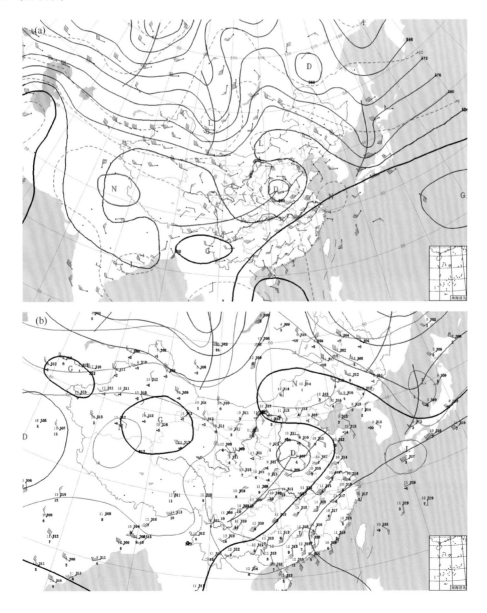

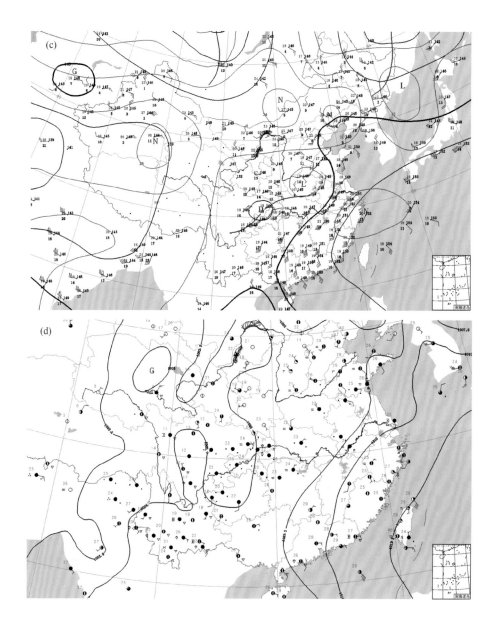

图 2　1997 年 7 月 14 日 08 时天气图

（a）500 hPa；（b）700 hPa；（c）850 hPa；（d）地面

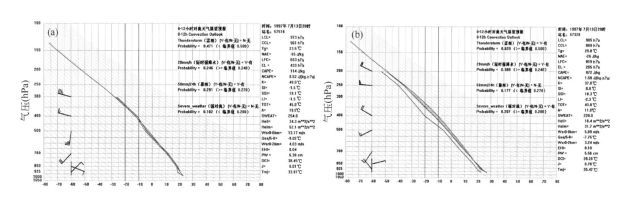

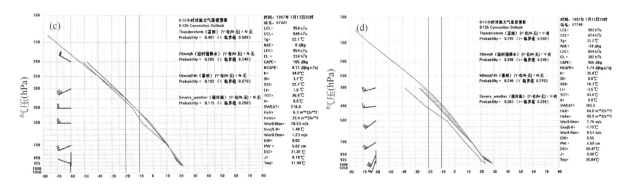

图3　1997 年 7 月 13 日 20 时探空

（a）沙坪坝（降水中）；（b）达州（降水前）；（c）恩施（降水中）；（d）怀化（降水前）

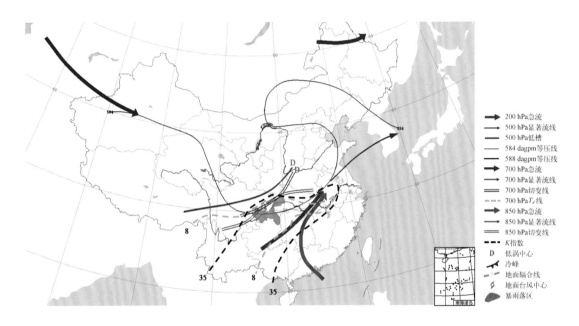

图4　1997 年 7 月 14 日 08 时综合分析图

个例21 1998年6月29日暴雨

(1) 暴雨时段

1998年6月27日20时—29日20时。

(2) 雨情描述

1998年6月27日夜间至29日白天，重庆普降大雨到暴雨，其东北部偏东地区达大暴雨。

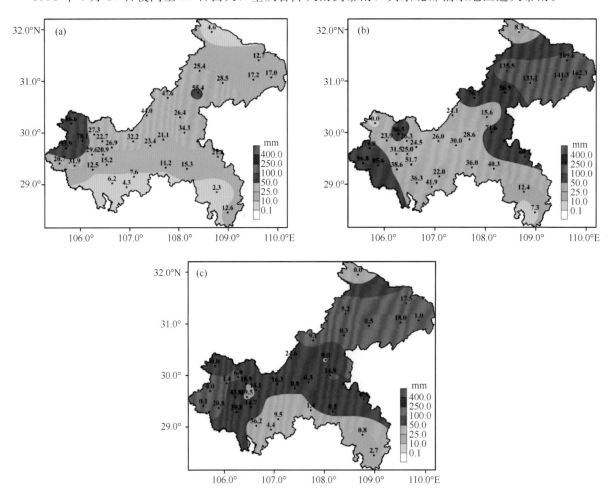

图1 雨量分布图（单位：mm）

(a) 1998年6月27日20时—28日20时；(b) 1998年6月28日20时—29日20时；(c) 1998年6月27日20时—29日20时国家站过程总雨量

(3) 灾情描述

此次过程造成奉节、永川、开县、武隆、巫山、梁平、石柱、巫溪、合川、云阳、江津等地受灾，受灾人口达374.5万人，其中死亡28人，失踪2人，受伤97人，转移安置3.2万人；农作物受灾14.8万 hm²，成灾4.8万 hm²，绝收1.6万 hm²；房屋损坏6.8万间，倒塌1.3万间；直接经济损失

4.0 亿元。

（4）形势分析

影响系统：高空低槽、西南涡、切变线、低空急流

1）本次过程发生在亚洲大陆为"两槽一脊"环流背景下。暴雨发生前，500 hPa 高原北部、中部和南部均有短波系统产生，这些系统向东移出高原进入四川盆地，于 28 日 20 时合并为一低槽，影响四川东部及重庆地区。

2）28 日 20 时，随着 500 hPa 低槽合并，700 hPa、850 hPa 发展成西南低涡，低涡中心位于四川东部与重庆偏北部接壤的区域。

3）本次过程中，贵州、广西、湖南等地 850 hPa 西南风维持在 12 m/s 以上。重庆西部出现强降水时，贵阳站 850 hPa 风速由 27 日 20 时的 12 m/s 增加到 28 日 20 时的 16 m/s；在重庆市东北部发生暴雨时，怀化站的风速由 28 日 20 时的 16 m/s 增加到 29 日 08 时的 20 m/s。

（5）天气分析图

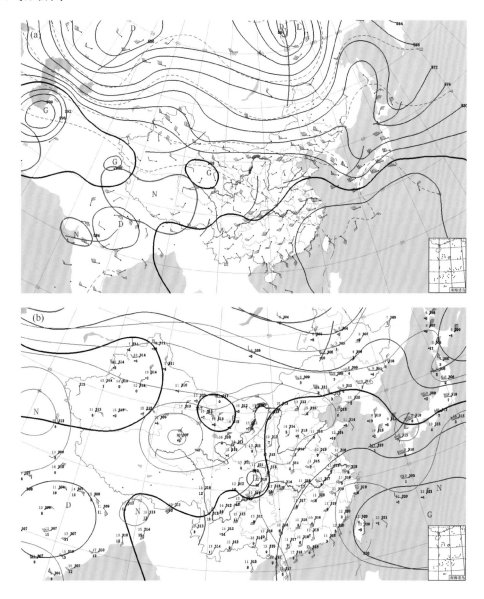

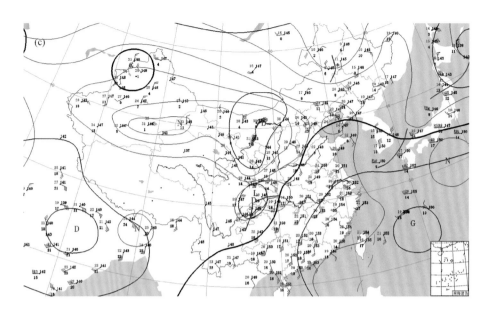

图 2　1998 年 6 月 28 日 20 时高空天气图

(a) 500 hPa；(b) 700 hPa；(c) 850 hPa

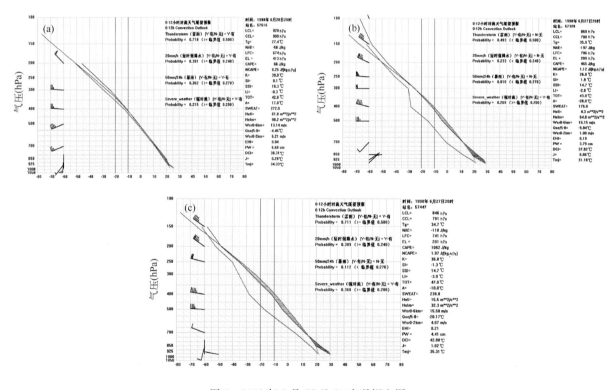

图 3　1998 年 6 月 27 日 20 实况探空图

(a) 沙坪坝（降水中）；(b) 达州（降水前）；(c) 恩施（降水前）

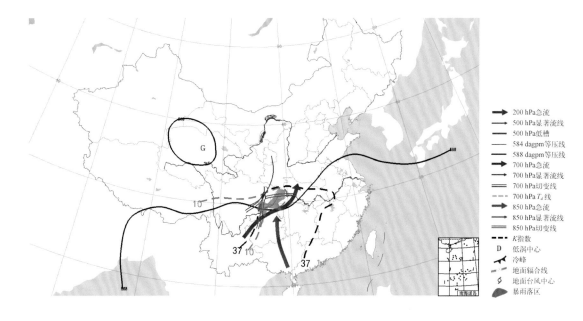

图 4　1998 年 6 月 28 日 20 时综合分析图

（6）卫星云图

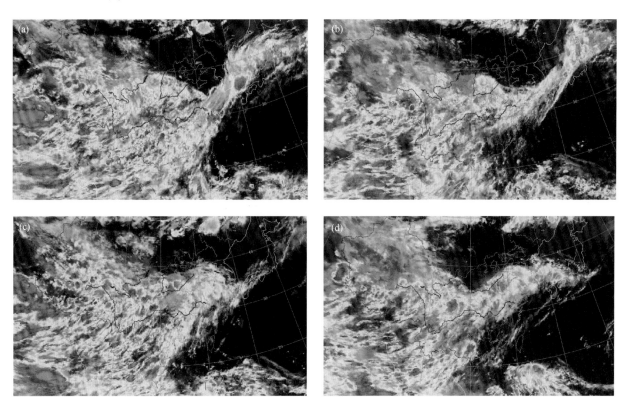

图 5　1998 年 6 月 27 日—29 日红外云图

（a）27 日 20 时；（b）28 日 08 时；（c）28 日 20 时；（d）29 日 08 时

个例 22　1998 年 8 月 2 日暴雨

（1）暴雨时段

1998 年 8 月 1 日 20 时—4 日 08 时。

（2）雨情描述

1998 年 8 月 1 日 20 时—4 日 08 时，重庆市出现了一次区域暴雨天气过程，主要降水时段为 1 日 20 时—2 日 20 时，中西部、东南部普降大雨到暴雨，部分地区大暴雨，东北部小雨到中雨。

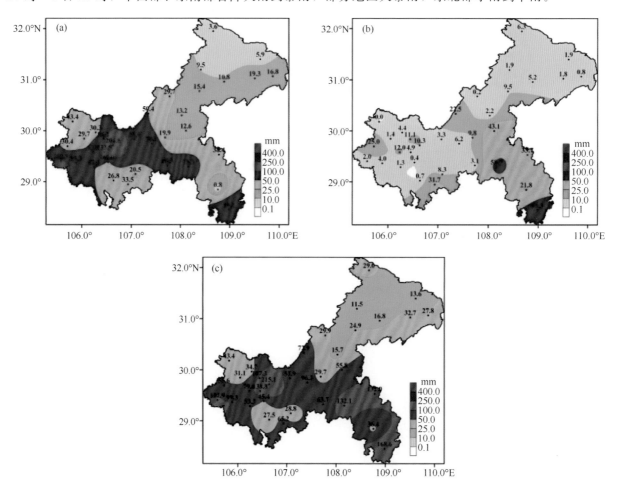

图 1　雨量分布图（单位：mm）

（a）1998 年 8 月 1 日 20 时—2 日 20 时；（b）1998 年 8 月 2 日 20 时—3 日 20 时；（c）1998 年 8 月 1 日 20 时—4 日 08 时国家站过程总雨量

（3）灾情描述

此次过程造成永川、荣昌、涪陵、黔江、北碚等地受灾，受灾人口达 83.0 万人，其中死亡 19 人、受伤 351 人、转移安置 397 人；农作物受灾 8.0 万 hm²，成灾 2.6 万 hm²，绝收 2259.7 hm²；房屋损坏 2.0 万间，倒塌 3618 间；直接经济损失 1.1 亿元。

（4）形势分析

影响系统：高空槽、西南涡、低空切变线、低空急流

1）8月1—2日，500 hPa，高原槽前有西南涡生成发展，形成850—500 hPa深厚的西南涡系统，并逐渐向东南方向移动；此时，华东及华南地区为副热带高压控制，高压环流在2～3 d缓慢加强，588 dagpm线稳定维持在安徽北部、湖北及湖南地区，对西南涡的东移形成了阻塞，有利于西南涡影响地区形成持久而强烈的上升运动。

2）700 hPa西南涡的南侧有强低空急流出现，2日08时，贵阳站850 hPa风速达到16 m/s，为重庆地区输送了充沛的水汽条件。

3）地面图上重庆无明显冷空气活动。

（5）天气分析图

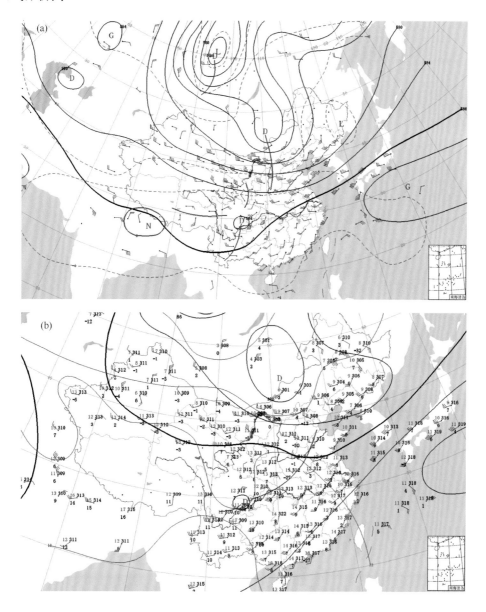

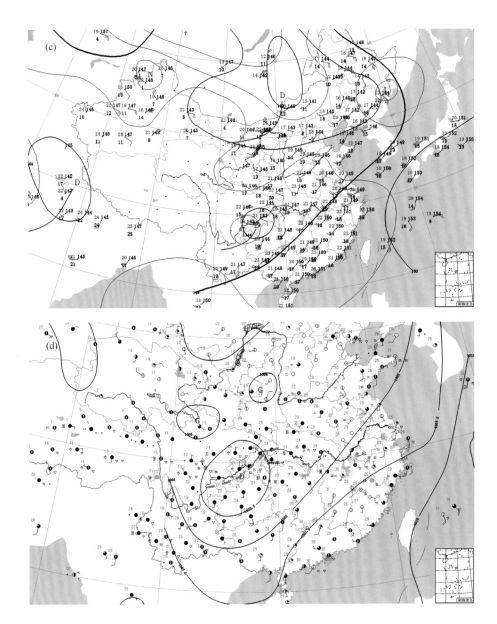

图2 1998年8月2日08时天气图

(a) 500 hPa；(b) 700 hPa；(c) 850 hPa；(d) 地面

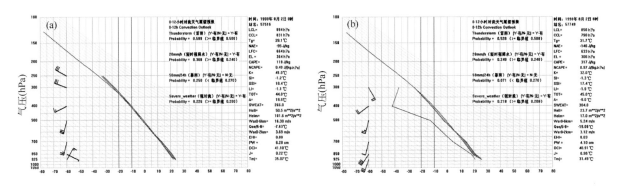

图3 1998年8月2日08时探空图

(a) 沙坪坝（降水中）；(b) 怀化（降水前）

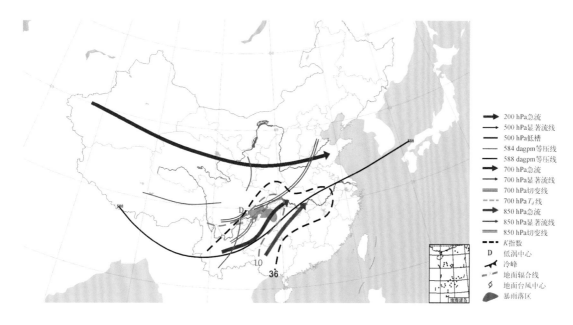

图4　1998年8月2日08时综合分析图

（6）卫星云图

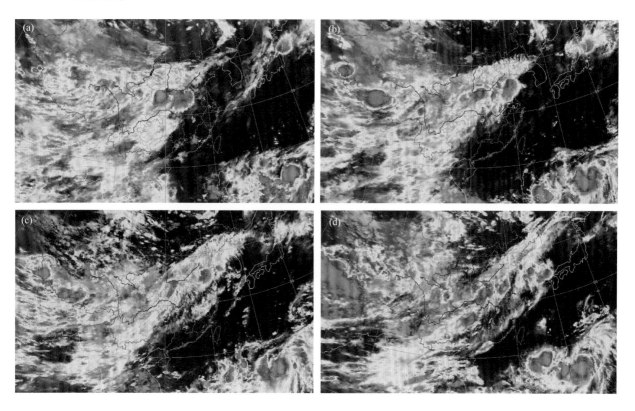

图5　1998年8月2日红外云图

（a）2日02时；（b）2日08时；（c）2日14时；（d）2日20时

个例 23　1999 年 7 月 15 日暴雨

（1）暴雨时段

1999 年 7 月 14 日 08 时—16 日 20 时。

（2）雨情描述

1999 年 7 月 14 日白天至 16 日白天，重庆出现了一次区域暴雨天气过程，长江沿岸及其以北地区普降大雨到暴雨，局部达大暴雨，其余地区中雨到大雨，局地暴雨。

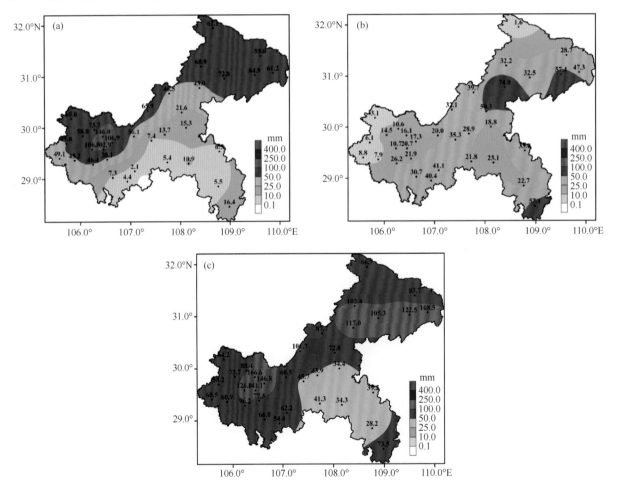

图 1　雨量分布图（单位：mm）

（a）1999 年 7 月 14 日 20 时—15 日 20 时；（b）1999 年 7 月 15 日 20 时—16 日 20 时；（c）1999 年 7 月 14 日 08 时—16 日 20 时国家站过程总雨量

（3）灾情描述

此次过程造成巫山、奉节、璧山、合川、秀山、渝北、北碚等地受灾，受灾人口达 5.2 万人，其中死亡 1 人，受伤 1 人；农作物受灾 1.8 万 hm²，房屋损坏 1762 间、倒塌 1310 间；直接经济损失 1.0 亿元。

（4）形势分析

影响系统：高空槽、西南涡、切变线、低空急流

1）15日08时，500 hPa中高纬地区为"两槽一脊"的环流形势，高脊位于新疆北部，脊前有偏北气流携带冷空气南下，冷空气主体偏东，秦岭有一低涡，向东偏南方向移动，其下部的槽线位于成都到西昌一线，20时低涡移到大巴山一带，为重庆东北部的强降水提供了动力条件，槽线也移动到达州到宜宾一线，有利于重庆西部的强降水产生。

2）15日08时，700 hPa西南涡位于成都与宜宾之间，20时宜宾转为西北气流，西南涡移到宜宾与重庆之间，与850 hPa的低涡及500 hPa的高空槽重叠，有利于重庆西部发生强烈的辐合上升运动。

3）15日08时到20时，700 hPa长江以南地区为10～14 m/s的西南低空急流，一方面为强降水带来了稳定的水汽，另一方面，与携带弱冷空气的偏东气流在达州到恩施一线形成切变，强烈的辐合有利于重庆东北部强降水的出现。

（5）天气分析图

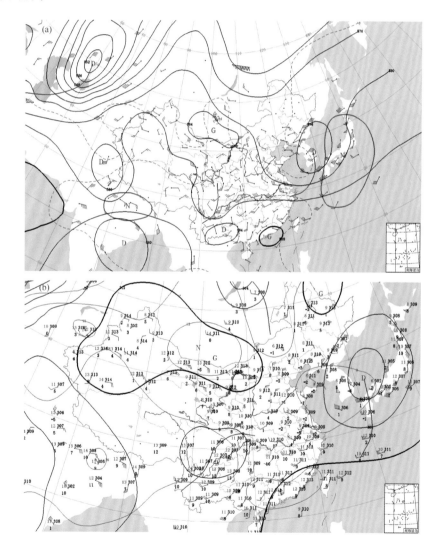

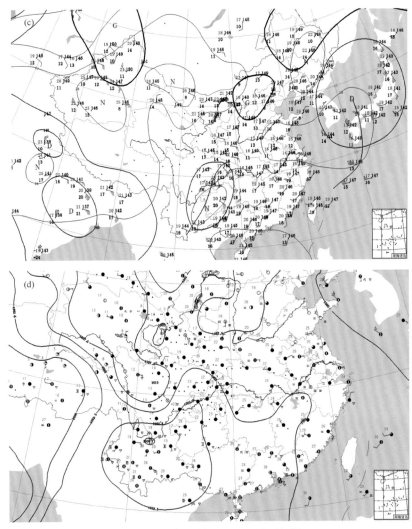

图 2　1999 年 7 月 15 日 08 时天气图

(a) 500 hPa；(b) 700 hPa；(c) 850 hPa；(d) 地面

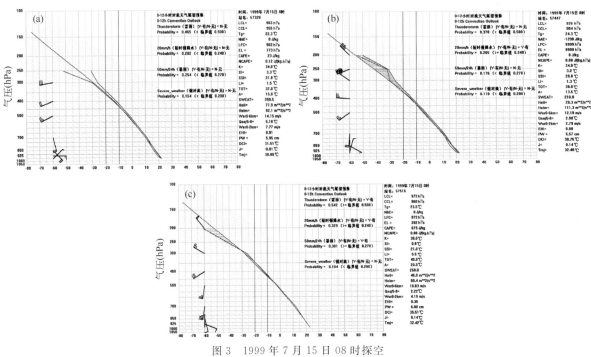

图 3　1999 年 7 月 15 日 08 时探空

(a) 达州（降水中）；(b) 恩施（降水中）；(c) 沙坪坝（降水中）

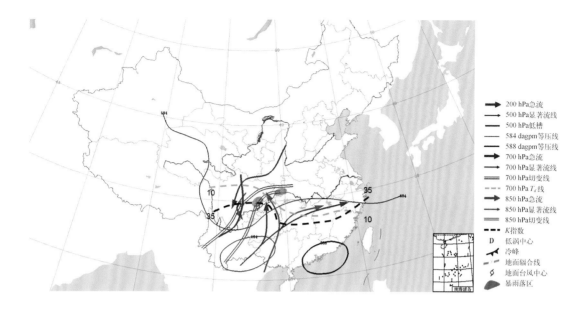

图 4　1999 年 7 月 15 日 08 时综合分析图

（6）卫星云图

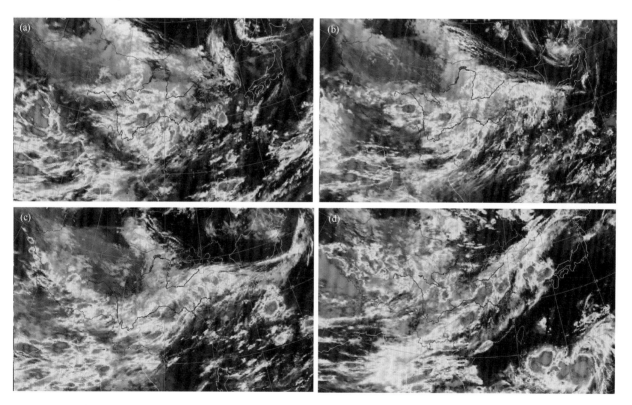

图 5　1999 年 7 月 14—17 日红外云图

（a）14 日 08 时；（b）15 日 08 时；（c）16 日 08 时；（d）17 日 08 时

个例 24　2002 年 6 月 13 日暴雨

（1）暴雨时段

2002 年 6 月 12 日 20 时—13 日 20 时。

（2）雨情描述

2002 年 6 月 12 日夜间至 13 日白天，重庆出现了一次区域暴雨天气过程，西部及中部偏南地区普降大雨到暴雨，西部部分地区达大暴雨，其余地区小到中雨。

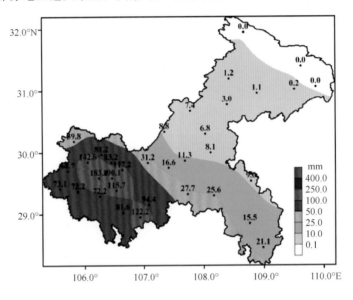

图 1　雨量分布图（单位：mm）
2002 年 6 月 12 日 20 时—13 日 20 时

（3）灾情描述

此次过程造成北碚、巴南、沙坪坝、永川、铜梁、綦江、渝北、璧山、南川、万盛等地受灾，受灾人口达 85.7 万人，其中死亡 30 人，失踪 1 人，受伤 111 人，转移安置 232 人；农作物受灾 6.6 万 hm²，成灾 4.7 万 hm²，绝收 1.1 万 hm²；房屋损坏 2.0 万间，倒塌 5280 间；直接经济损失 13.0 亿元。

（4）形势分析

影响系统：高原切变线、西南涡

1）2002 年 6 月 13 日 08 时，500 hPa，中高纬地区，维持"两槽一脊"的环流形势。青海上空有一小高压东移，副高控制长江以南地区，同时缓慢东退，短波槽东移到盆地东南部，重庆大部地区受槽前西南气流影响。

2）13 日 08 时，700 hPa 盆地东南部和重庆中西部处于西南涡中心，冷舌延伸到重庆中西部偏北地区，西南气流为重庆带来充沛水汽；13 日 08 时，850 hPa，在贵州北部有西南涡。重庆中低层处于强烈的辐合抬升区。

（5）天气分析图

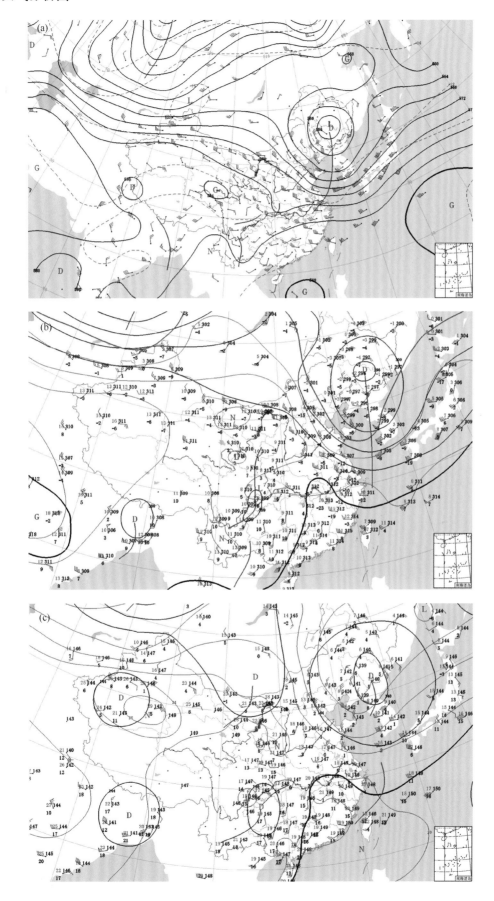

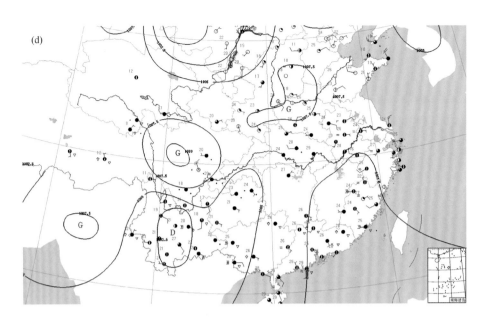

图 2　2002 年 6 月 13 日 08 时天气图

（a）500 hPa；（b）700 hPa；（c）850 hPa；（d）地面

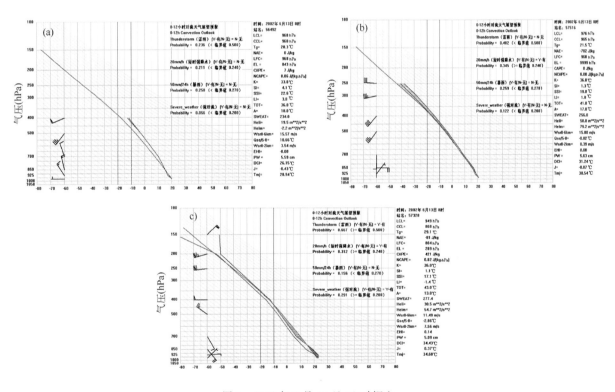

图 3　2002 年 6 月 13 日 08 时探空

（a）宜宾（降水中）；（b）沙坪坝（降水中）；（c）达县（降水中）

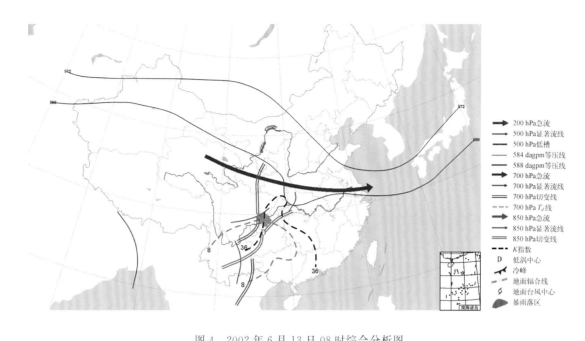

图 4　2002 年 6 月 13 日 08 时综合分析图

（6）卫星云图

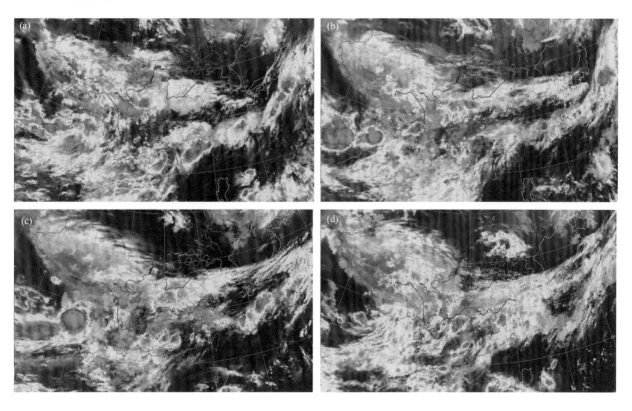

图 5　2002 年 6 月 12—13 日红外云图

（a）12 日 20 时；（b）13 日 02 时；（c）13 日 08 时；（d）13 日 20 时

（7）物理量分析

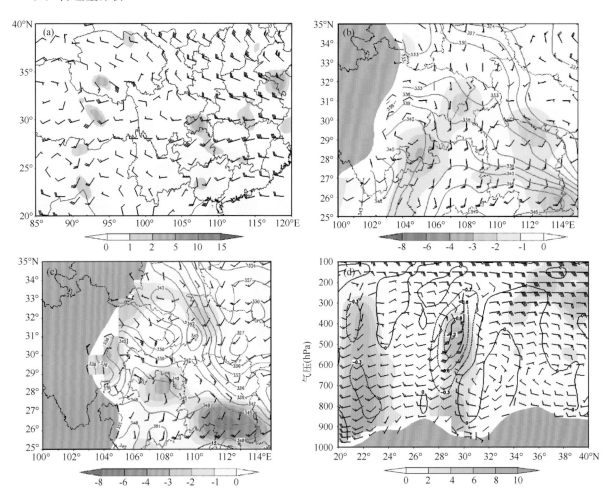

图 6 2002 年 6 月 13 日 08 时

（a）500 hPa 风场（羽状风矢量，单位：m/s）和涡度平流（蓝色阴影，单位：$10^{-10}\,\mathrm{s}^{-2}$）；（b）700 hPa 水汽通量散度（蓝色阴影，单位：$10^{-9}\,\mathrm{g/(cm^2 \cdot hPa \cdot s)}$）和假相当位温（红色实线，单位：K）；（c）850 hPa 水汽通量散度（蓝色阴影，单位：$10^{-9}\,\mathrm{g/(cm^2 \cdot hPa \cdot s)}$）、假相当位温（红色实线，单位：K）以及全风速（黑色虚线≥12 m/s，单位：m/s）；（d）垂直速度（黑色等值线，单位：hPa/s）、风场（羽状风矢量，单位：m/s）以及涡度（绿色阴影，单位：$10^{-5}\,\mathrm{s}^{-1}$）沿 106°E 经向一垂直剖面

物理量分析：6 月 13 日 02 时，500 hPa 上空重庆西部为正的涡度平流，量值为 $1\times10^{-10}\,\mathrm{s}^{-2}$ 左右。700 hPa 上四川盆地东南部存在切变辐合，辐合线附近都为较大水汽通量散度，而重庆西部的水汽通量散度较弱，仅为 $-1\times10^{-9}\,\mathrm{g/(cm^2 \cdot hPa \cdot s)}$。850 hPa 上，切变辐合线位于重庆西部地区，其附近存在一高能湿舌，整个重庆中西部地区都为水汽辐合大值区，水汽通量散度最大值达到 $-4\times10^{-9}\,\mathrm{g/(cm^2 \cdot hPa \cdot s)}$ 左右。此外，沿 30°N 纬向一垂直剖面图上显示降水区域最大涡度值达 $2\times10^{-5}\,\mathrm{s}^{-1}$ 左右，中低层为较强垂直上升运动，垂直速度大值中心位于高层 350 hPa 上，量值为 -1.8 hPa/s。

13 日 08 时，500 hPa 上空重庆西部正的涡度平流明显增大，最大值达到 $5\times10^{-10}\,\mathrm{s}^{-2}$ 左右。700 hPa 上四川盆地东南部为低涡辐合环流，其前部重庆西部水汽通量散度增大至 $-2\times10^{-9}\,\mathrm{g/(cm^2 \cdot hPa \cdot s)}$。850 hPa 上，四川盆地东南部也为低涡辐合环流，但低涡中心比 700 hPa 的低涡中心略偏东偏南，重庆西部地区的高能湿舌继续维持，但水汽辐合大值区主要位于重庆中部偏南及东南部，水汽通量散度最大值为 $-3\times10^{-9}\,\mathrm{g/(cm^2 \cdot hPa \cdot s)}$ 左右。106°E 经向一垂直剖面图上降水区存在一垂直涡度柱，涡度最大值增大至 $8\times10^{-5}\,\mathrm{s}^{-1}$ 左右，垂直速度量值为略有减小，为 -1.2 hPa/s 左右。

个例 25　2002 年 9 月 21 日暴雨

（1）暴雨时段

2002 年 9 月 19 日 20 时—21 日 20 时。

（2）雨情描述

2002 年 9 月 19 日夜间至 21 日白天，重庆市出现了一次区域暴雨天气过程，东北部、中西部偏北及东南部偏北地区普降大雨到暴雨，其余地区小到中雨。

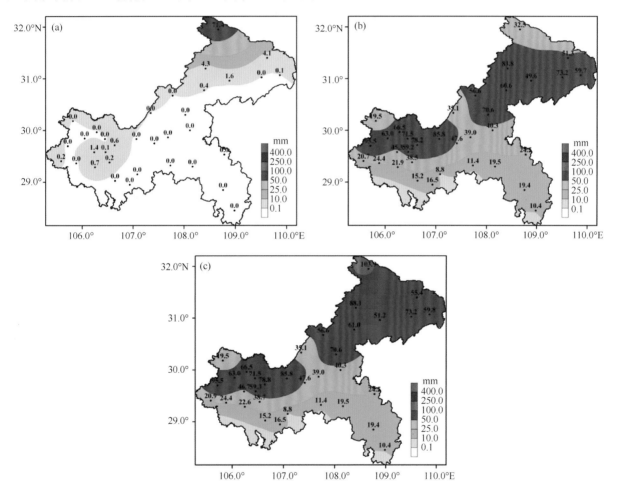

图 1　雨量分布图（单位：mm）

（a）2002 年 9 月 19 日 20 时—20 日 20 时；（b）2002 年 9 月 20 日 20 时—21 日 20 时；（c）2002 年 9 月 19 日 20 时—21 日 20 时国家站过程总雨量

（3）灾情描述

无相关灾情资料。

（4）形势分析

影响系统：短波槽、低空切变线、冷锋

1）9月21日08时，500 hPa中高纬为"两槽一脊"的环流形势，新疆高脊前有短波槽下滑至四川盆地。副高588 dagpm线断裂，在我国南方大陆上形成势力强盛的大陆高压，其中心位于华南地区上空，高压脊线在27°N附近稳定少动，高压中心西侧的偏南气流有利于引导低层的水汽输入到川渝地区。

2）9月21日08时，700 hPa切变线维持在四川盆地上空，其北侧有明显冷平流；850 hPa，回流东风气流与偏南气流在重庆东北部汇合，形成强的动力辐合。

3）暴雨发生前，重庆地区在地面热低压的控制下，不稳定能量得以积聚。随着中高层冷平流的侵入，重庆上空大气层结的不稳定度增大，有利于暴雨天气的发生。

（5）天气分析图

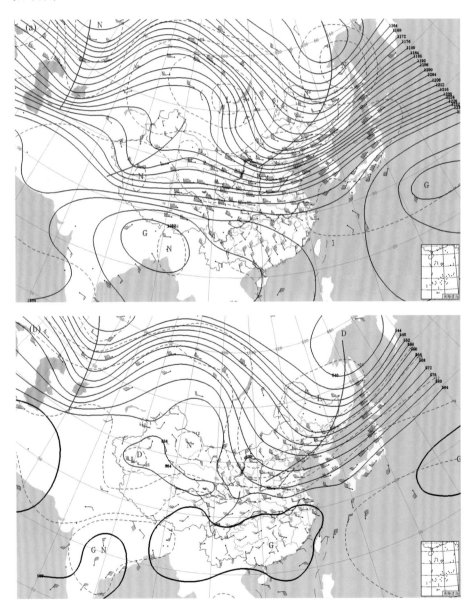

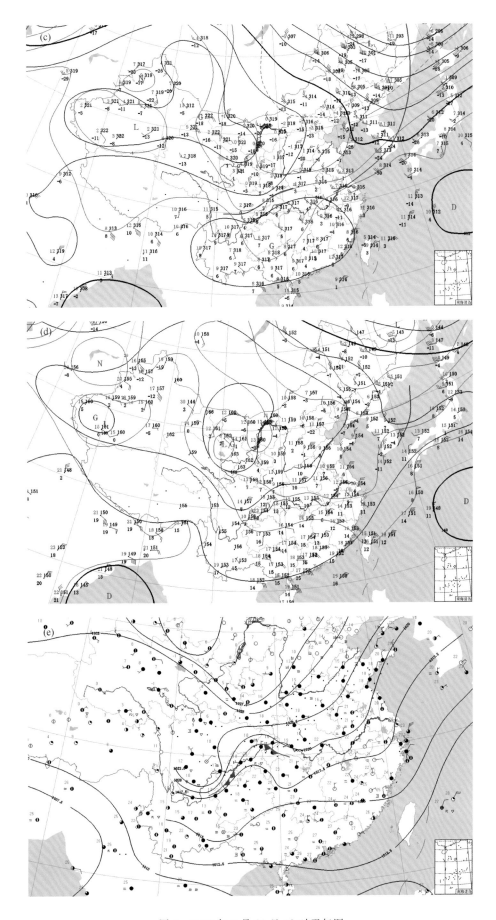

图 2　2002 年 9 月 21 日 08 时天气图

(a) 200 hPa；(b) 500 hPa；(c) 700 hPa；(d) 850 hPa；(e) 地面

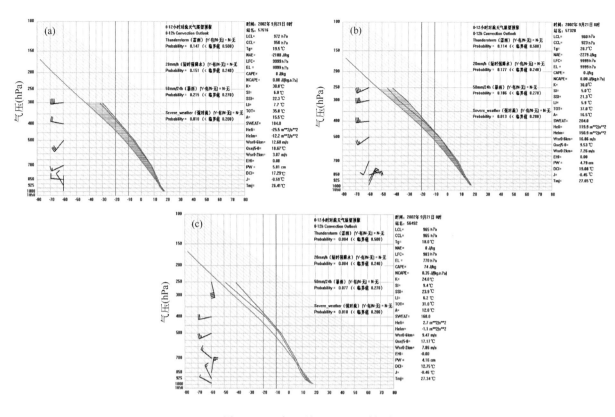

图 3　2002 年 9 月 21 日 08 时探空

（a）沙坪坝（降水中）；（b）达县（降水中）；（c）宜宾（降水中）

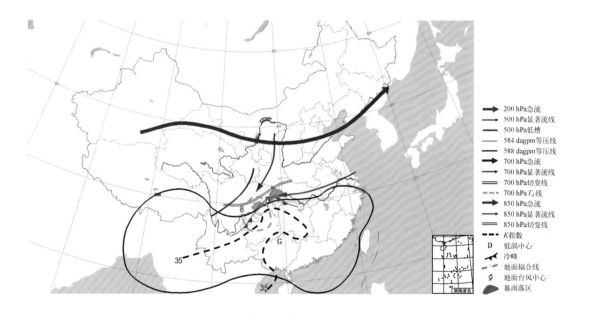

图 4　2002 年 9 月 21 日 08 时综合分析图

（6）卫星云图

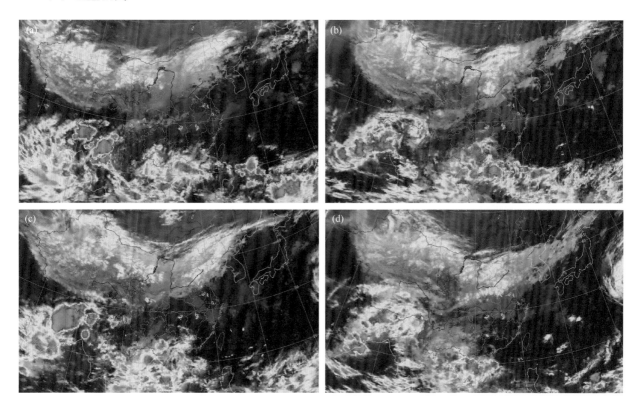

图 5　2002 年 9 月 19 日—21 日红外云图

（a）19 日 20 时；（b）20 日 08 时；（c）20 日 20 时；（d）21 日 08 时

（7）物理量分析

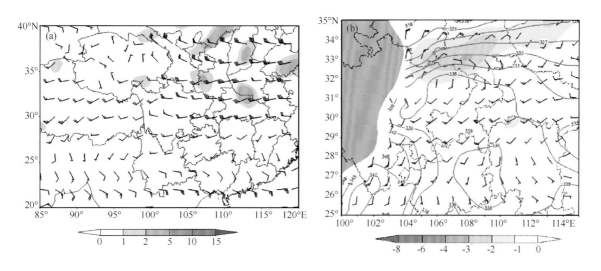

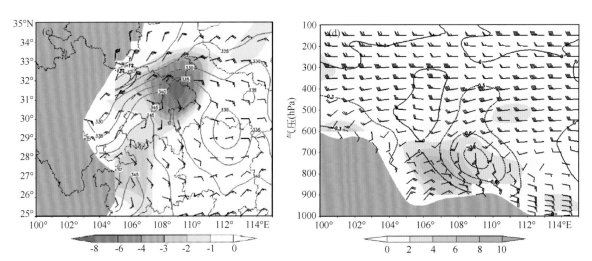

图 6　2002 年 9 月 20 日 20 时

（a）500 hPa 风场（羽状风矢量，单位：m/s）和涡度平流（蓝色阴影，单位：$10^{-10}\,s^{-2}$）；（b）700 hPa 水汽通量散度（蓝色阴影，单位：$10^{-9}\,g/(cm^2 \cdot hPa \cdot s)$）和假相当位温（红色实线，单位：K）；（c）850 hPa 水汽通量散度（蓝色阴影，单位：$10^{-9}\,g/(cm^2 \cdot hPa \cdot s)$）、假相当位温（红色实线，单位：K）以及全风速（黑色虚线 $\geqslant 12$ m/s，单位：m//s）；（d）垂直速度（黑色等值线，单位：hPa/s）、风场（羽状风矢量，单位：m/s）以及涡度（绿色阴影，单位：$10^{-5}\,s^{-1}$）沿 30°N 纬向—垂直剖面

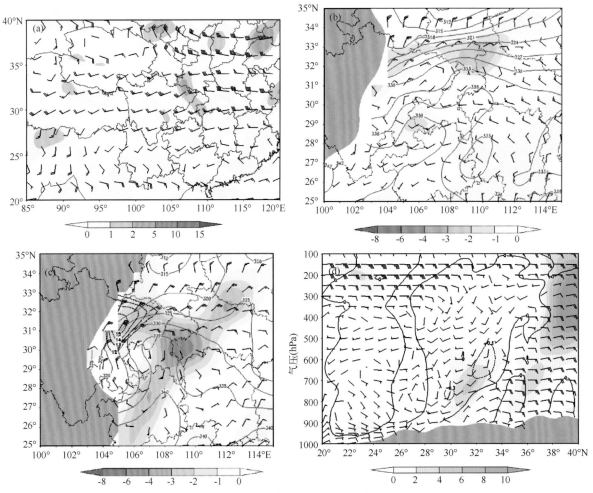

图 7　2002 年 9 月 21 日 08 时

（a）500 hPa 风场（羽状风矢量，单位：m/s）和涡度平流（蓝色阴影，单位：$10^{-10}\,s^{-2}$）；（b）700 hPa 水汽通量散度（蓝色阴影，单位：$10^{-9}\,g/(cm^2 \cdot hPa \cdot s)$）和假相当位温（红色实线，单位：K）；（c）850 hPa 水汽通量散度（蓝色阴影，单位：$10^{-9}\,g/(cm^2 \cdot hPa \cdot s)$）、假相当位温（红色实线，单位：K）以及全风速（黑色虚线 $\geqslant 12$ m/s，单位：m/s）；（d）垂直速度（黑色等值线，单位：hPa/s）、风场（羽状风矢量，单位：m/s）以及涡度（绿色阴影，单位：$10^{-5}\,s^{-1}$）沿 109°E 经向—垂直剖面

物理量分析：9 月 20 日 20 时，500 hPa 上空重庆为正的涡度平流，量值为 $1 \times 10^{-10} \, \text{s}^{-2}$ 左右。700 hPa 上重庆西部的水汽通量散度较弱，仅为 $-1 \times 10^{-9} \, \text{g/(cm}^2 \cdot \text{hPa} \cdot \text{s})$。850 hPa 上，重庆上空存在切变辐合线，其附近存在一高能湿舌，整个重庆都为水汽辐合大值区，水汽通量散度最大值达到 $-8 \times 10^{-9} \, \text{g/(cm}^2 \cdot \text{hPa} \cdot \text{s})$ 左右，中心位于重庆东北部。此外，沿 30°N 纬向一垂直剖面图上显示降水区域最大涡度中心位于 800 hPa，量值达 $8 \times 10^{-5} \, \text{s}^{-1}$ 左右，中低层为较强垂直上升运动，垂直速度大值中心位于低层 700 hPa，量值为 $-0.9 \, \text{hPa/s}$。

21 日 08 时，500 hPa 上空重庆东北部正的涡度平流增大至 $2 \times 10^{-10} \, \text{s}^{-2}$ 左右。700 hPa 上重庆受切变线控制，其东北部偏北地区水汽通量散度增大至 $-2 \times 10^{-9} \, \text{g/(cm}^2 \cdot \text{hPa} \cdot \text{s})$。850 hPa 上重庆西部为低涡辐合环流，低涡后部出现较强的东北急流，最大风速达到 15 m/s 以上，冷空气的入侵使得重庆上空大气层结的不稳定度增大，有利于暴雨天气的发生。同时，重庆中西部地区的高能湿舌继续维持，水汽辐合大值区主要位于重庆东部，水汽通量散度最大值为 $-6 \times 10^{-9} \, \text{g/(cm}^2 \cdot \text{hPa} \cdot \text{s})$ 左右。109°E 经向一垂直剖面图上降水区存在倾斜的涡度柱，涡度最大值为 $6 \times 10^{-5} \, \text{s}^{-1}$ 左右，中心位于 750 hPa。垂直上升运动继续维持，中低层垂直速度值略有减小，为 $-0.3 \, \text{hPa/s}$ 左右。

个例 26　2003 年 6 月 25 日暴雨

（1）暴雨时段

2003 年 6 月 23 日 20 时—26 日 08 时。

（2）雨情描述

雨情描述：2003 年 6 月 23 日夜间至 25 日夜间，重庆市出现了一次区域暴雨天气过程，西部大部、中部及东南部大部地区普降大雨到暴雨，其中长寿、武隆、彭水达大暴雨，其余地区小到中雨。

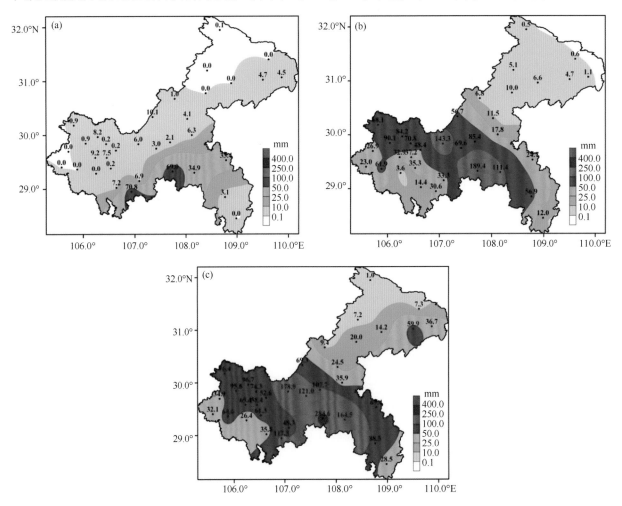

图 1　雨量分布图（单位：mm）

（a）2003 年 6 月 23 日 20 时—24 日 20 时；（b）2003 年 6 月 24 日 20 时—25 日 20 时；

（c）2003 年 6 月 23 日 20 时—26 日 08 时国家站过程总雨量

（3）灾情描述

此次过程造成江津、彭水、万盛、酉阳、武隆、垫江、长寿、黔江、丰都、铜梁、涪陵、巴南、渝北、合川、南川等地受灾，受灾人口达 109.3 万人，其中死亡 2 人，受伤 26 人，转移安置 1165 人；农作物受灾 11.5 万 hm²，成灾 6.7 万 hm²，绝收 2.5 万 hm²；房屋损坏 8429 间，倒塌 6468 间；直接经济损失 11.6 亿元。

（4）形势分析

影响系统：高空槽、西南涡

1）6 月 25 日 08 时高空 500 hPa 中高纬度为两槽一脊形势，重庆西部有一深厚的高空槽，重庆处于槽前西南气流控制。

2）6 月 25 日 08 时 700 hPa 及 850 hPa 四川盆地北部（重庆西部偏北地区）出现了明显的西南低涡，低涡系统的存在为强降水的产生提供了有利的辐合上升和水汽条件。

（5）天气分析图

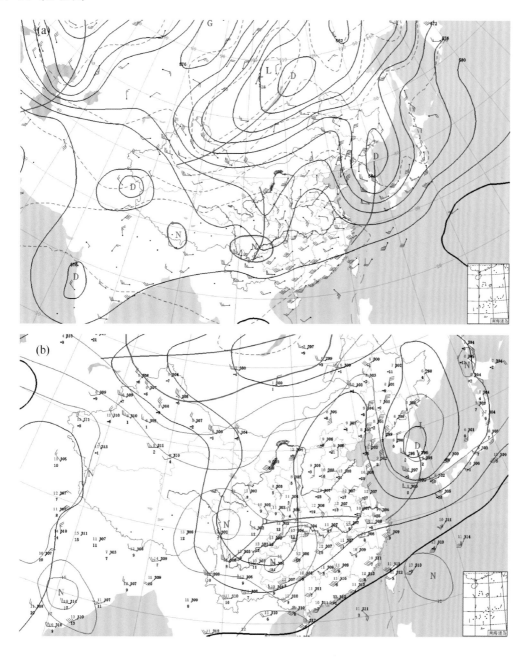

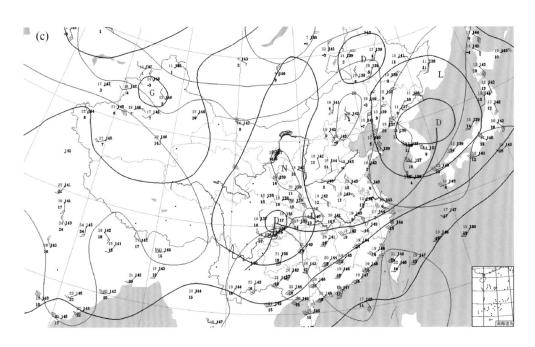

图 2　2003 年 6 月 25 日 08 时天气图

(a) 500 hPa；(b) 700 hPa；(c) 850 hPa

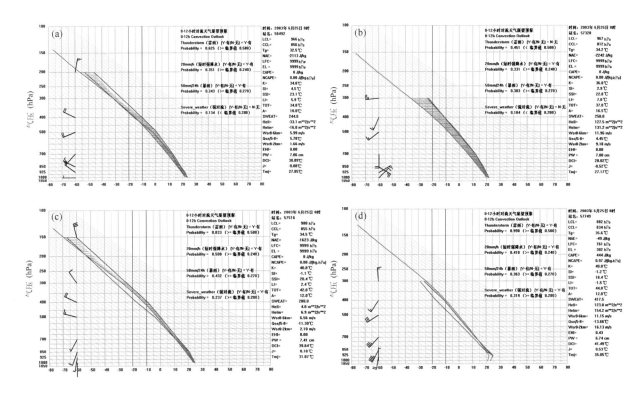

图 3　2003 年 6 月 25 日 08 时探空

(a) 宜宾（降水中）；(b) 达州（降水中）；(c) 沙坪坝（降水后）；(d) 怀化（降水中）

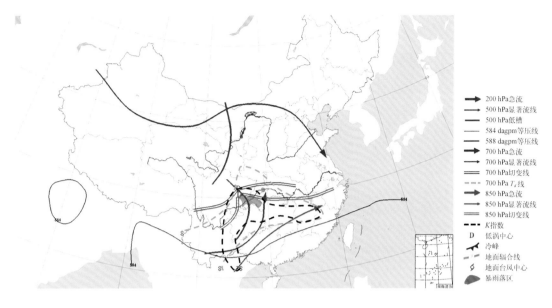

图 4　2003 年 6 月 25 日 08 时综合分析图

（6）卫星云图

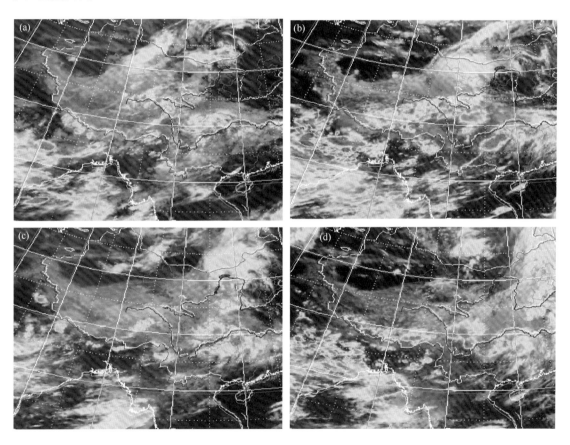

图 5　2003 年 6 月 24—25 日红外云图

（a）24 日 08 时；（b）24 日 20 时；（c）25 日 08 时；（d）25 日 20 时

（7）物理量分析

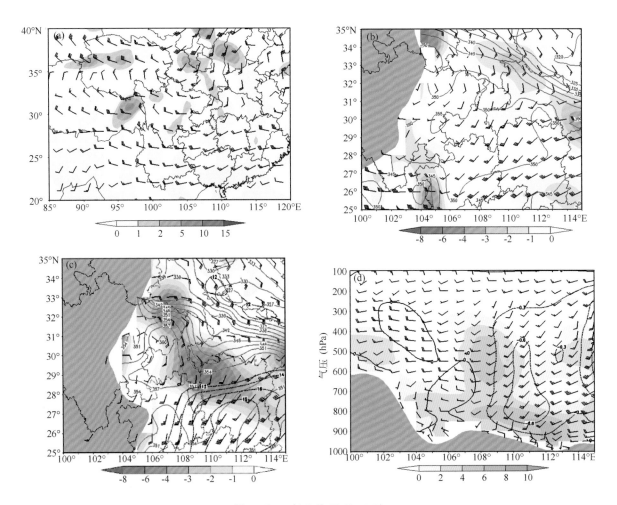

图 6　2003 年 6 月 25 日 08 时

（a）500 hPa 风场（羽状风矢量，单位：m/s）和涡度平流（蓝色阴影，单位：10^{-10} s^{-2}）；（b）700 hPa 水汽通量散度（蓝色阴影，单位：10^{-9} g/(cm^2·hPa·s)）和假相当位温（红色实线，单位：K）；（c）850 hPa 水汽通量散度（蓝色阴影，单位：10^{-9} g/(cm^2·hPa·s)）、假相当位温（红色实线，单位：K）以及全风速（黑色虚线≥12 m/s，单位：m/s）；（d）垂直速度（黑色等值线，单位：hPa/s）、风场（羽状风矢量，单位：m/s）以及涡度（绿色阴影，单位：10^{-5} s^{-1}）沿 29°N 纬向一垂直剖面

物理量分析：6 月 25 日 08 时，500 hPa 上空重庆都为弱的正涡度平流，量值不到 1×10^{-10} s^{-2}。700 hPa 上贵州到湖南一带存在较强的低空急流，降水区域内水汽通量散度较小，水汽辐合较弱。850 hPa 上，贵州到湖南一带也存在较强的低空急流，最大风速达 18 m/s。重庆中部及东南部为水汽辐合大值区，水汽通量散度最大值达到 -4×10^{-9} g/(cm^2·hPa·s) 左右。此外，沿 29°N 纬向一垂直剖面图上显示降水区域存在一正的垂直涡度柱，涡度最大值到 6×10^{-5} s^{-1} 左右，且整层都为垂直上升运动，垂直速度最大值为 -0.3 hPa/s 以上。

个例 27　2003 年 7 月 18 日暴雨

（1）暴雨时段

2003 年 7 月 18 日 20 时—19 日 20 时。

（2）雨情描述

2003 年 7 月 18 日夜间至 19 日白天，重庆市出现了一次区域暴雨天气过程，全市普遍出现大雨以上量级的降水，其中西部偏北及中东部大部地区达暴雨，北碚达大暴雨。

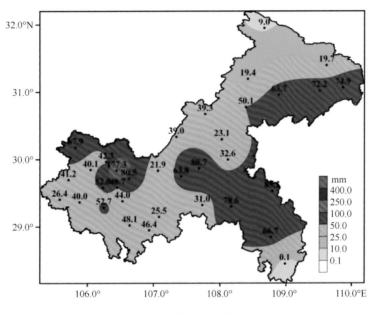

图 1　雨量分布图（单位：mm）

2003 年 7 月 18 日 20 时—19 日 20 时

（3）灾情描述

此次过程造成大足、巴南、江津、潼南、北碚、丰都、巫山、彭水、酉阳、涪陵、合川、黔江、渝北等地受灾，受灾人口达 80.6 万人，其中死亡 4 人，失踪 1 人，受伤 10 人，转移安置 568 人；农作物受灾 2.4 万 hm²，成灾 5384.7 hm²，绝收 2040.7 hm²；房屋损坏 6740 间，倒塌 1076 间；直接经济损失 1.9 亿元。

（4）形势分析

影响系统：高空槽、西南涡、高低空急流、地面冷锋

1）7 月 18—19 日，500 hPa 图上新伯利亚冷中心分裂小槽携带冷空气南下，呈纬向带状分布的西太平洋副高迅速东撤，584dagpm 线低槽东移南下控制重庆地区。19 日 08 时槽线呈东北—西南向压于长江沿岸以北地区，之后槽线北端稳定而南侧东移扫过重庆长江以南地区，并于 19 日 20 时槽线维持在湖北西侧—重庆东南—贵州北部一线，有利于降水的持续。

2）18 日 20 时起中低层四川东南部到重庆西部有低涡存在并缓慢加深东移。19 日 08 时，700、850 hPa 低涡中心位于重庆西部偏北地区，配合 500 hPa 的槽线，有利于降水的加强及维持。

3）19 日 08 时，西南涡东侧存在明显的低空急流，为暴雨的产生提供了充沛的水汽；同时，甘陕南部到湖北北部有 200 hPa 西风急流带，重庆地区处在高空急流右侧的高空辐散区，有利于暴雨区上

升运动的加强及持续。

4）中低层有明显的冷空气入侵，19日08时地面冷锋呈东北－西南向位于四川东南部到重庆长江沿岸一带。

（5）天气分析图

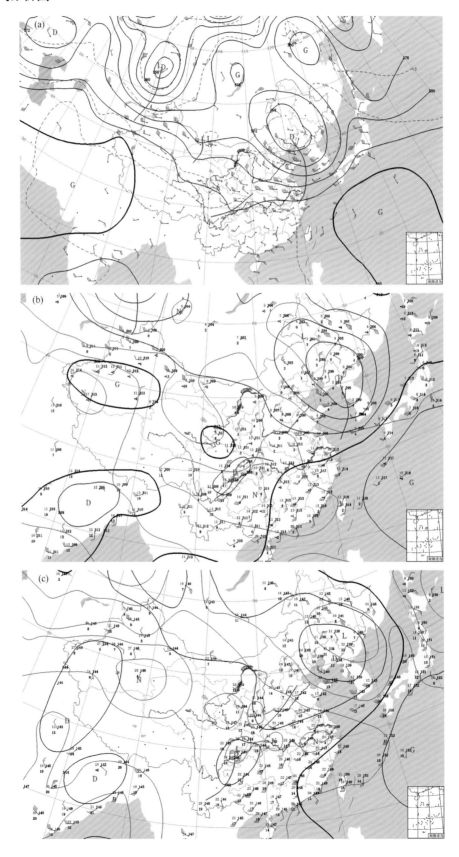

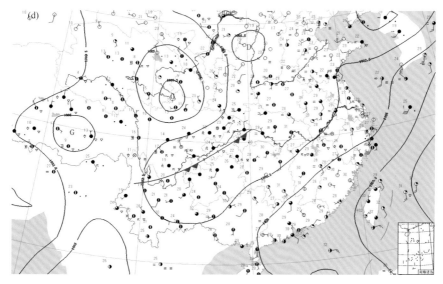

图2　2003年7月19日08时天气图

（a）500 hPa；（b）700 hPa；（c）850 hPa；（d）地面

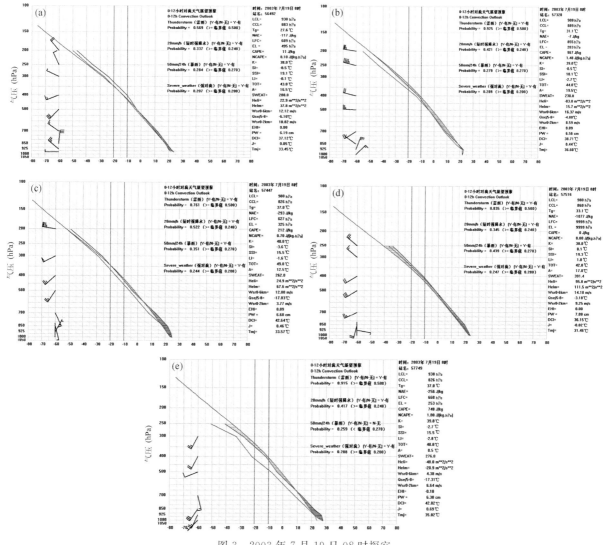

图3　2003年7月19日08时探空

（a）宜宾（降水中）；（b）达州（降水中）；（c）恩施（降水中）；（d）沙坪坝（降水中）；（e）怀化（无降水）

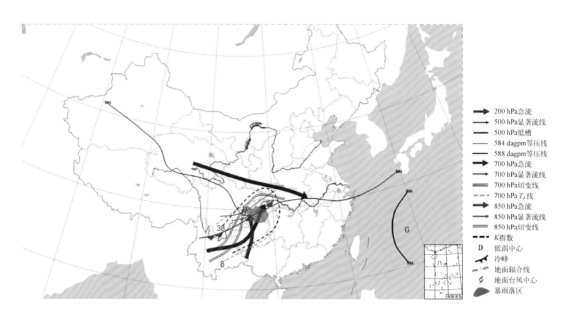

图4　2003年7月19日08时综合分析图

（6）卫星云图

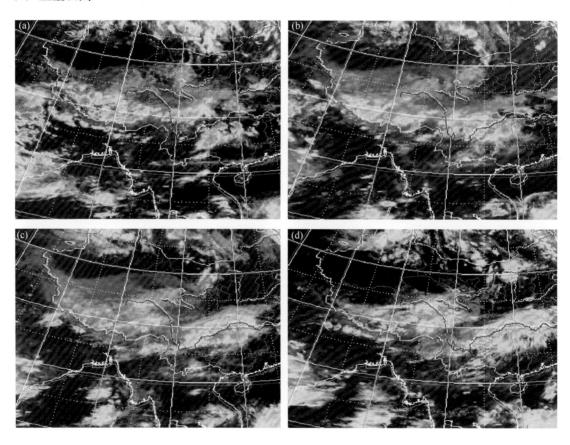

图5　2003年7月18—19日红外云图

（a）18日20时；（b）19日02时；（c）19日08时；（d）19日14时

（7）物理量分析

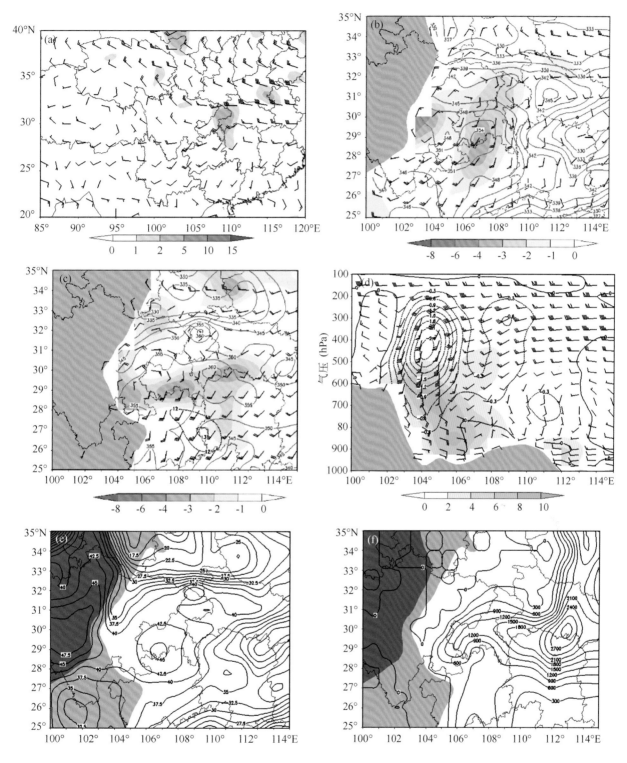

图 6　2003 年 7 月 19 日 08 时

（a）500 hPa 风场（羽状风矢量，单位：m/s）和涡度平流（蓝色阴影，单位：$10^{-10}\,s^{-2}$）；（b）700 hPa 水汽通量散度（蓝色阴影，单位：$10^{-9}\,g/(cm^2 \cdot hPa \cdot s)$）和假相当位温（红色实线，单位：K）；（c）850 hPa 水汽通量散度（蓝色阴影，单位：$10^{-9}\,g/(cm^2 \cdot hPa \cdot s)$）、假相当位温（红色实线，单位：K）以及全风速（黑色虚线≥12 m/s，单位：m/s）；（d）垂直速度（黑色等值线，单位：hPa/s）、风场（羽状风矢量，单位：m/s）以及涡度（绿色阴影，单位：$10^{-5}\,s^{-1}$）沿 30°N 纬向一垂直剖面；（e）K 值（等值线，单位：℃）；（f）CAPE值（等值线，单位：J/kg）

物理量分析：7 月 19 日 08 时，500 hPa 上空重庆东北部及东南部都为正的涡度平流，最大量值为 $5 \times 10^{-10} \, \text{s}^{-2}$ 左右。700 hPa 上四川盆地东南部存在低涡辐合环流，重庆降水区域内水汽辐合较强，水汽通量散度最大可达 $-4 \times 10^{-9} \, \text{g/(cm}^2 \cdot \text{hPa} \cdot \text{s})$ 左右。850 hPa 上，贵州—湖南一带低空急流较强，最大风速达 13 m/s 以上。重庆西部存在低涡辐合环流，低涡中心位于重庆荣昌附近。低涡前部为水汽辐合大值区，水汽通量散度最大值达到 $-4 \times 10^{-9} \, \text{g/(cm}^2 \cdot \text{hPa} \cdot \text{s})$ 左右。沿 30°N 纬向—垂直剖面图上显示降水区域中低层都为正涡度层，涡度值最大达 $4 \times 10^{-5} \, \text{s}^{-1}$ 左右，同时降水区整层为较强垂直上升运动，垂直速度大值中心位于高层 400 hPa 上，量值达到 -2.0 hPa/s。此外，重庆降水区的 K 指数都在 35℃ 以上，大值中心在重庆西部，值为 45℃。CAPE 值基本都在 900 J/kg 以上，中西部及东南部部分地区达到了 1200 J/kg 左右。

个例 28　2004 年 5 月 30 日暴雨

（1）暴雨时段

2004 年 5 月 28 日 20 时—30 日 20 时。

（2）雨情描述

2004 年 5 月 28 日夜间至 30 日白天，重庆市出现了一次区域暴雨天气过程，全市除西部偏北局部及东北部偏北地区出现小到中雨外，其余地区普降大雨到暴雨，其中丰都达大暴雨。

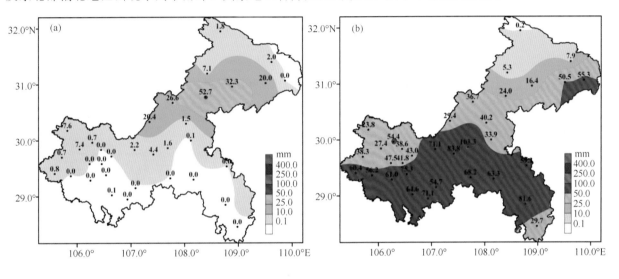

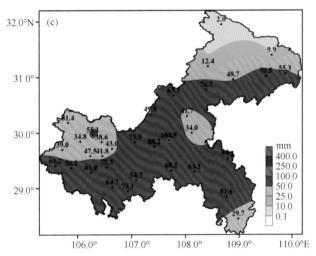

图 1　雨量分布图（单位：mm）

（a）2004 年 5 月 28 日 20 时—29 日 20 时；（b）2004 年 5 月 29 日 20 时—5 月 30 日 20 时；

（c）2004 年 5 月 28 日 20 时—5 月 30 日 20 时国家站过程总雨量

（3）灾情描述

此次过程造成巫山、荣昌、涪陵、巴南、綦江、丰都、璧山、江津等地受灾，受灾人口达 28.7 万人，其中死亡 3 人，受伤 4 人；农作物受灾 1.2 万 hm²，成灾 4022.7 hm²，绝收 726.7 hm²；房屋损坏 2167 间，倒塌 2097 间；直接经济损失 3546.1 万元。

（4）形势分析

影响系统：西风槽、西南低涡、低空急流、冷锋

1）此次降水过程主要是在高层西风槽，中低层西南低涡，以及冷空气入侵共同作用下导致的暴雨过程。

2）5 月 30 日 08 时，500 hPa 上空副热带高压位于华南沿岸至西太平洋地区，青藏高原上空也为高压控制，西风槽从东北一直伸展至四川盆地北部，且湖北西部至重庆南部存在一短波槽，西风槽东移过程中，不断引导冷空气南下入侵中低层，为中低层系统发展提供有利条件。

3）5 月 30 日 08 时 700 hPa，甘肃东部有强冷空气入侵与四川盆地暖湿空气交汇，有利于西南低涡形成和发展，而后低涡切变东移南压，有利于重庆南部降水。

4）5 月 30 日 08 时 850 hPa，西南低涡位于重庆南部至贵州北部，低涡系统南侧广西至湖南西部风速达到 12 m/s，为明显的低空急流，有利于暴雨水汽输送。

5）强降水过程，中低层有明显的冷空气入侵，5 月 30 日 08 时地面图强冷锋位于长江中游至重庆南部地区。

（5）天气分析图

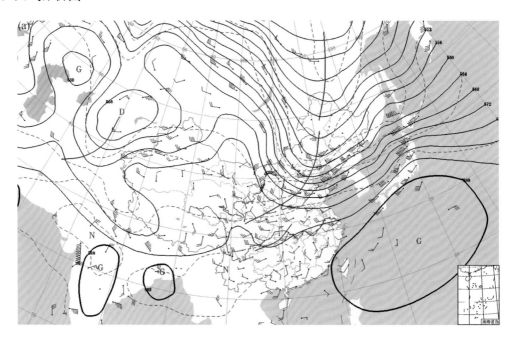

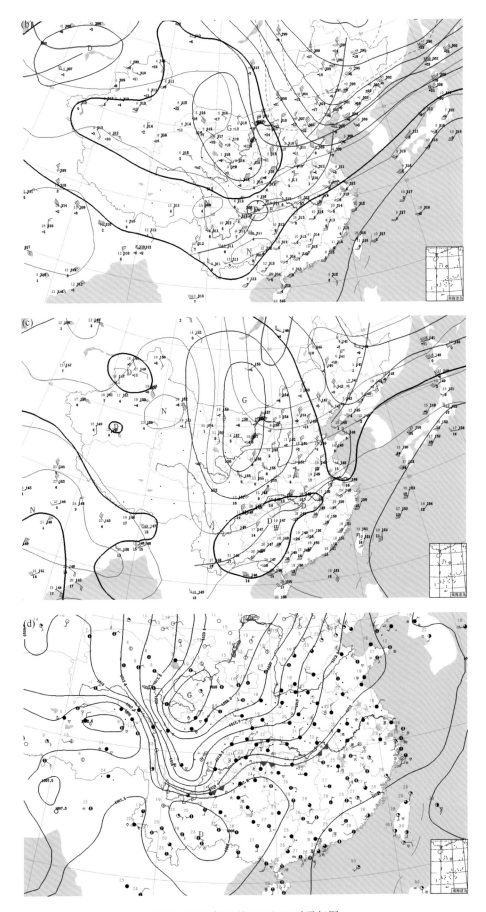

图2　2004 年 5 月 30 日 08 时天气图

(a) 500 hPa；(b) 700 hPa；(c) 850 hPa；(d) 地面

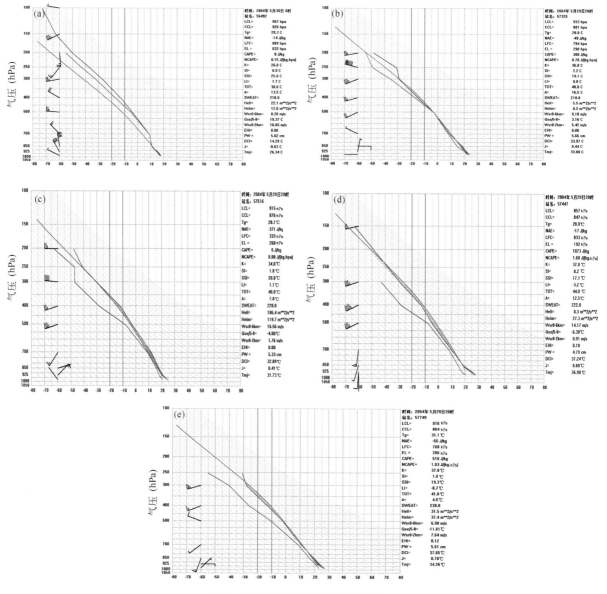

图 3　2004 年 5 月 30 日 08 时探空

（a）宜宾（降水中）；（b）达州（降水后）；（c）沙坪坝（降水中）；（d）恩施（降水中）；（e）怀化（降水中）

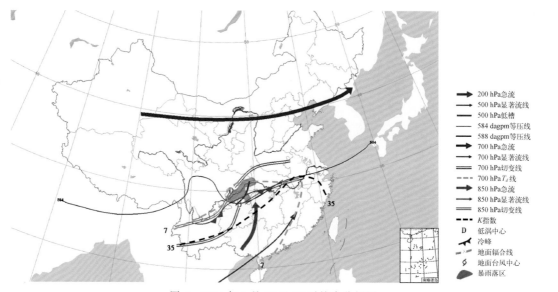

图 4　2004 年 5 月 30 日 08 时综合分析图

（6）卫星云图

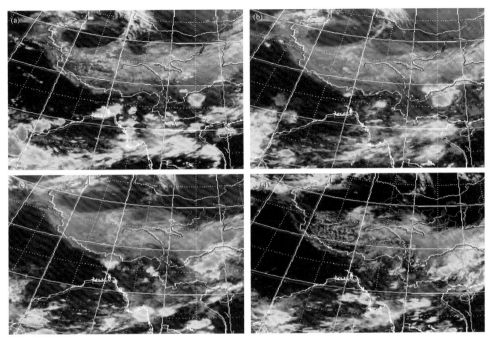

图5 2004年5月29日—30日红外卫星云图
(a) 29日20时；(b) 30日02时；(c) 30日08时；(d) 30日14时

（7）物理量分析

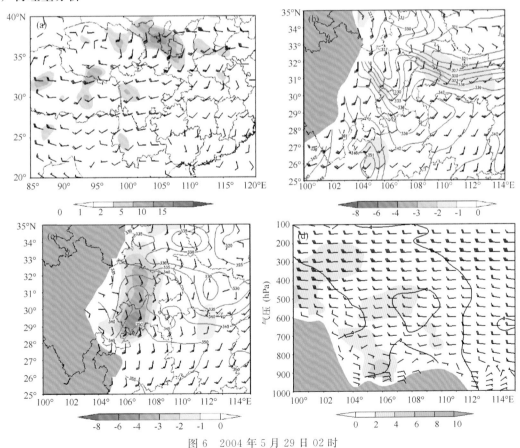

图6 2004年5月29日02时

(a) 500 hPa风场（羽状风矢量，单位：m/s）和涡度平流（蓝色阴影，单位：$10^{-10}\,s^{-2}$）；(b) 700 hPa水汽通量散度（蓝色阴影，单位：$10^{-9}\,g/(cm^2 \cdot hPa \cdot s)$）和假相当位温（红色实线，单位：K）；(c) 850 hPa水汽通量散度（蓝色阴影，单位：$10^{-9}\,g/(cm^2 \cdot hPa \cdot s)$）、假相当位温（红色实线，单位：K）以及全风速（黑色虚线≥12 m/s，单位：m/s）；(d) 2004年5月29日08时垂直速度（黑色等值线，单位：hPa/s）、风场（羽状风矢量，单位：m/s）以及涡度（绿色阴影，单位：$10^{-5}\,s^{-1}$）沿29°N纬向—垂直剖面

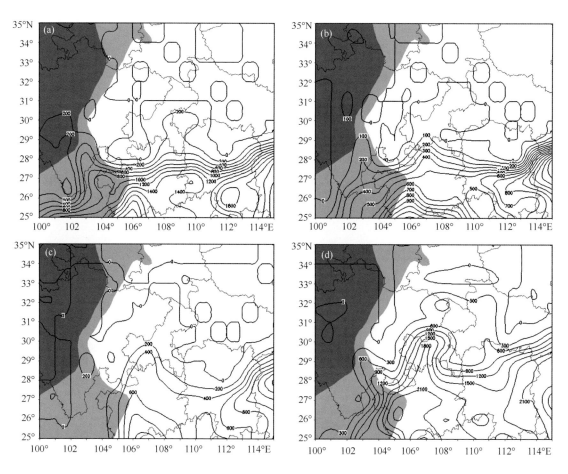

图 7　2004 年 5 月 28—29 日 CAPE 分布（等值线，单位：J/kg）

(a) 28 日 20 时；(b) 29 日 02 时；(c) 29 日 08 时；(d) 29 日 14 时

物理量分析：5 月 29 日 02 时，500 hPa 上空重庆为弱的正涡度平流，量值为 $1 \times 10^{-10}\,s^{-2}$ 左右。700 hPa 上重庆为一致的西南气流控制，中西部及东南部水汽辐合较强，水汽通量散度大值中心在东北部，可达 $-3 \times 10^{-9}\,g/(cm^2 \cdot hPa \cdot s)$ 左右。850 hPa 上，重庆为一致的偏南气流影响，重庆中西部为水汽辐合大值区，水汽通量散度最大值达到 $-4 \times 10^{-9}\,g/(cm^2 \cdot hPa \cdot s)$ 左右。沿 29°N 纬向一垂直剖面图上显示降水区域中低层都为正涡度层，涡度值最大达 $2 \times 10^{-5}\,s^{-1}$ 左右，同时降水区整层为弱的垂直上升运动，垂直速度量值约在 $-0.3\,hPa/s$。此外，28 日 20 时—29 日 08 时重庆降水区的 CAPE 值都较小，仅在 400 J/kg 左右，29 日 14 时 CAPE 值迅速增大，中西部及东南部部分地区都达到了 1000 J/kg 以上，降水最大区域的 CAPE 值更是达到了 1800 J/kg 左右。

个例 29 2004 年 9 月 5 日暴雨

（1）暴雨时段

2004 年 9 月 3 日 20 时—7 日 08 时。

（2）雨情描述

2004 年 9 月 3 日夜间至 6 日夜间，重庆市出现了一次区域暴雨天气过程。重庆市大部出现大雨到暴雨，局部达大暴雨，开县达特大暴雨。这次降水持续的时间较长，但雨区具有突出的移动性。

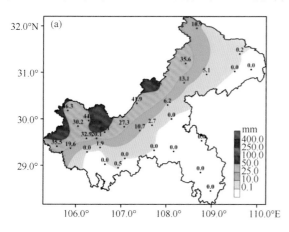
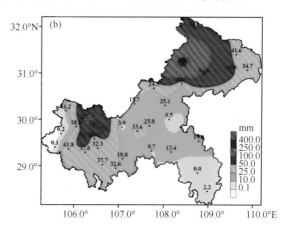

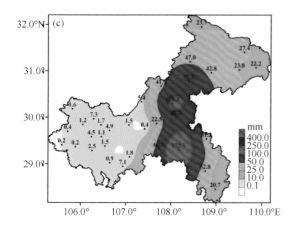
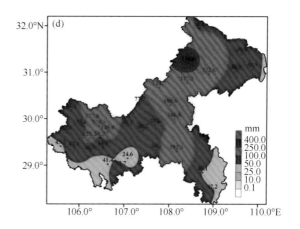

图 1 雨量分布图（单位：mm）

（a）2004 年 9 月 3 日 20 时—4 日 20 时；（b）2004 年 9 月 4 日 20 时—5 日 20 时；

（c）2004 年 9 月 5 日 20 时—6 日 20 时；（d）2004 年 9 月 3 日 20 时—6 日 20 时国家站过程总雨量

（3）灾情描述

此次过程造成合川、北碚、渝北、奉节、开县、铜梁、綦江、江津、巴南、璧山、沙坪坝、忠县、彭水、长寿等地受灾，受灾人口达 168.5 万人，其中死亡 69 人，失踪 16 人，受伤 726 人，被困 18.7 万人，饮水困难 7.4 万人，转移安置 2.8 万人；农作物受灾 6.0 万 hm²，成灾 4.3 万 hm²，绝收

4853.1 hm²；房屋损坏 26.3 万间，倒塌 3.2 万间；直接经济损失 22.2 亿元。

（4）形势分析

影响系统：高空槽、西南涡、冷锋

1）本次过程中，200 hPa 南压高压始终控制川渝地区。

2）本次过程 500 hPa 亚洲中高纬地区为纬向性环流，多短波系统。4 日 08 时，副热带高压 588 dagpm 西伸直达西藏东南部，主体位于我国长江以南。高原上多短波槽沿副高北侧向东移动，影响重庆偏北地区。之后，随着副高减弱，短波槽进入重庆中部和南部。

3）过程中，700 hPa、850 hPa 低涡切变线始终维持在四川偏东、重庆偏北地区。低层副高外围的西南风在云贵川地区形成了持续的水汽和能量输送通道。

4）4 日 08 时，一股弱冷空气从东北方向进入重庆。

（5）天气分析图

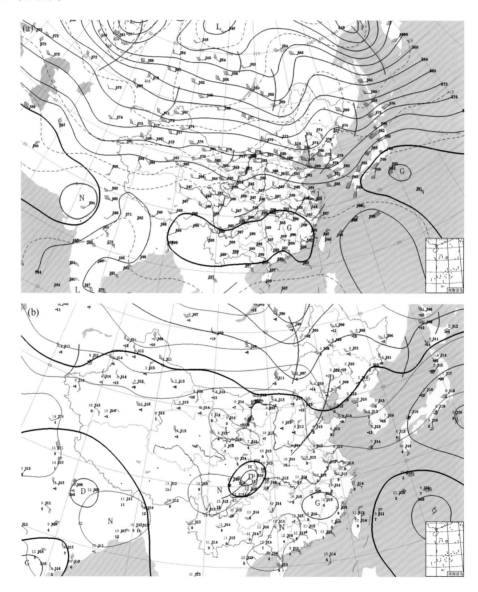

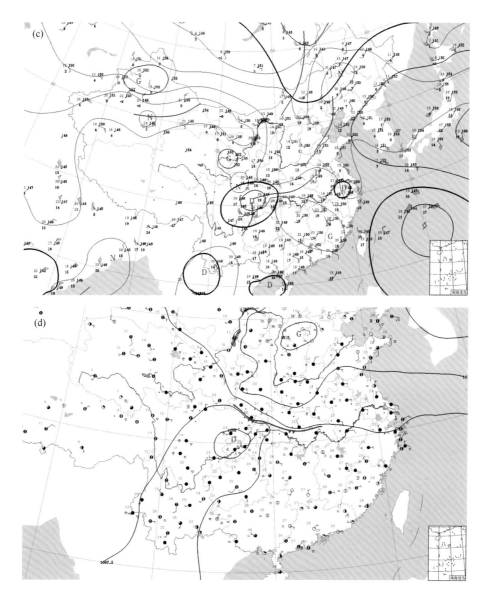

图 2　2004 年 9 月 4 日 08 时高空天气图

(a) 500 hPa；(b) 700 hPa；(c) 850 hPa；(d) 地面

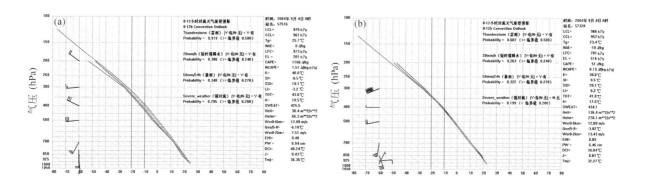

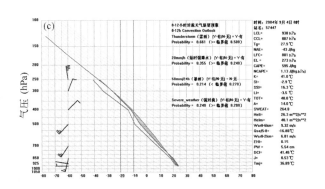

图 3　2004 年 9 月 4 日 08 时探空图

（a）沙坪坝（降水前）；（b）达州（降水前）；（c）恩施（降水前）

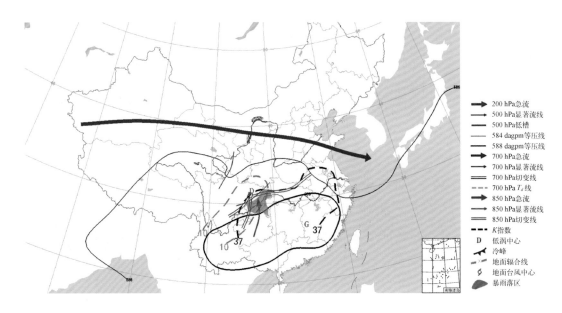

图 4　2004 年 9 月 4 日 08 时综合图

（6）卫星云图

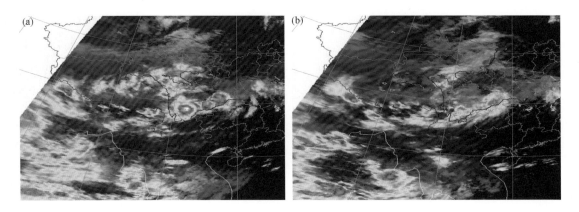

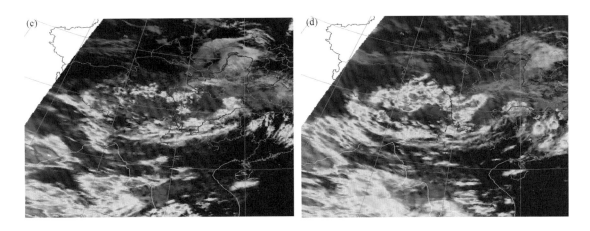

图 5　2004 年 9 月 4 日红外云图

(a) 4 日 02 时；(b) 4 日 08 时；(c) 4 日 14 时；(d) 4 日 19 时

(7) 物理量分析

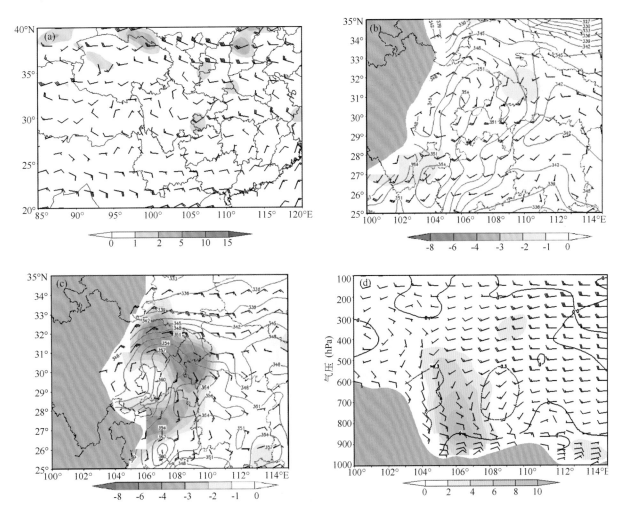

图 6　2004 年 9 月 4 日 20 时

(a) 500 hPa 风场（羽状风矢量，单位：m/s）和涡度平流（蓝色阴影，单位：$10^{-10}\,s^{-2}$）；（b）700 hPa 水汽通量散度（蓝色阴影，单位：$10^{-9}\,g/(cm^2 \cdot hPa \cdot s)$）和假相当位温（红色实线，单位：K）；（c）850 hPa 水汽通量散度（蓝色阴影，单位：$10^{-9}\,g/(cm^2 \cdot hPa \cdot s)$）、假相当位温（红色实线，单位：K）以及全风速（黑色虚线 $\geqslant 12\,m/s$，单位：m/s）；（d）垂直速度（黑色等值线，单位：hPa/s）、风场（羽状风矢量，单位：m/s）以及涡度（绿色阴影，单位：$10^{-5}\,s^{-1}$）沿 $31°N$ 纬向一垂直剖面

物理量分析：9 月 4 日 20 时，500 hPa 上空重庆西部为正的涡度平流大值区，量值为 $2 \times 10^{-10} \, \mathrm{s}^{-2}$ 左右。700 hPa 上重庆西部偏西地区存在低涡辐合环流，低涡中心附近水汽通量散度较小，仅为 $-1 \times 10^{-9} \, \mathrm{g/(cm^2 \cdot hPa \cdot s)}$ 左右，而重庆东北部水汽通量散度相对较大，量值为 $-2 \times 10^{-9} \, \mathrm{g/(cm^2 \cdot hPa \cdot s)}$ 左右。850 hPa 上，重庆西部存在低涡辐合环流，其中心比 700 hPa 低涡中心略偏东，其附近存在一高能湿舌，低涡前部都为水汽辐合大值区，水汽通量散度最大值达到 $-8 \times 10^{-9} \, \mathrm{g/(cm^2 \cdot hPa \cdot s)}$ 左右。此外，沿 31°N 纬向一垂直剖面图上显示降水区域中低层存在正涡度柱，涡度大值中心位于 850 hPa 上，量值达到 $10 \times 10^{-5} \, \mathrm{s}^{-1}$，同时，降水区域内整层为较强垂直上升运动，垂直速度大值中心位于高层 700 hPa 上，量值为 $-0.3 \, \mathrm{hPa/s}$。

个例 30   2005 年 6 月 25 日暴雨

（1）暴雨时段

2005 年 6 月 24 日 20 时—25 日 20 时。

（2）雨情描述

2010 年 6 月 24 日 20 时—25 日 20 时，重庆市出现了一次区域暴雨天气过程，长江沿岸及其以北地区普降大雨，其中西部大部地区暴雨，局部地区达大暴雨，其余地区小雨到中雨。

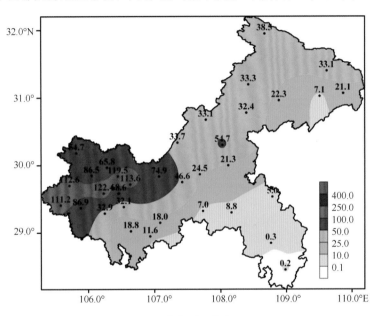

图 1　雨量分布图（单位：mm）

2005 年 6 月 24 日 20 时—25 日 20 时

（3）灾情描述

此次过程造成荣昌、北碚、大足、长寿、永川、沙坪坝、璧山、渝北等地受灾，受灾人口达 12.0 万人，其中死亡 1 人，转移安置 399 人；农作物受灾 1.8 万 hm²，成灾 8091.5 hm²，绝收 2786.3 hm²；房屋损坏 1048 间，倒塌 937 间；直接经济损失 9080.6 万元。

（4）形势分析

影响系统：高空槽、西南涡、低空切变线、低空急流、冷锋

1）6 月 24—25 日，高原低涡移出，低涡底部有东北—西南向的深槽，移速缓慢，为暴雨区提供了持续的上升运动。

2）24 日 20 时，盆地内中低层有西南涡生成并向东南方向移动，西南涡前部 700 hPa 和 850 hPa 上的切变线接近南北走向，位于重庆西部地区，有利于重庆西部地区产生强烈的辐合上升运动。

3）西南涡的南侧有低空急流出现，24 日 20 时，宜宾站和达州站 700 hPa 风速均达到 14 m/s，为重庆地区输送了充沛的水汽；同时，四川北部—河套中部地区 200 hPa 为西风急流带，高、低空急流在重庆地区的耦合加强了暴雨区的上升运动。

4）25 日 08 时，850 hPa 沙坪坝站有－6℃负变温区出现，表明西南涡后部有冷空气侵入，有利于西南涡的发展及强降水的产生。

（5）天气分析图

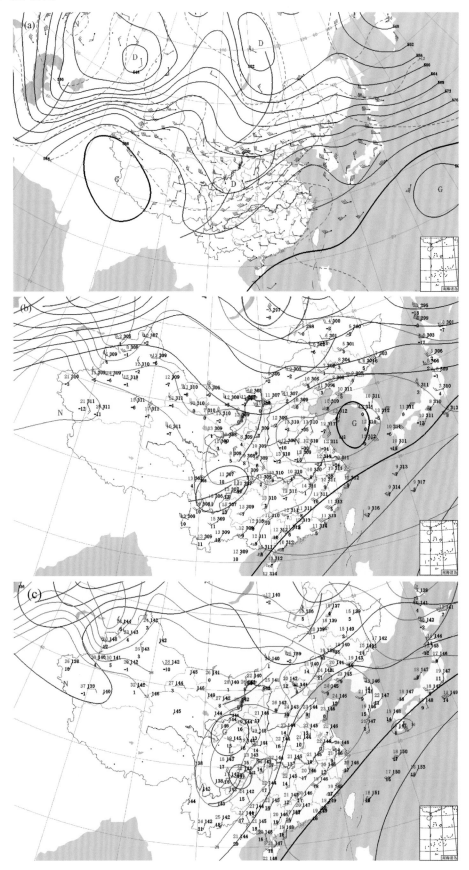

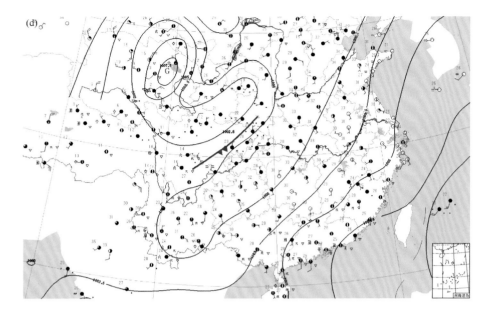

图 2 2005 年 6 月 24 日 20 时天气图

(a) 500 hPa；(b) 700 hPa；(c) 850 hPa；(d) 地面

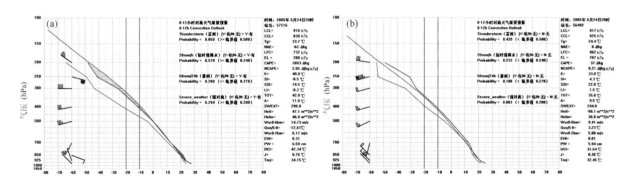

图 3 2005 年 6 月 24 日 20 时探空

(a) 沙坪坝（降水前）；(b) 宜宾（降水前）

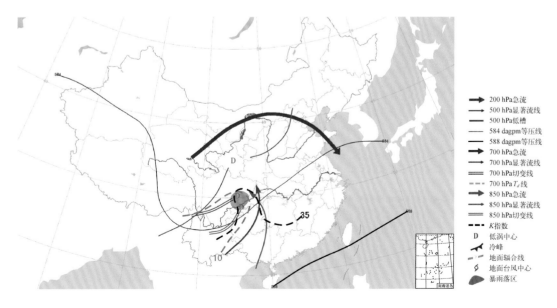

图 4 2005 年 6 月 24 日 20 时综合分析图

（6）卫星云图

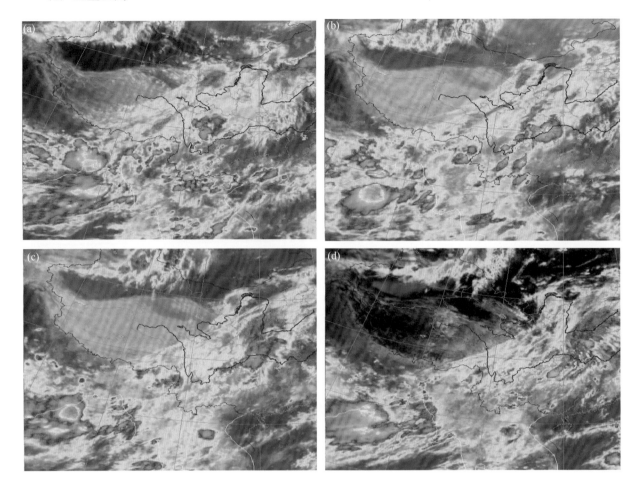

图 5　2005 年 6 月 24—25 日红外卫星云图

(a) 24 日 20 时；(b) 25 日 02 时；(c) 25 日 08 时；(d) 25 日 14 时

（7）物理量分析

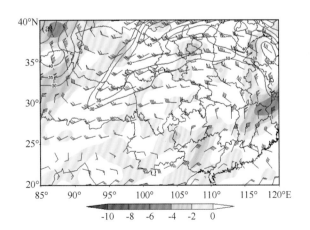
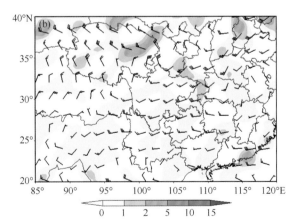

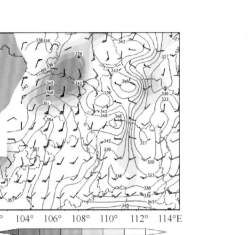
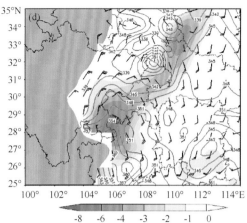

图6　2005年6月24日20时

(a) 200 hPa 散度（红色色阴影，单位：$10^{-5}\,s^{-1}$）和风（羽状风矢量，单位：m/s）；(b) 500 hPa 风场（羽状风矢量，单位：m/s）和涡度平流（蓝色阴影，单位：$10^{-10}\,s^{-2}$）；(c) 700 hPa 水汽通量散度（蓝色阴影，单位：$10^{-9}\,g/(cm^2 \cdot hPa \cdot s)$）和假相当位温（红色实线，单位：K）；(d) 850 hPa 水汽通量散度（蓝色阴影，单位：$10^{-9}\,g/(cm^2 \cdot hPa \cdot s)$）、假相当位温（红色实线，单位：K）以及全风速（黑色虚线≥12 m/s，单位：m/s）

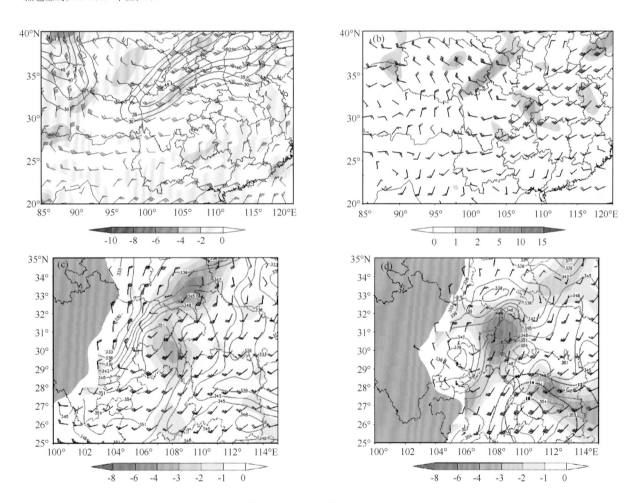

图7　2005年6月25日08时

(a) 200 hPa 散度（红色色阴影，单位：$10^{-5}\,s^{-1}$）和风（羽状风矢量，单位：m/s）；(b) 500 hPa 风场（羽状风矢量，单位：m/s）和涡度平流（蓝色阴影，单位：$10^{-10}\,s^{-2}$）；(c) 700 hPa 水汽通量散度（蓝色阴影，单位：$10^{-9}\,g/(cm^2 \cdot hPa \cdot s)$）和假相当位温（红色实线，单位：K）；(d) 850 hPa水汽通量散度（蓝色阴影，单位：$10^{-9}\,g/(cm^2 \cdot hPa \cdot s)$）、假相当位温（红色实线，单位：K）以及全风速（黑色虚线≥12 m/s，单位：m/s）

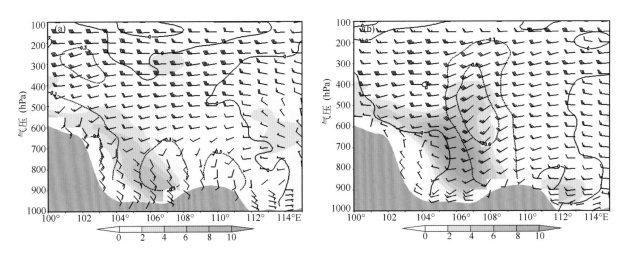

图8 垂直速度（黑色等值线，单位：hPa/s）、风场（羽状风矢量，单位：m/s）以及涡度（绿色阴影，

单位：10⁻⁵s⁻¹）沿30°N纬向－垂直剖面

（a）2005年6月24日20时；（b）2005年6月25日08时

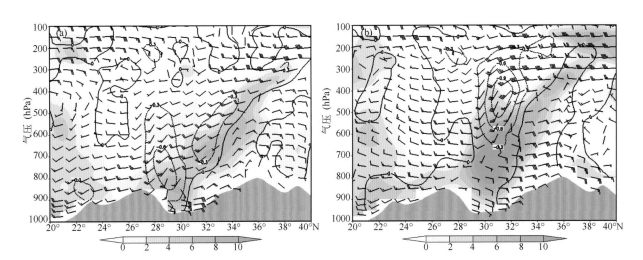

图9 垂直速度（黑色等值线，单位：hPa/s）、风场（羽状风矢量，单位：m/s）

以及涡度（绿色阴影，单位：10⁻⁵s⁻¹）沿106°E经向－垂直剖面

（a）2005年6月24日20时；（b）2005年6月25日08时

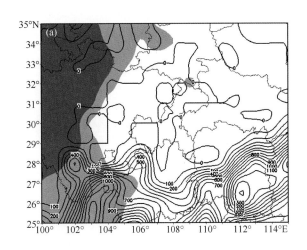
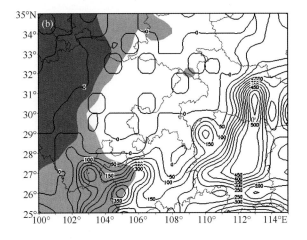

图10 CAPE（等值线，单位：J/kg）

（a）2005年6月24日20时；（b）2005年6月25日08时

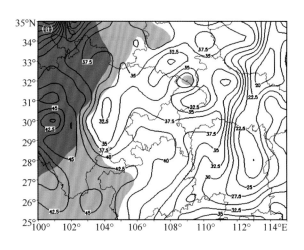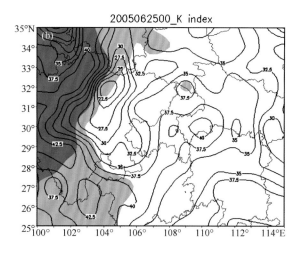

2005062500_K index

图 11 K 指数（等值线，单位：℃）

(a) 2005 年 6 月 24 日 20 时；(b) 2005 年 6 月 25 日 08 时

物理量分析：6 月 24 日 20 时，200 hPa 上空中高纬高空急流强盛，重庆大部分地区为正的散度区，主要以辐散为主。500 hPa 上空重庆大部分地区处于槽前正的涡度平流区，最大正涡度区位于重庆东北部，值为 $2 \times 10^{-10} \text{s}^{-2}$ 以上。700 hPa 上重庆西部地区存在一高能湿舌，水汽辐合较弱。850 hPa 上切变辐合线位于重庆西部地区，整个重庆都为水汽辐合大值区，西部地区辐合较强，水汽通量散度最大值达到 $-4 \times 10^{-9} \text{ g}/(\text{cm}^2 \cdot \text{hPa} \cdot \text{s})$ 可以看到，降水区域内高层辐散，中低层辐合，这种高低空配置对降水的发生发展非常有利。

25 日 08 时，200 hPa 高空急流继续维持，重庆降水区域内依然为辐散区。500 hPa 上空重庆东北部正的涡度平流逐渐增大，最大值达到 $5 \times 10^{-10} \text{ s}^{-2}$ 左右。700 hPa 上切变线逐渐移近至重庆，其附近的高能湿舌向重庆东北部缓慢延伸。重庆中西部及东南部的水汽通量散度明显增大，量值达到 $-4 \times 10^{-9} \text{ g}/(\text{cm}^2 \cdot \text{hPa} \cdot \text{s})$，水汽辐合增强。850 hPa 上重庆西部为低涡切变辐合区，贵州—湖南一带低空急流强盛，最大风速达 16 m/s 以上。此时，水汽辐合大值区主要位于重庆东北部，水汽通量散度最大值为 $-4 \times 10^{-9} \text{ g}/(\text{cm}^2 \cdot \text{hPa} \cdot \text{s})$ 左右。

沿 30°N 纬向—垂直剖面图以及 106°E 经向—垂直剖面图上显示 6 月 24 日 20 时降水区域为正的涡度层，且向西向北倾斜，量值达 $6 \times 10^{-5} \text{s}^{-1}$ 左右，且垂直上升运动较强，垂直速度为 -0.3 hPa/s 以上。25 日 08 时，涡度值明显增强，最大涡度层位于 700 hPa，最大涡度值增大至 $10 \times 10^{-5} \text{s}^{-1}$ 以上。此时，降水区域中低层主要以下沉运动为主，这可能是由于强降水过程中雨滴下落时的拖曳作用造成。此外，重庆降水区的 CAPE 值都较小，仅在 300 J/kg 左右，而 K 指数都在 35℃ 以上。

个例31 2007年7月17日暴雨

（1）暴雨时段

2007年7月16日08时—20日08时。

（2）雨情描述

2007年7月16日白天至19日夜间，重庆市出现了一次区域暴雨天气过程，中西部大部、东北部大部及东南部部分地区出现大雨到暴雨，部分地区达大暴雨，主城区的个别雨量站达特大暴雨；其余地区小到中雨。

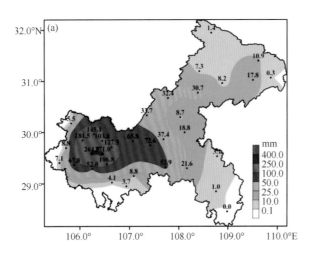

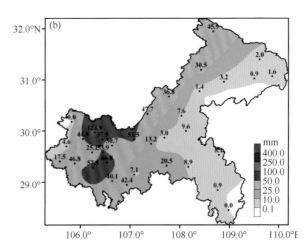

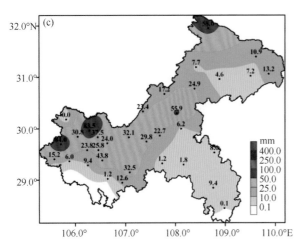

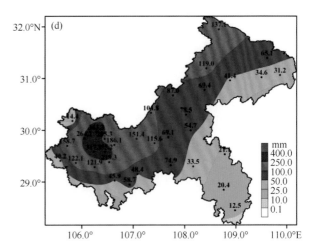

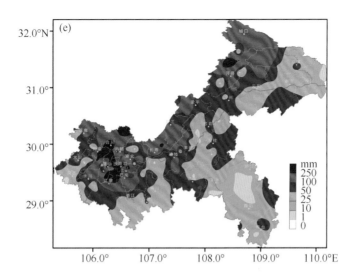

图 1　雨量分布图（单位：mm）

(a) 2007 年 7 月 16 日 20 时—17 日 20 时；(b) 2007 年 7 月 17 日 20 时—18 日 20 时；(c) 2007 年 7 月 18 日 08 时—19 日 08 时；
(d) 2007 年 7 月 16 日 08 时—20 日 08 时国家站过程总雨量；(e) 2007 年 7 月 16 日 08 时—20 日 08 时区域站过程总雨量

（3）灾情描述

此次区域暴雨天气过程造成荣昌、巴南、涪陵、垫江、江津、合川、永川、彭水、长寿、铜梁、渝北、大足、璧山、荣昌、北碚、梁平、武隆、沙坪坝、丰都、潼南、开县、巫山等地受灾，受灾人口达 410.4 万人，其中死亡 36 人、失踪 6 人、受伤 199 人、转移安置 21.8 万人，农作物受灾 31.5 万 hm²、绝收 2.2 万 hm²，房屋损坏 12.5 万间、倒塌 4.5 万间，直接经济损失 28.8 亿元。

（4）形势分析

影响系统：高空槽、西南涡、低空急流

1）17 日 08 时，200 hPa 有一支高空急流位于 37°N 附近，四川盆地的东北部位于急流南侧，即南亚高压东侧，有较强的辐散，加强了中尺度的上升运动。

2）随着 500 hPa 乌拉尔山阻塞高压的崩溃，中纬度系统逐渐东移，青海上空的低值系统在东移过程中逐渐增强为高原涡，17 日 08 时东移到秦岭北侧，其下部的槽线位于广元到宜宾一线。同时副高逐渐西进，17 日 08 时副高西脊点到达 110°E 附近，阻挡了低槽的东移，有利于持续性强降水的出现。

3）16 日 08 时，700 hPa 和 850 hPa 的低空急流建立，急流中心位于湖南的西南部，随后急流强度增强，范围扩大，17 日 08 时，重庆位于急流轴的西北方向，低空急流的建立为暴雨过程带来了充沛的水汽。

4）西南低涡是造成持续强降水的直接天气系统。17 日 08 时 700 hPa 和 850 hPa 图上，四川盆地内（105°E，31°N）已经形成了完整的西南低涡，受副高阻塞，西南低涡沿东北方向小幅移动，其后的 36 h，低涡中心维持，风场仍维持气旋性辐合环流，但位势高度缓慢上升。

5）地面图上重庆为热低压控制。

（5）天气分析图

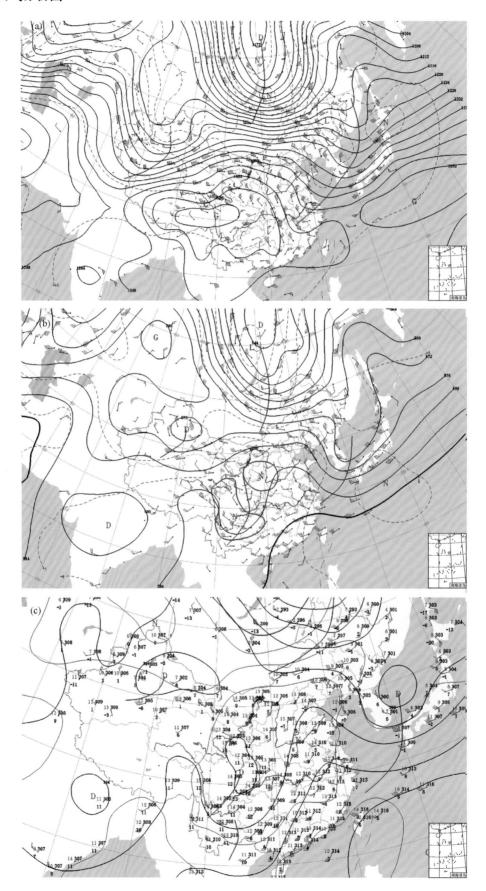

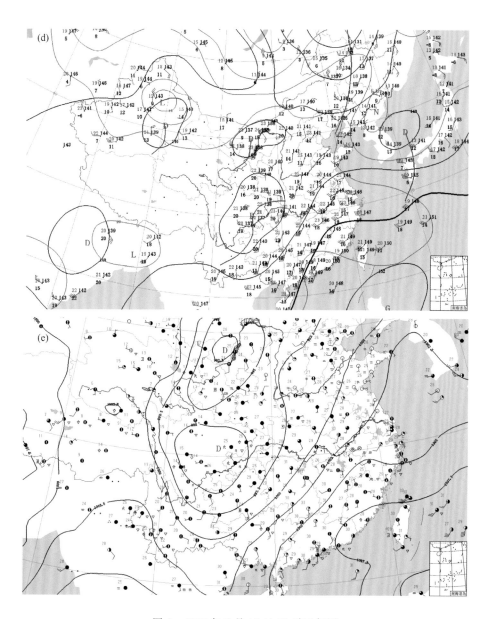

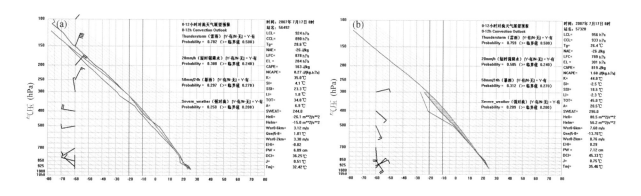

图 2　2007 年 7 月 17 日 08 时天气图

（a）200 hPa；（b）500 hPa；（c）700 hPa；（d）850 hPa；（e）地面

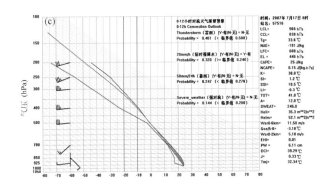

图 3　2007 年 7 月 17 日 08 时探空

（a）宜宾（降水中）；（b）达州（降水中）；（c）沙坪坝（降水中）

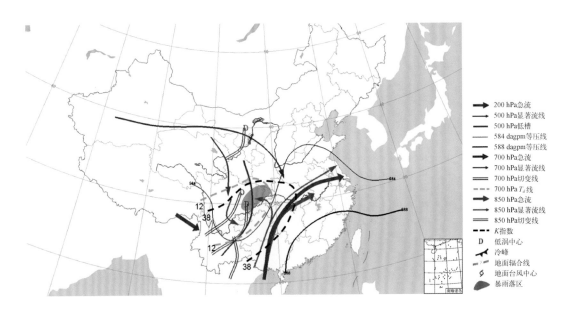

图 4　2007 年 7 月 17 日 08 时综合分析图

（6）卫星云图

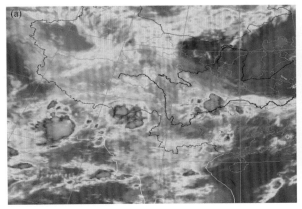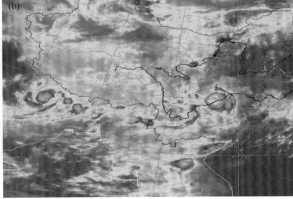

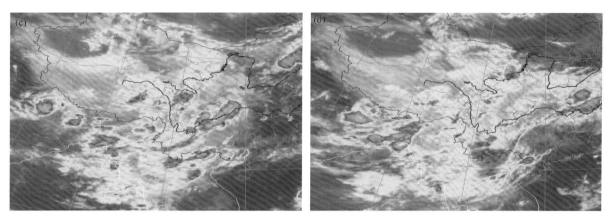

图 5　2007 年 7 月 16—19 日红外卫星云图

(a) 16 日 08 时；(b) 17 日 08 时；(c) 18 日 08 时；(d) 19 日 08 时

(7) 物理量分析

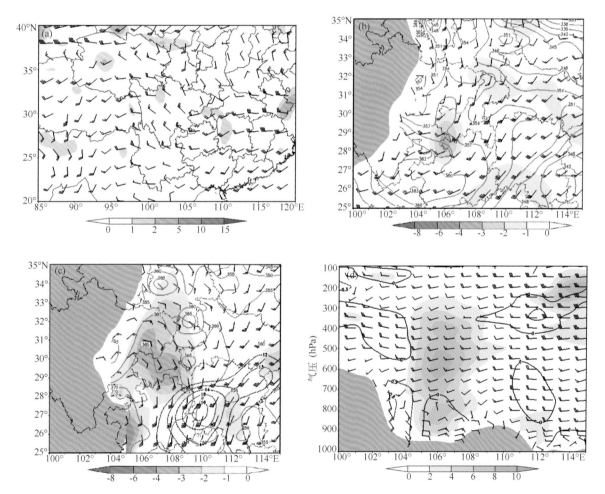

图 6　2007 年 7 月 16 日 20 时

(a) 500 hPa 风场（羽状风矢量，单位：m/s）和涡度平流（蓝色阴影，单位：$10^{-10}\,s^{-2}$）；(b) 700 hPa 水汽通量散度（蓝色阴影，单位：$10^{-9}\,g/(cm^2 \cdot hPa \cdot s)$）和假相当位温（红色实线，单位：K）；(c) 850 hPa 水汽通量散度（蓝色阴影，单位：$10^{-9}\,g/(cm^2 \cdot hPa \cdot s)$）、假相当位温（红色实线，单位：K）以及全风速（黑色虚线≥12 m/s，单位：m/s）；(d) 垂直速度（黑色等值线，单位：hPa/s）、风场（羽状风矢量，单位：m/s）以及涡度（绿色阴影，单位：$10^{-5}\,s^{-1}$）沿 30°N 纬向一垂直剖面

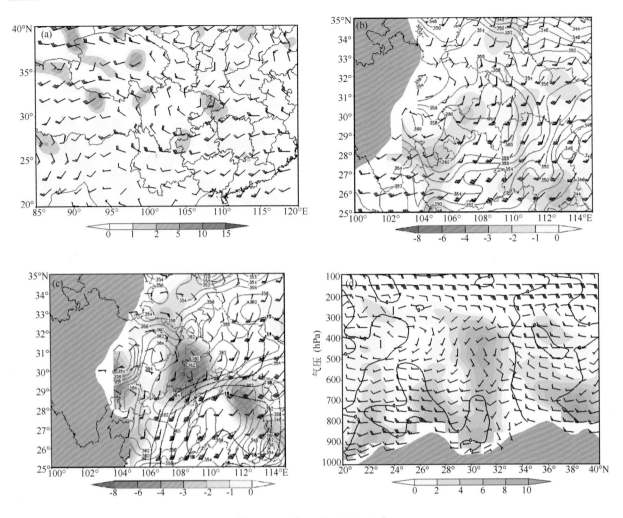

图 7 2007 年 7 月 17 日 08 时

(a) 500 hPa 风场（羽状风矢量，单位：m/s）和涡度平流（蓝色阴影，单位：$10^{-10}\,s^{-2}$）；（b）700 hPa 水汽通量散度（蓝色阴影，单位：$10^{-9}\,g/(cm^2 \cdot hPa \cdot s)$）和假相当位温（红色实线，单位：K）；（c）850 hPa 水汽通量散度（蓝色阴影，单位：$10^{-9}\,g/(cm^2 \cdot hPa \cdot s)$）、假相当位温（红色实线，单位：K）以及全风速（黑色虚线$\geqslant 12$ m/s，单位：m/s）；（d）垂直速度（黑色等值线，单位：hPa/s）、风场（羽状风矢量，单位：m/s）以及涡度（绿色阴影，单位：$10^{-5}\,s^{-1}$）沿 106°E 经向一垂直剖面

物理量分析：7 月 16 日 20 时，500 hPa 上空重庆为正的涡度平流，中部为正涡度平流大值区，量值约在 $1 \times 10^{-10}\,s^{-2}$ 以上。700 hPa 上长江沿岸及以北地区都为水汽辐合大值区，重庆西部水汽辐合较强，水汽通量散度最大值达到 $-4 \times 10^{-9}\,g/(cm^2 \cdot hPa \cdot s)$ 左右。850 hPa 上，切变辐合线位于重庆西部地区，其附近存在一高能湿舌，贵州—湖南一带低空急流强盛，最大风速达到 16 m/s 以上，整个重庆中西部地区都为水汽辐合大值区，水汽通量散度最大值达到 $-4 \times 10^{-9}\,g/(cm^2 \cdot hPa \cdot s)$ 左右。此外，沿 30°N 纬向一垂直剖面图上显示降水区域低层到 200 hPa 都为正的涡度层，最大涡度层位于 600 hPa 上，最大涡度值达 $8 \times 10^{-5}\,s^{-1}$ 左右，同时降水区垂直上升运动较弱，垂直速度值约 -0.3 hPa/s 左右。

17 日 08 时，500 hPa 上空重庆东北正的涡度平流明显增大，最大值达到 $5 \times 10^{-10}\,s^{-2}$ 左右，而西部逐渐转为负的涡度平流。700 hPa 重庆西部依然为水汽通量大值区，水汽辐合较强，散度增大至 $-2 \times 10^{-9}\,g/(cm^2 \cdot hPa \cdot s)$。850 hPa 上，低空急流继续维持并向北延伸，重庆东部水汽通量散度较大，值为 $-6 \times 10^{-9}\,g/(cm^2 \cdot hPa \cdot s)$ 以上。106°E 经向一垂直剖面图上降水区存在一垂直涡度柱，涡度最大值达 $8 \times 10^{-5}\,s^{-1}$ 左右，此时垂直上升运动明显增强，垂直速度量值增大，为 -0.3 hPa/s 以上。

个例 32 2008 年 6 月 15 日暴雨

（1）暴雨时段

2008 年 6 月 14 日 20 时—15 日 20 时。

（2）雨情描述

2008 年 6 月 14 日夜间至 15 日白天，重庆市出现了一次区域暴雨天气过程，西部地区普降暴雨到大暴雨，中东部地区小到中雨、局部大雨到暴雨。

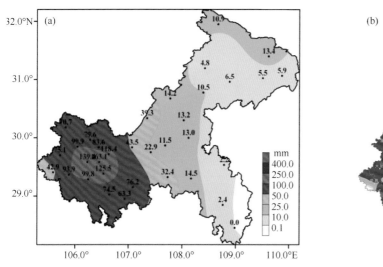 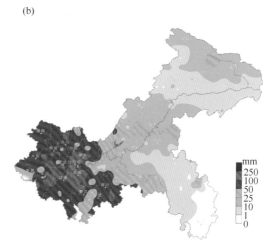

图 1 雨量分布图（单位：mm）

（a）2008 年 6 月 14 日 20 时—15 日 20 时国家站雨量；（b）2008 年 6 月 14 日 20 时—15 日 20 时区域站雨量

（3）灾情描述

此次区域暴雨天气过程造成大足、合川、巴南、沙坪坝、永川、渝北、潼南、万盛等地受灾，受灾人口达 15.9 万人，其中失踪 1 人（沙坪坝），受伤 1 人，转移安置 5000 人；农作物受灾 2.05 万 hm²，成灾 48 hm²，绝收 41.4 hm²；房屋损坏 1438 间，倒塌 389 间；直接经济损失 6399 万元，其中农业经济损失 1400 万元。

（4）形势分析

影响系统：高空槽、西南涡、冷锋

1）2008 年 6 月 15 日 08 时，暴雨处于发展过程，500 hPa 上，中高纬地区维持"两槽一脊"的环流形势，从贝湖延伸到盆地的偏北风携带冷空气南下，高空弱冷平流的侵入，有利于强降水的触发；高空槽东移至盆地中部，重庆市地区受槽前西南急流控制。

2）15 日 08 时，700 hPa 甘肃到盆地北部有较强冷平流，切变线受冷平流作用东移到重庆西部，形成低涡，低涡东侧的较强西南气流为暴雨区输送了充沛的水汽；15 日 08 时，850 hPa 西南涡在重庆西南部维持，其东侧的偏东风带来暖湿气流。重庆市西部中低层处于强烈的辐合抬升区。

3）15 日 08 时，地面冷锋压在盆地东南部，影响重庆市中西部。

（5）天气分析图

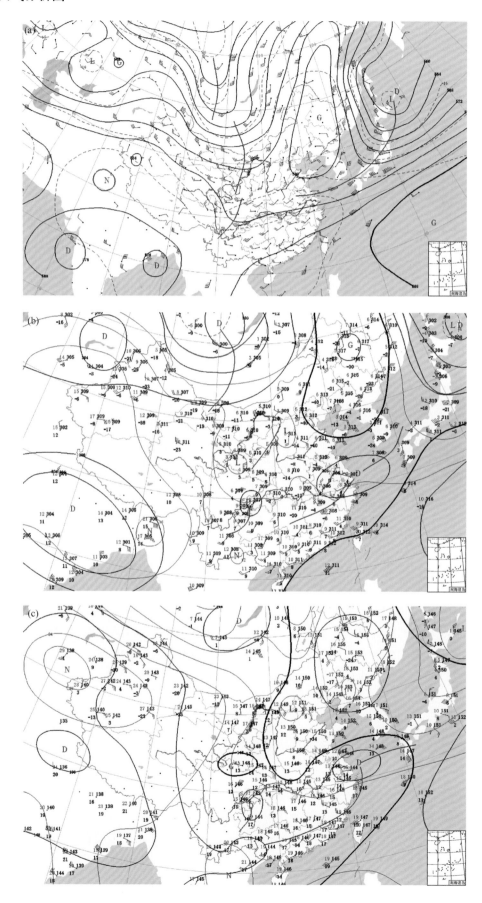

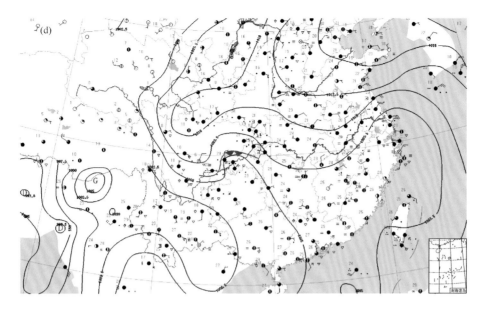

图 2　2008 年 6 月 15 日 08 时天气图

（a）500 hPa；（b）700 hPa；（c）850 hPa；（d）地面

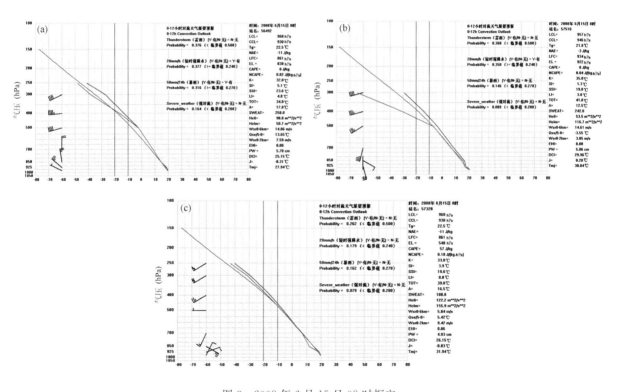

图 3　2008 年 6 月 15 日 08 时探空

（a）宜宾（降水中）；（b）沙坪坝（降水中）；（c）达州（降水中）

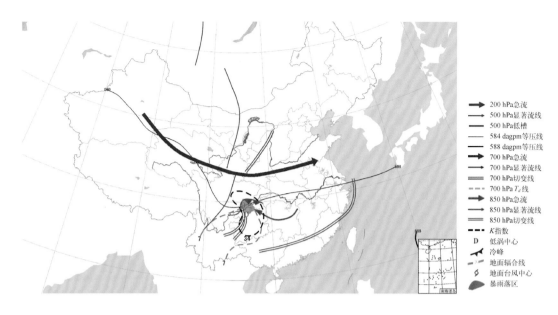

➡	200 hPa急流
→	500 hPa显著流线
━	500 hPa低槽
─	584 dagpm等压线
─	588 dagpm等压线
➡	700 hPa急流
→	700 hPa显著流线
━	700 hPa切变线
┅	700 hPa T_d 线
➡	850 hPa急流
→	850 hPa显著流线
━	850 hPa切变线
┅	K指数
D	低涡中心
⚐	冷锋
⤬	地面辐合线
⚐	地面台风中心
◢	暴雨落区

图 4 2008 年 6 月 15 日 08 时综合分析图

（6）卫星云图

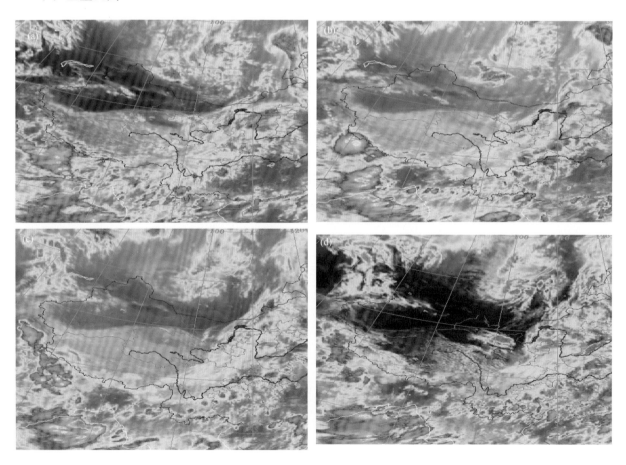

图 5 2008 年 6 月 14—15 日红外云图

（a）14 日 20 时；（b）15 日 02 时；（c）15 日 08 时；（d）15 日 14 时

（7）物理量分析

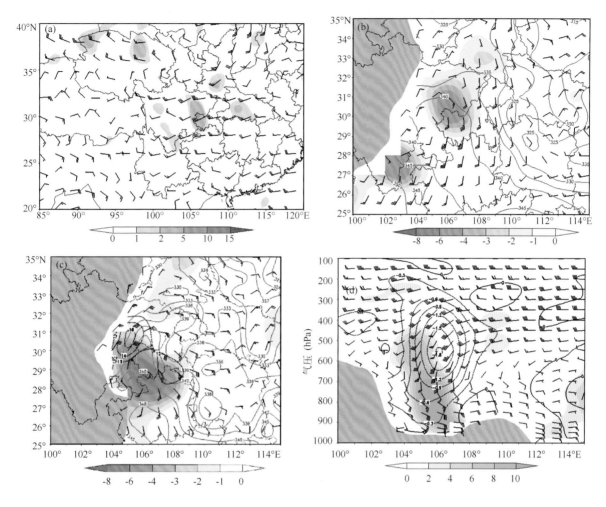

图 6　2008 年 6 月 15 日 02 时（北京时）

（a）500 hPa 风场（羽状风矢量，单位：m/s）和涡度平流（蓝色阴影，单位：$10^{-10}\,s^{-2}$）；（b）700 hPa 水汽通量散度（蓝色阴影，单位：$10^{-9}\,g/(cm^2 \cdot hPa \cdot s)$）和假相当位温（红色实线，单位：K）；（c）850 hPa 水汽通量散度（蓝色阴影，单位：$10^{-9}\,g/(cm^2 \cdot hPa \cdot s)$）、假相当位温（红色实线，单位：K）以及全风速（黑色虚线≥12 m/s，单位：m/s）；（d）垂直速度（黑色等值线，单位：hPa/s）、风场（羽状风矢量，单位：m/s）以及涡度（绿色阴影，单位：$10^{-5}\,s^{-1}$）沿 30°N 纬向—垂直剖面

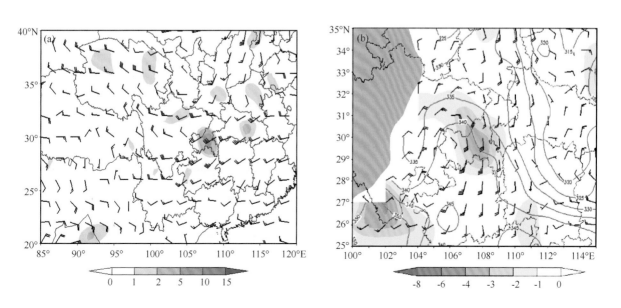

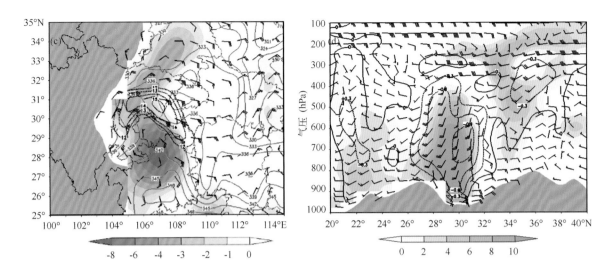

图 7   2008 年 6 月 15 日 08 时

(a) 500 hPa 风场（羽状风矢量，单位：m/s）和涡度平流（蓝色阴影，单位：$10^{-10}\,\mathrm{s}^{-2}$）；（b）700 hPa 水汽通量散度（蓝色阴影，单位：$10^{-9}\,\mathrm{g/(cm^2 \cdot hPa \cdot s)}$）和假相当位温（红色实线，单位：K）；（c）850 hPa 水汽通量散度（蓝色阴影，单位：$10^{-9}\,\mathrm{g/(cm^2 \cdot hPa \cdot s)}$）、假相当位温（红色实线，单位：K）以及全风速（黑色虚线 $\geqslant 12$ m/s，单位：m/s）；（d）垂直速度（黑色等值线，单位：hPa/s）、风场（羽状风矢量，单位：m/s）以及涡度（绿色阴影，单位：$10^{-5}\,\mathrm{s}^{-1}$）沿 106°E 经向一垂直剖面

物理量分析：6 月 15 日 02 时，500 hPa 上空重庆西部为正涡度平流大值区，量值在 $2\times10^{-10}\,\mathrm{s}^{-2}$ 以上。700 hPa 上偏南风较强，重庆西部存在风速的辐合，水汽辐合较强，水汽通量散度最大值达到 $-5\times10^{-9}\,\mathrm{g/(cm^2 \cdot hPa \cdot s)}$ 左右。850 hPa 上，来自北方强盛的东风气流与来自南方的暖湿气流在四川盆地东南部形成低涡辐合环流，低涡顶部重庆西部存在一高能湿舌，水汽辐合较强，水汽通量散度最大值达到 $-6\times10^{-9}\,\mathrm{g/(cm^2 \cdot hPa \cdot s)}$ 左右。此外，沿 30°N 纬向一垂直剖面图上显示降水区域中低层都为为正的涡度层，最大涡度层位于 800 hPa 上，最大涡度值达 $10\times10^{-5}\,\mathrm{s}^{-1}$ 左右，同时降水区域内整层都为强的垂直上升运动，垂直速度最大值达到 -1.8 hPa/s 左右，中心位于 600 hPa。

15 日 08 时，500 hPa 上空重庆正的涡度平流大值区移至中部，最大值为 $5\times10^{-10}\,\mathrm{s}^{-2}$ 左右。700 hPa 重庆中部水汽通量散度较大，水汽辐合较强，水汽通量散度最大值达到 $-4\times10^{-9}\,\mathrm{g/(cm^2 \cdot hPa \cdot s)}$ 左右。850 hPa 上，低涡环流中心略向东移动，偏东风急流继续维持，最大风速达到 15 m/s 以上，此时，重庆西部依然为水汽辐合的大值区，值约在 $-5\times10^{-9}\,\mathrm{g/(cm^2 \cdot hPa \cdot s)}$ 以上。106°E 经向一垂直剖面图上降水区存在一垂直涡度柱，涡度最大值达到 $10\times10^{-5}\,\mathrm{s}^{-1}$ 左右，垂直速度量值略有减小，为 -0.9 hPa/s，中心位于 700 hPa。

个例33　2008年7月21日暴雨

(1) 暴雨时段

2008年7月21日20时—22日20时。

(2) 雨情描述

2008年7月21日夜间至22日白天，重庆市出现了一次区域暴雨天气过程，西部偏东及中东部大部地区普降大雨到暴雨，局部达大暴雨，其余地区小到中雨。

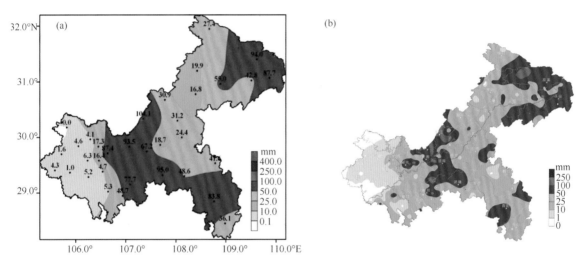

图1　雨量分布图（单位：mm）

(a) 2008年7月21日20时—22日20时国家站雨量；(b) 2008年7月21日20时—22日20时区域站雨量

(3) 灾情描述

此次过程造成垫江、奉节、梁平、巫溪、涪陵、南川、武隆、渝北、酉阳等地受灾，受灾人口达63.4万人，其中死亡1人（酉阳），转移安置4099人；农作物受灾2.8万 hm²，成灾4643 hm²，绝收3332 hm²；房屋损坏2441间，倒塌846间；公路受损362.5 km；死亡大牲畜94头；造成直接经济损失1.15亿元，其中农业经济损失3056万元。

(4) 形势分析

影响系统：高空槽、西南涡、低空急流。

1）20日20时，500 hPa西北涡在青海东部生成，向东移动，低涡底部的低槽东移加深。21日08时，盆地上空形成"北涡南槽"的环流形势，在槽前正涡度平流的作用下，低层减压，700 hPa和850 hPa上盆地中部有西南涡生成。

2）20—22日中低层西南气流明显加强，低空急流在西南涡东侧稳定维持，充沛的水汽和不稳定能量源源不断地向重庆上空输送。

3）暴雨发生前，盆地内处于高温高湿的状态，21日20时沙坪坝探空显示重庆上空CAPE值达到1965 J/kg，大气层结极不稳定。

4）地面图上四川盆地大部为热低压控制，东北部有弱的冷空气回流。

（5）天气分析图

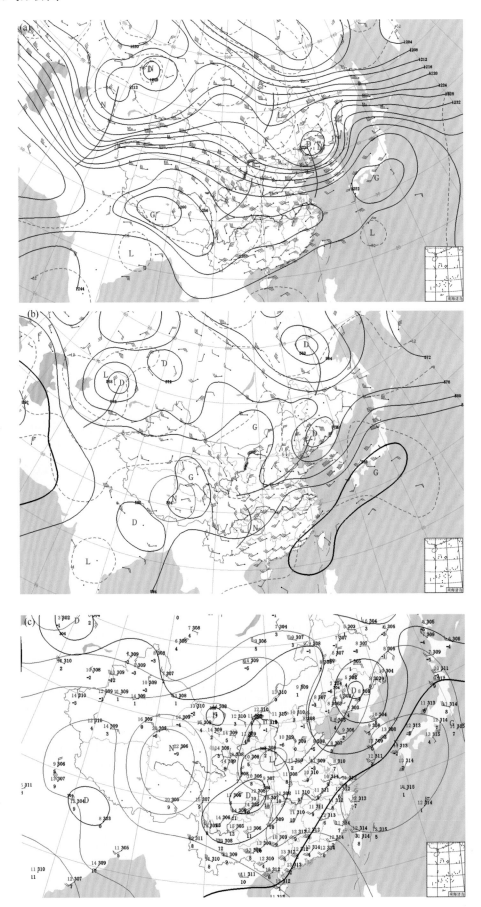

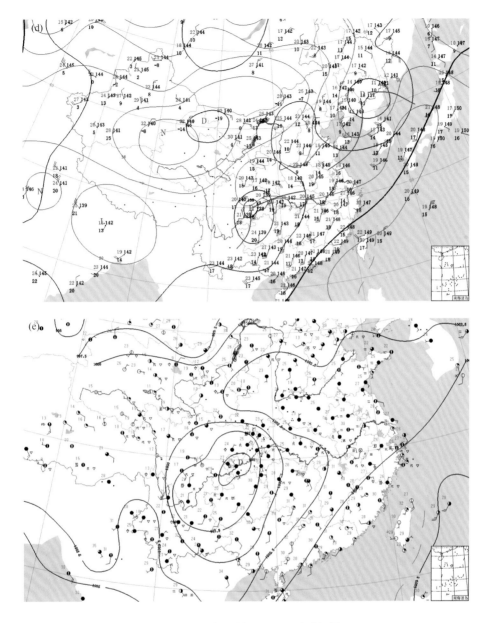

图2　2008年7月21日20时天气图

(a) 200 hPa；(b) 500 hPa；(c) 700 hPa；(d) 850 hPa；(e) 地面

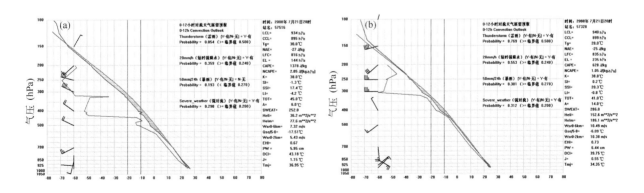

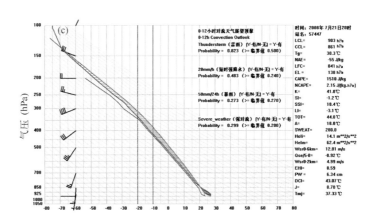

图 3　2008 年 7 月 21 日 20 时探空

（a）沙坪坝（降水中）；（b）达州（降水中）；（c）恩施（降水中）

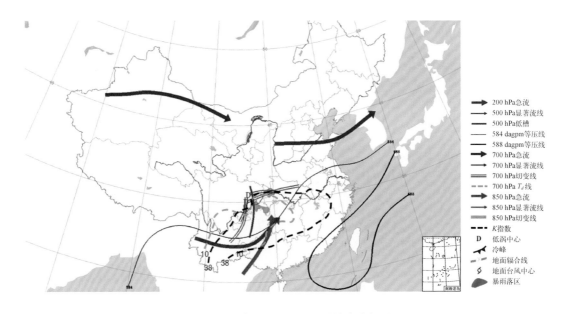

图 4　2008 年 7 月 21 日 20 时综合分析图

（6）卫星云图

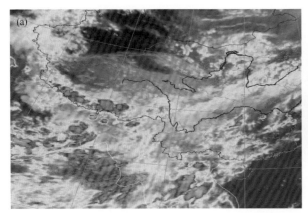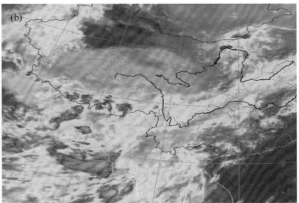

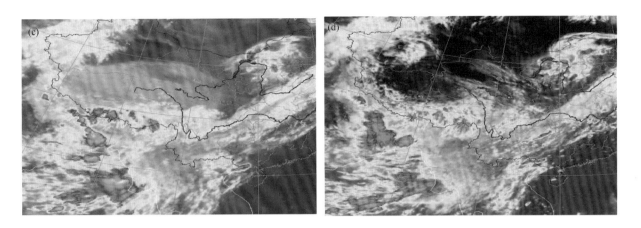

图 5　2007 年 7 月 21—22 日红外卫星云图

(a) 21 日 20 时；(b) 22 日 02 时；(c) 22 日 08 时；(d) 22 日 14 时

（7）物理量分析

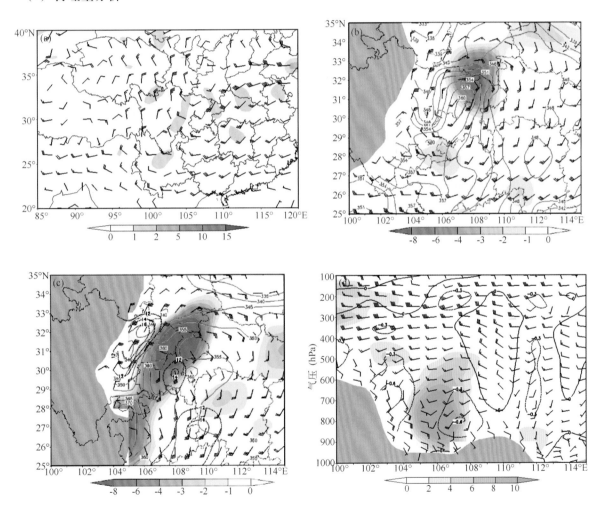

图 6　2008 年 7 月 21 日 20 时

（a）500 hPa 风场（羽状风矢量，单位：m/s）和涡度平流（蓝色阴影，单位：$10^{-10}\,s^{-2}$）；（b）700 hPa 水汽通量散度（蓝色阴影，单位：$10^{-9}\,g/(cm^2\cdot hPa\cdot s)$）和假相当位温（红色实线，单位：K）；（c）850 hPa 水汽通量散度（蓝色阴影，单位：$10^{-9}\,g/(cm^2\cdot hPa\cdot s)$）、假相当位温（红色实线，单位：K）以及全风速（黑色虚线≥12 m/s，单位：m/s）；（d）垂直速度（黑色等值线，单位：hPa/s）、风场（羽状风矢量，单位：m/s）以及涡度（绿色阴影，单位：$10^{-5}\,s^{-1}$）沿 30°N 纬向一垂直剖面

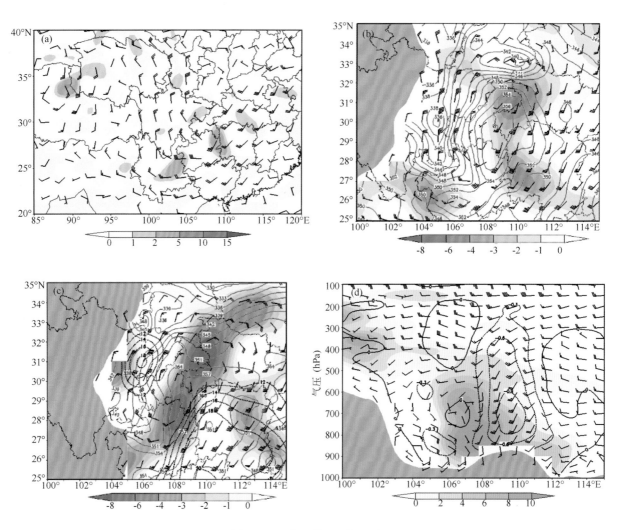

图7 2008年7月22日08时

(a) 500 hPa 风场（羽状风矢量，单位：m/s）和涡度平流（蓝色阴影，单位：$10^{-10}\,s^{-2}$）；(b) 700 hPa 水汽通量散度（蓝色阴影，单位：$10^{-9}\,g/(cm^2 \cdot hPa \cdot s)$）和假相当位温（红色实线，单位：K）；(c) 850 hPa 水汽通量散度（蓝色阴影，单位：$10^{-9}\,g/(cm^2 \cdot hPa \cdot s)$）、假相当位温（红色实线，单位：K）以及全风速（黑色虚线$\geqslant 12\,m/s$，单位：m/s）；(d) 垂直速度（黑色等值线，单位：hPa/s）、风场（羽状风矢量，单位：m/s）以及涡度（绿色阴影，单位：$10^{-5}\,s^{-1}$）沿30°N纬向—垂直剖面

　　物理量分析：7月21日20时，500 hPa上空重庆东部为正的涡度平流，量值为$1 \times 10^{-10}\,s^{-2}$左右。700 hPa上四川盆地东北部存在低涡辐合环流，其前部重庆东北部为水汽通量散度大值区，水汽辐合较强，量值达到为$-8 \times 10^{-9}\,g/(cm^2 \cdot hPa \cdot s)$。850 hPa上，来自北方强盛的东风气流与来自南方的暖湿气流在四川盆地东部形成辐合切变线，切变线前部重庆大部分地区都为水汽辐合的大值区，水汽通量散度最大值达到$-8 \times 10^{-9}\,g/(cm^2 \cdot hPa \cdot s)$左右。此外，沿30°N纬向—垂直剖面图上显示降水区域中低层为较强垂直上升运动，量值为$-0.6\,hPa/s$。

　　22日08时，500 hPa上空重庆中部及东南部为正的涡度平流区，最大值约为$2 \times 10^{-10}\,s^{-2}$左右。700 hPa上重庆存在低涡切变辐合，东北部水汽辐合较强，水汽通量散度最大值达$-4 \times 10^{-9}\,g/(cm^2 \cdot hPa \cdot s)$。850 hPa上，东风急流继续维持并略向南侵入，最大风速增大至18 m/s，贵州—湖南一带为西南低空急流，两股气流在重庆东南部形成低涡辐合环流，受其影响重庆大部分地区都为水汽辐合大值区，水汽通量散度最大值达到$-8 \times 10^{-9}\,g/(cm^2 \cdot hPa \cdot s)$。30°N纬向—垂直剖面图上降水区存在一垂直涡度柱，涡度最大值增大至$8 \times 10^{-5}\,s^{-1}$，垂直速度大值中心值为$-0.9\,hPa/s$。

个例34　2008年8月2日暴雨

（1）暴雨时段

2008年8月1日20时—4日08时。

（2）雨情描述

2008年8月1日夜间至3日夜间，重庆市出现了一次区域暴雨天气过程，西部局部、中部大部、东北部局部及东南部部分地区出现大雨到暴雨，中东部局部地区达大暴雨，其余地区小到中雨。

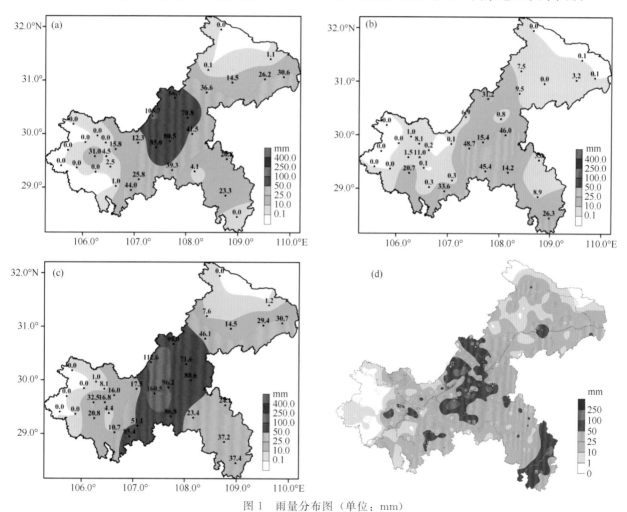

图1　雨量分布图（单位：mm）

（a）2008年8月1日20时—2日20时；（b）2008年8月2日20—3日20时；（c）2008年8月1日20时—4日08时国家站过程总雨量；（d）2008年8月1日20时—4日08时区域站过程总雨量

（3）灾情描述

此次过程造成垫江、丰都、涪陵等地受灾，受灾人口达60.3万人，其中失踪1人（垫江），转移安置617人；农作物受灾2.0万hm²，成灾2195.8 hm²，绝收636.5 hm²；房屋损坏1117间，倒塌249间；公路受损295.0 km；死亡大牲畜41头；造成直接经济损失6806.6元，其中农业经济损失

1880.6 万元

（4）形势分析

影响系统：高原短波槽、低空切变线、西南涡

1）2008 年 8 月 2 日 08 时 500 hPa 我国东北到华北有一低压槽，副热带高压脊线在 28℃ N 附近，588 dagpm 线控制华东沿海，青藏高原东部到四川盆地为东移的短波槽区，重庆上空风场呈气旋性幅合。

2）2008 年 8 月 2 日 08 时 700 hPa 重庆长江沿岸有一低空切变线，850 hPa 重庆西部为幅合区。

3）地面图上四川盆地西北部有弱冷空气侵入。

（5）天气分析图

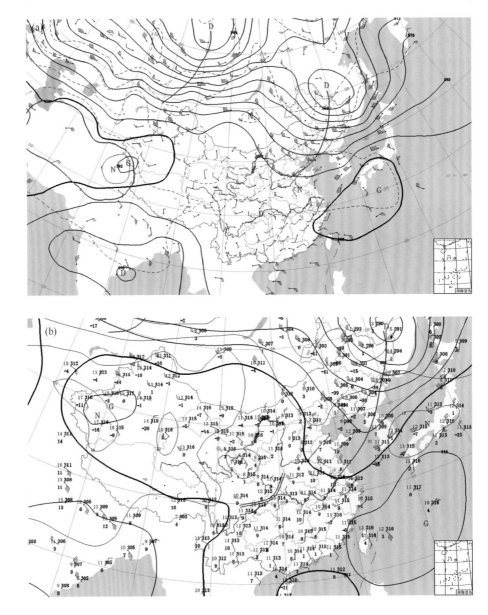

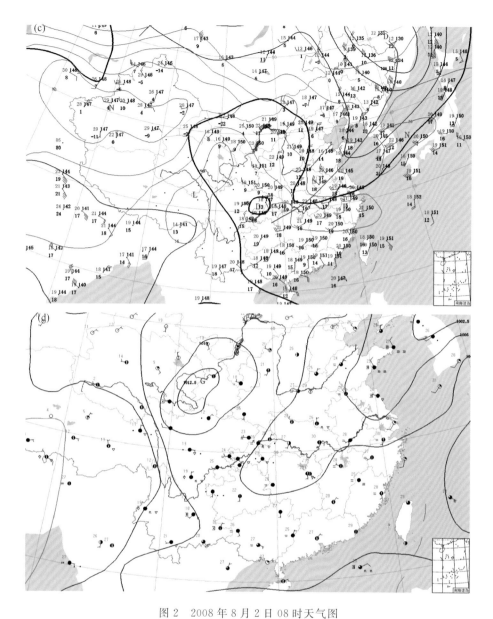

图 2 2008 年 8 月 2 日 08 时天气图

(a) 500 hPa；(b) 700 hPa；(c) 850 hPa；(d) 地面

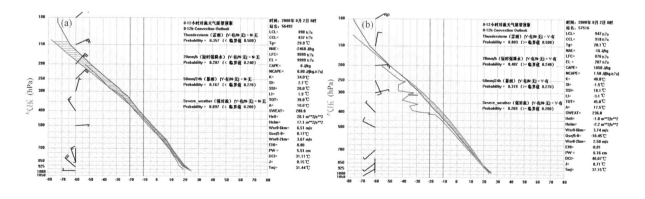

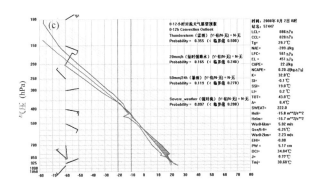

图3 2008年8月2日08时探空

(a) 宜宾（降水中）；(b) 沙坪坝（降水中）；(c) 恩施（降水中）

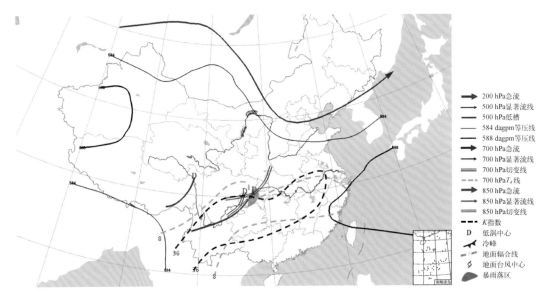

图4 2008年8月2日08时综合分析图

(6) 卫星云图

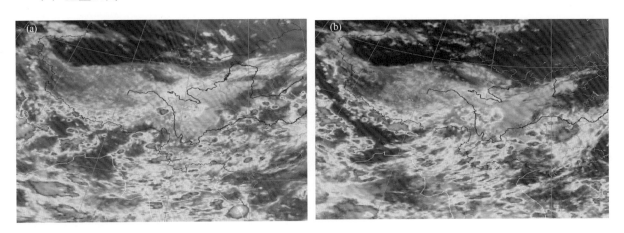

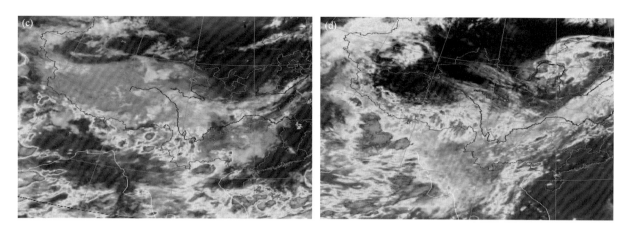

图 5　2008 年 8 月 1—4 日红外卫星云图

（a）1 日 20 时；（b）2 日 20 时；（c）3 日 20 时；（d）4 日 08 时

（7）物理量分析

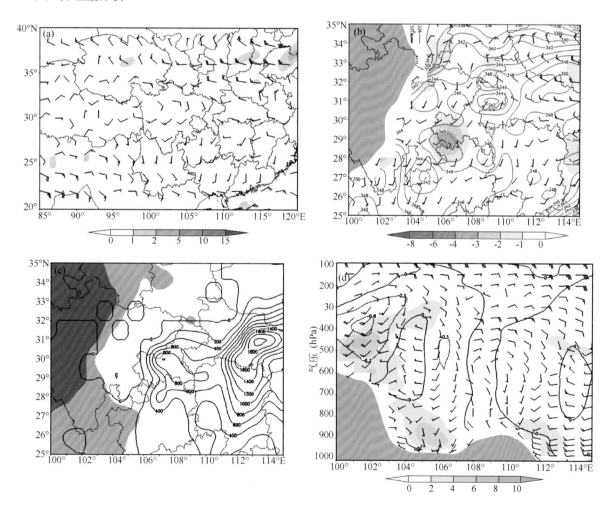

图 6　8 月 2 日 08 时

（（a）500 hPa 风场（羽状风矢量，单位：m/s）和涡度平流（蓝色阴影，单位：$10^{-10}\,s^{-2}$）；（b）700 hPa 水汽通量散度（蓝色阴影，单位：$10^{-9}\,g/cm^2 \cdot hPa \cdot s$）和假相当位温（红色实线，单位：K）；（c）CAPE（等值线，单位：J/kg）；（d）垂直速度（黑色等值线，单位：hPa/s）、风场（羽状风矢量，单位：m/s）以及涡度（绿色阴影，单位：$10^{-5}\,s^{-1}$）沿 30°N 纬向—垂直剖面

物理量分析：8 月 2 日 08 时，500 hPa 上空重庆中部为正的涡度平流，量值为 $1 \times 10^{-10} \, \mathrm{s^{-2}}$ 左右。700 hPa 重庆西部水汽辐合较强，水汽通量散度最大可达 $-4 \times 10^{-9} \, \mathrm{g/(cm^2 \cdot hPa \cdot s)}$ 左右。沿 30°N 纬向—垂直剖面图上显示降水区域中低层都为正涡度层，涡度值最大达 $4 \times 10^{-5} \mathrm{s^{-1}}$ 左右，降水区为垂直上升运动，垂直速度大值中心位于高层 500 hPa 上，量值为 $-0.3 \, \mathrm{hPa/s}$。此外，重庆降水区 CAPE 值基本都在 500 J/kg 以上，中部强降水地区达到了 800 J/kg 左右。

个例 35　2009 年 6 月 19 日暴雨

（1）暴雨时段

2009 年 6 月 19 日 08 时—20 日 20 时。

（2）雨情描述

2009 年 6 月 19 日白天至 20 日白天，重庆市出现了一次区域暴雨天气过程，西部偏东地区、中部部分地区及东北部偏南地区出现大雨到暴雨，部分地区达大暴雨，其余地区小到中雨。

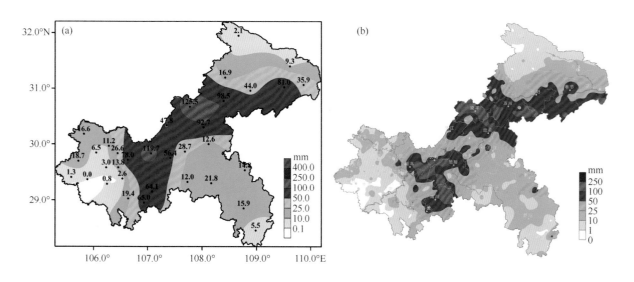

图 1　雨量分布图（单位：mm）

（a）2009 年 6 月 19 日 08 时—20 日 20 时国家站过程总雨量；（b）2009 年 6 月 19 日 08 时—20 日 20 时区域站过程总雨量

（3）灾情描述

此次区域暴雨天气过程造成巴南、涪陵、南川、渝北、云阳、奉节、梁平、万州、石柱、忠县、长寿等地受灾，受灾人口达 103.4 万人，其中死亡 7 人，失踪 3 人，受伤 9 人，转移安置 5707 人，农作物受灾 5.6 万 hm²、绝收 1538 hm²，房屋损坏 9839 间、倒塌 2882 间，直接经济损失 3.9 亿元。

（4）形势分析

影响系统：高空槽、西南涡、低空切变线、地面冷锋

1）6 月 19—20 日，500 hPa 位于贝加尔湖附近的冷涡不断东移南压，携带冷空气南下，重庆受短波槽前西南气流影响，槽线长时间呈东北—西南向压在重庆长江沿岸地区，有利于辐合抬升运动及降水的持续。

2）6 月 19 日 20 时，700 hPa 重庆位于西南涡东侧，显著西南气流的存在为暴雨区输送了充沛的水汽；700 hPa 的切变呈东北—西南走向，配合 850 hPa 位于四川东北部到重庆中部的低涡，主要影响重庆长江沿岸中段地区，为强降雨的产生及维持提供了有利的辐合上升条件。

3）中低层有明显冷空气侵入，低空切变线、低涡中心与地面冷锋配合较好，有利于强降水的触发和持续。

（5）天气分析图

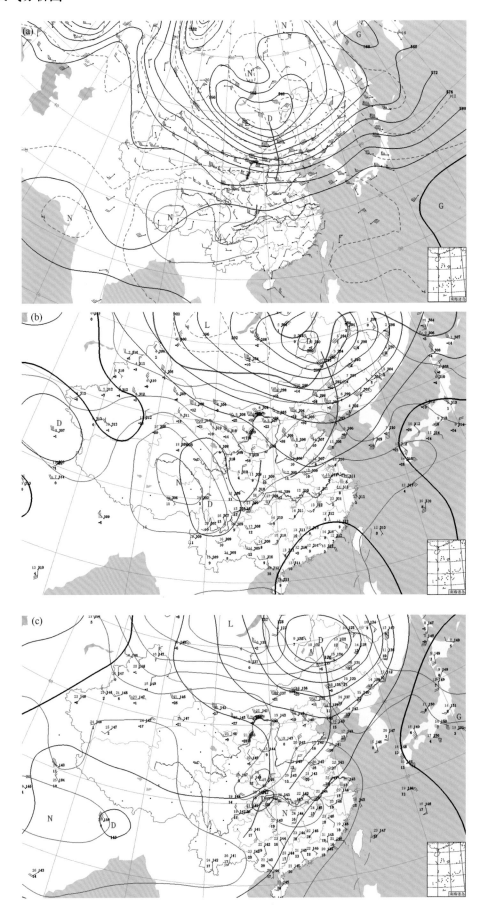

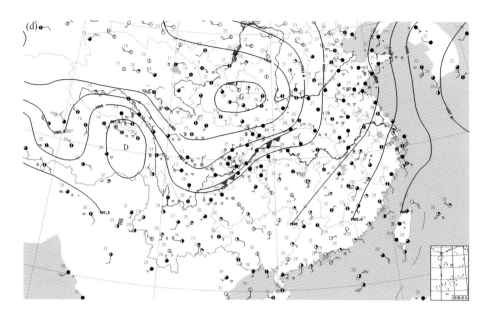

图 2 2009 年 6 月 19 日 20 时天气图

(a) 500 hPa；(b) 700 hPa；(c) 850 hPa；(d) 地面

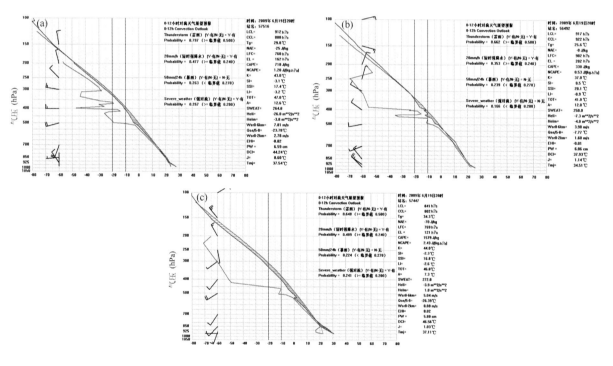

图 3 2009 年 6 月 19 日 20 时探空

(a) 沙坪坝（降水前）；(b) 宜宾（降水中）；(c) 恩施（降水前）

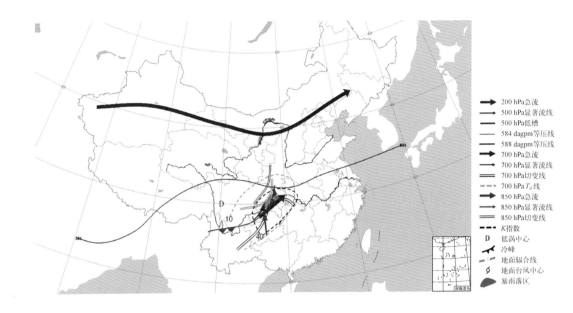

图4　2009年6月19日20时综合分析图

（6）卫星云图

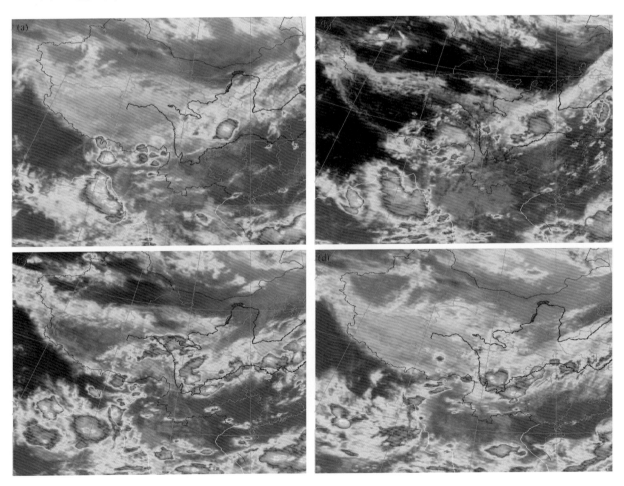

图5　2009年6月19—20日红外卫星云图

(a) 19日08时；(b) 19日14时；(c) 19日20时；(d) 20日02时

（7）物理量分析

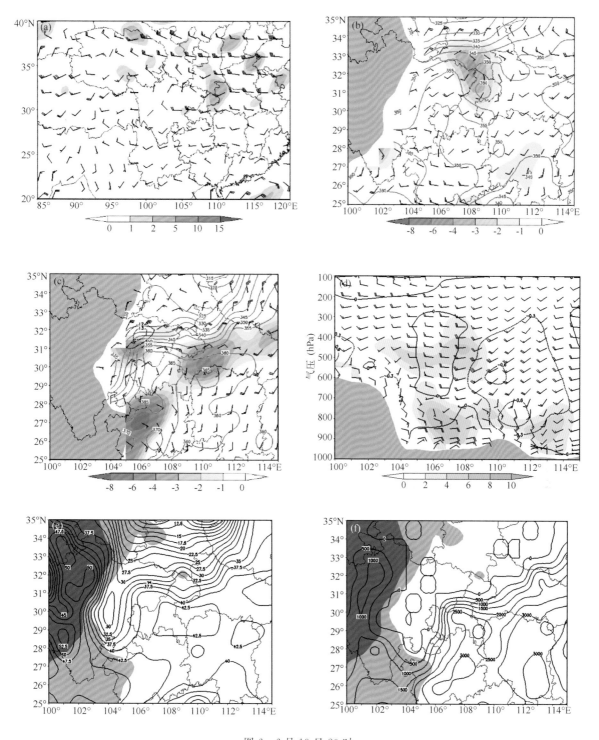

图6 6月19日20时

（a）500 hPa 风场（羽状风矢量，单位：m/s）和涡度平流（蓝色阴影，单位：$10^{-10}\,s^{-2}$）；（b）700 hPa 水汽通量散度（蓝色阴影，单位：$10^{-9}\,g/(cm^2 \cdot hPa \cdot s)$）和假相当位温（红色实线，单位：K）；（c）850 hPa 水汽通量散度（蓝色阴影，单位：$10^{-9}\,g/(cm^2 \cdot hPa \cdot s)$）、假相当位温（红色实线，单位：K）以及全风速（黑色虚线≥12 m/s，单位：m/s）；（d）垂直速度（黑色等值线，单位：hPa/s）、风场（羽状风矢量，单位：m/s）以及涡度（绿色阴影，单位：$10^{-5}\,s^{-1}$）沿31°N纬向—垂直剖面；（e）K值（等值线，单位：℃）；（f）CAPE值（等值线，单位：J/kg）

　　物理量分析：6 月 19 日 20 时，500 hPa 上空重庆中部及东北部为正涡度平流大值区，量值为 $4\times10^{-10}\,s^{-2}$ 左右。700 hPa 上重庆东北部为较大水汽通量散度，最大量值达到 $-4\times10^{-9}\,g/(cm^2\cdot hPa\cdot s)$。850 hPa 上，重庆东部地区都为水汽辐合大值区，水汽通量散度最大值达到 $-4\times10^{-9}\,g/(cm^2\cdot hPa\cdot s)$ 左右。沿 31°N 纬向一垂直剖面图上显示降水区域都为正涡度区，涡度值最大达 $8\times10^{-5}\,s^{-1}$ 左右，降水区为垂直上升运动，垂直速度大值中心位于高层 500 hPa 上，量值为 $-0.3\,hPa/s$。此外，重庆降水区 CAPE 值基本都在 500 J/kg 以上，中部及东南部达到了 2500 J/kg 左右，K 指数更是达到 40℃ 以上。

个例36 2009年6月29日暴雨

（1）暴雨时段

2009年6月27日08时—29日20时。

（2）雨情描述

2009年6月27日白天至29日白天，重庆市出现了一次区域暴雨天气过程，全市大部地区普降大雨到暴雨，中西部局部地区及东北部部分地区达大暴雨，东南部部分地区小到中雨。

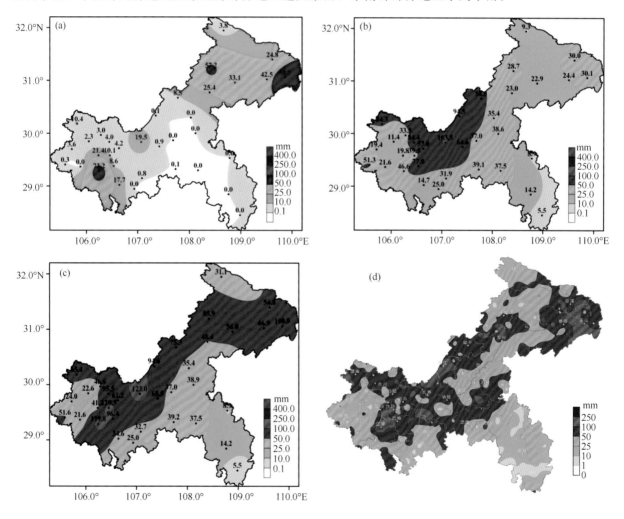

图1 雨量分布图（单位：mm）

（a）2009年6月27日20时—28日20时；（b）2009年6月28日20时—29日20时；（c）2009年6月27日08时—29日20时国家站过程总雨量；（d）2009年6月27日08时—29日20时区域站过程总雨量

（3）灾情描述

此次过程造成巫山、梁平、巫溪、奉节、巴南、丰都、沙坪坝、忠县、渝北、垫江、合川、江津、开县、彭水、潼南、荣昌、涪陵、北碚、万州、石柱等20个区县受灾，受灾人口达108.6万人，其中死亡 3 人、失踪 1 人、受伤 8 人、转移安置 1.3 万人、农作物受灾 4.8 万 hm²、绝收 2112 hm²、房屋损坏 11533 间、倒塌 5144 间，公路受损 211 km，直接经济损失 3.8 亿元。

（4）形势分析

影响系统：高空槽、西南涡、低空急流、冷锋

1）6 月 27—29 日，500 hPa 中高纬度为"两槽一脊"型环流，副热带高压位于华南沿岸地区，高空槽位于内蒙古东部至湖北北部地区，秦岭至青藏高原上空存在一短波槽，短波槽在副热带高压西北侧缓慢东移南压，影响四川盆地，形成强降水。

2）6 月 28 日 20 时，700 hPa 上四川盆地中部西南涡发展，西南涡北侧的切变呈西南—东北走向，降水主要在其南侧。

3）6 月 28 日 20 时，850 hPa 上西南低涡位于重庆南部至贵州南部地区，低涡南侧有明显的低空急流（广西至湖南南部风速达 12 m/s 以上），有利于水汽向北输送。

4）6 月 28 日 20 时地面图上有弱冷空气影响四川盆地。

（5）天气分析图

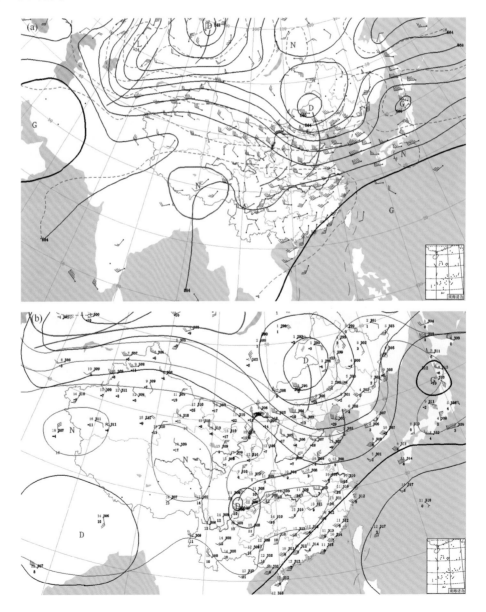

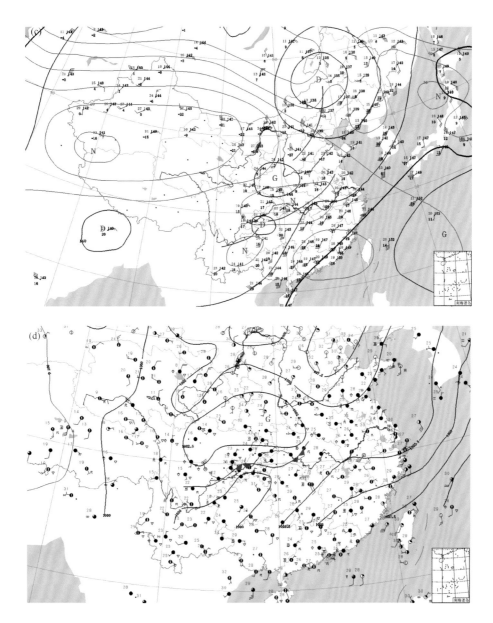

图 2 2009 年 6 月 28 日 20 时天气图

(a) 500 hPa；(b) 700 hPa；(c) 850 hPa；(d) 地面

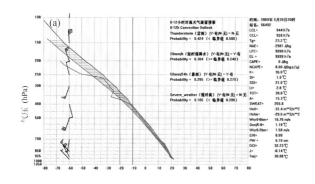

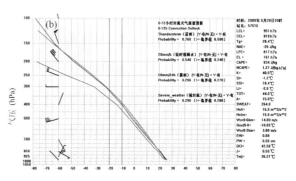

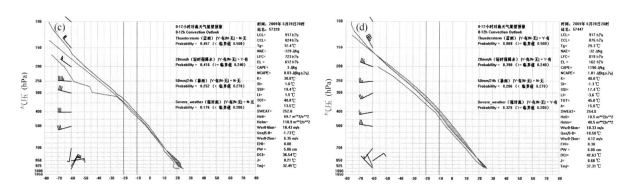

图3　2009年6月28日20时探空

（a）宜宾（降水中）；（b）沙坪坝（降水中）；（c）达州（降水中）；（d）恩施（降水中）

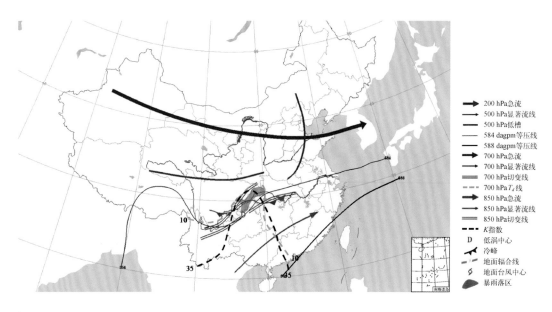

图4　2009年6月28日20时综合分析图

（6）卫星云图

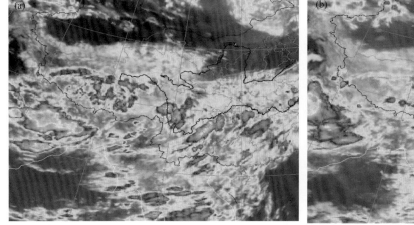

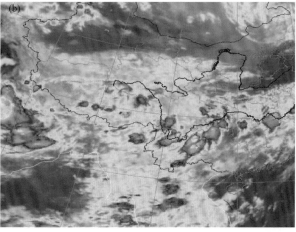

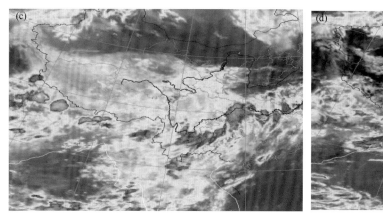
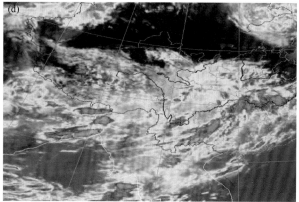

图 5 2009 年 6 月 28—29 日红外卫星云图

(a) 28 日 20 时；(b) 29 日 02 时；(c) 29 日 08 时；(d) 29 日 14 时

（7）物理量分析

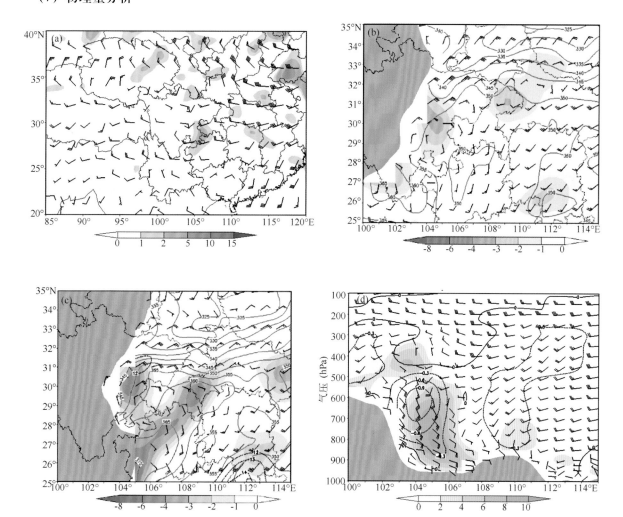

图 6 2009 年 6 月 28 日 20 时

(a) 500 hPa 风场（羽状风矢量，单位：m/s）和涡度平流（蓝色阴影，单位：$10^{-10}\ \mathrm{s}^{-2}$）；(b) 700 hPa 水汽通量散度（蓝色阴影，单位：$10^{-9}\ \mathrm{g}/(\mathrm{cm}^2 \cdot \mathrm{hPa} \cdot \mathrm{s})$）和假相当位温（红色实线，单位：K）；(c) 850 hPa 水汽通量散度（蓝色阴影，单位：$10^{-9}\ \mathrm{g}/(\mathrm{cm}^2 \cdot \mathrm{hPa} \cdot \mathrm{s})$）、假相当位温（红色实线，单位：K）以及全风速（黑色虚线≥12 m/s，单位：m/s）；(d) 垂直速度（黑色等值线，单位：hPa/s）、风场（羽状风矢量，单位：m/s）以及涡度（绿色阴影，单位：$10^{-5}\ \mathrm{s}^{-1}$）沿 29°N 纬向—垂直剖面

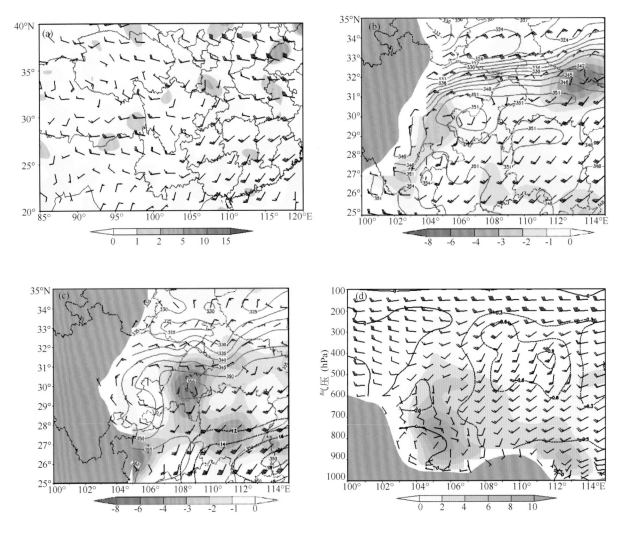

图 7　2009 年 6 月 29 日 08 时

(a) 500 hPa 风场（羽状风矢量，单位：m/s）和涡度平流（蓝色阴影，单位：$10^{-10}\,\mathrm{s}^{-2}$）；(b) 700 hPa 水汽通量散度（蓝色阴影，单位：$10^{-9}\,\mathrm{g/(cm^2 \cdot hPa \cdot s)}$）和假相当位温（红色实线，单位：K）；(c) 850 hPa 水汽通量散度（蓝色阴影，单位：$10^{-9}\,\mathrm{g/(cm^2 \cdot hPa \cdot s)}$）、假相当位温（红色实线，单位：K）以及全风速（黑色虚线 $\geqslant 12$ m/s，单位：m/s）；(d) 垂直速度（黑色等值线，单位：hPa/s）、风场（羽状风矢量，单位：m/s）以及涡度（绿色阴影，单位：$10^{-5}\,\mathrm{s}^{-1}$）沿 29°N 纬向—垂直剖面

　　物理量分析：6 月 28 日 20 时，500 hPa 上空重庆西部为正的涡度平流大值区，量值为 $2\times10^{-10}\,\mathrm{s}^{-2}$ 以上。700 hPa 上四川盆地东南部存在低涡辐合回流，重庆西部及东南部的水汽通量散度较大，为 $-4\times10^{-9}\,\mathrm{g/(cm^2 \cdot hPa)}$。850 hPa 上，低涡辐合环流位于重庆西部偏西地区，重庆中西部及东部地区都为水汽辐合大值区，水汽通量散度最大值达到 $-6\times10^{-9}\,\mathrm{g/(cm^2 \cdot hPa \cdot s)}$。此外，沿 29°N 纬向—垂直剖面图上显示降水区域中低层为正的涡度层，最大涡度值达 $10\times10^{-5}\,\mathrm{s}^{-1}$ 左右，降水区中低层都为垂直上升运动，垂直速度大值中心位于高层 600 hPa 上，量值为 -0.9 hPa/s。

　　29 日 08 时，500 hPa 上空重庆都为正的涡度平流区，值较小仅为 $1\times10^{-10}\,\mathrm{s}^{-2}$ 左右。700 hPa 上四川盆地东南部为低涡辐合环流维持，其附近水汽通量散度增大至 $-2\times10^{-9}\,\mathrm{g/(cm^2 \cdot hPa \cdot s)}$ 左右。850 hPa 上，重庆西部仍维持低涡辐合环流，低涡前部重庆东部为水汽通量散度大值区，最大值为 $-8\times10^{-9}\,\mathrm{g/(cm^2 \cdot hPa \cdot s)}$ 左右。沿 29°N 纬向—垂直剖面图上降水区都为正涡度层，涡度最大值增大至 $8\times10^{-5}\,\mathrm{s}^{-1}$ 左右，垂直速度大值中心位于高层 600 hPa 上，量值为 -0.9 hPa/s。CAPE 值的时间演变也可以看出，28 日 20 时—29 日 08 时降水区降水区的 CAPE 值较小，仅为 400 J/kg 左右。

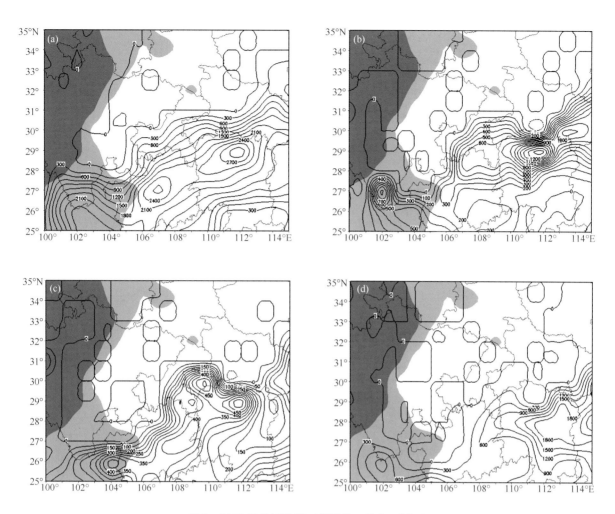

图 8　2009 年 CAPE 值（等值线，单位：J/kg）

（a）28 日 20 时；（b）29 日 02 时；（c）29 日 08 时；（d）29 日 20 时

个例 37　2009 年 8 月 4 日暴雨

（1）暴雨时段

2009 年 8 月 1 日 20 时—5 日 08 时。

（2）雨情描述

2009 年 8 月 1 日夜间至 4 日夜间，重庆市出现了一次持续性区域暴雨天气过程，西部地区普降暴雨到大暴雨，铜梁、市区的 2 个雨量站达特大暴雨，中部、东北部的长江沿岸及其以北地区也出现了大雨到暴雨、局部大暴雨，其余地区小到中雨。

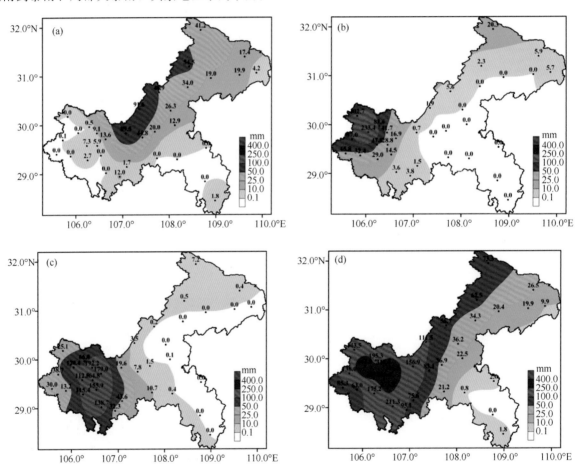

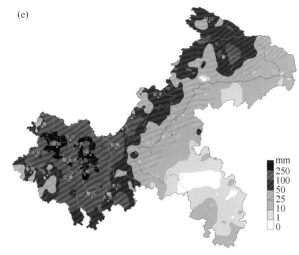

图 1 雨量分布图（单位：mm）

（a）2009 年 8 月 1 日 20 时—2 日 20 时；（b）2009 年 8 月 2 日 20 时—3 日 20 时；（c）2009 年 8 月 3 日 20 时—4 日 20 时；（d）2009 年 8 月 1 日 20 时—4 日 20 时国家站过程总雨量；（e）2009 年 8 月 1 日 20 时—4 日 20 时区域站过程总雨量

（3）灾情描述

此次过程造成长寿、垫江、江津、合川、潼南、巴南、綦江、璧山、大足、北碚、万盛、渝北、铜梁、沙坪坝等 14 个区县受灾，受灾人口达 183.9 万人，其中死亡 10 人、失踪 1 人、受伤 40 人，转移安置 7.8 万人，农作物受灾 8.5 万 hm²，绝收 3677 hm²，房屋损坏 25718 间、倒塌 15812 间，公路受损 113 km，直接经济损失 13.1 亿元。

（4）形势分析

影响系统：高空低槽、西南涡、切变线

1）8 月 1 日至 4 日，500 hPa 欧亚高纬地区维持两槽一脊的形势，两槽分别位于巴尔喀什湖以北和贝加尔湖以东，巴尔喀什湖槽区冷平流不断南下进入东亚中低纬地区。东亚中低纬地区为纬向多波动气流形势。青藏高原南北两侧不断有短波槽东移，8 月 1 日至 3 日，沙坪坝的位势高度持续下降 5 dagpm。

2）整个降水过程中，700 hPa、850 hPa 低涡切变线区重叠。700 hPa 系统主要为切变线，1 日 08 时至 3 日 08 时切变线为东北—西南走向，3 日 20 时至 4 日 20 时转为准南北向。2 日至 4 日，850 hPa 流场更接近中尺度低涡。

3）2 日 20 时至 4 日，南海热带气旋西进北上，东风气流进入重庆地区。

4）3 日夜间，地面有弱回流冷空气入侵偏东区域。

（5）天气分析图

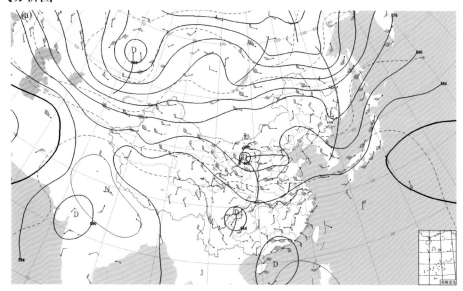

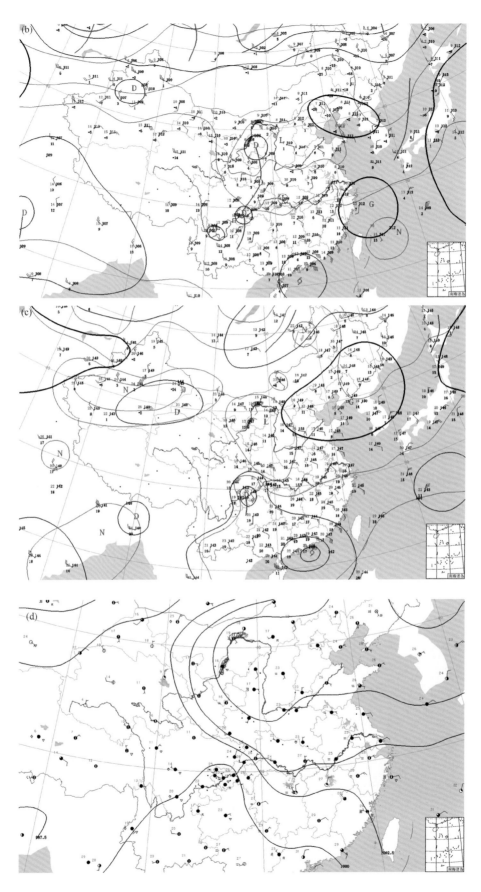

图 2 2009 年 8 月 4 日 08 时天气图

(a) 500 hPa；(b) 700 hPa；(c) 850 hPa；(d) 地面

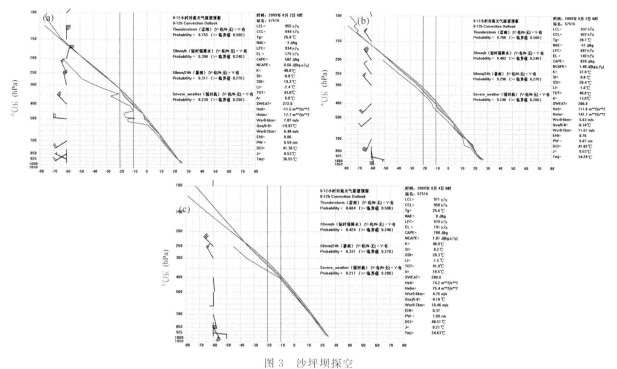

图3　沙坪坝探空

（a）8月2日08时（降水中）；（b）8月3日08时（降水中）；（c）8月4日08时（降水中）

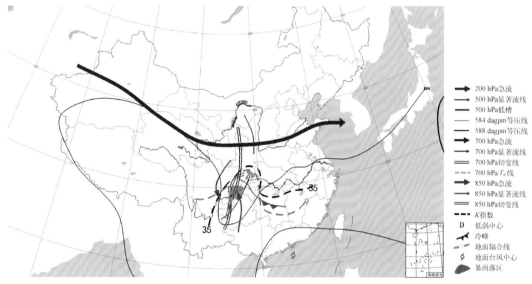

图4　2009年8月4日08时综合分析图

（6）卫星云图

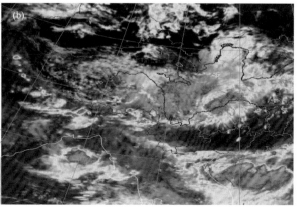

 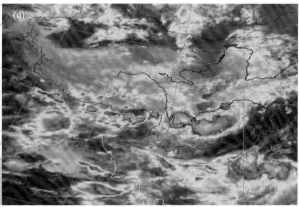

图 5 2009 年 8 月 3—4 日红外云图

(a) 3 日 08 时；(b) 3 日 14 时；(c) 3 日 20 时；(d) 4 日 02 时

（7）物理量分析

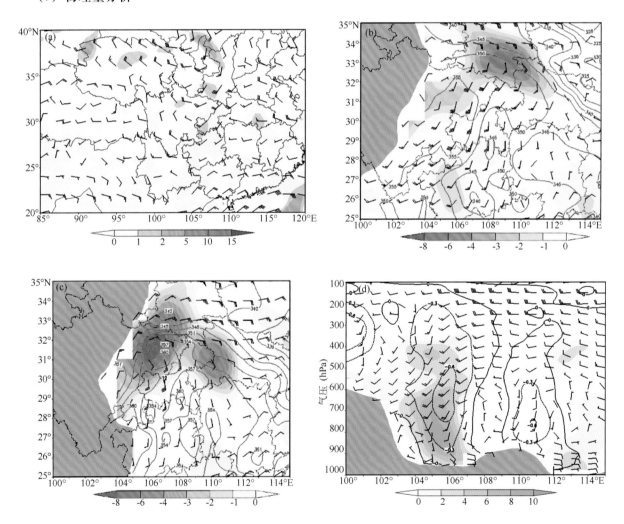

图 6 2009 年 8 月 3 日 08 时

(a) 500 hPa 风场（羽状风矢量，单位：m/s）和涡度平流（蓝色阴影，单位：$10^{-10}\,s^{-2}$）；(b) 700 hPa 水汽通量散度（蓝色阴影，单位：$10^{-9}\,g/\,cm^2 \cdot hPa \cdot s$）和假相当位温（红色实线，单位：K）；(c) 850 hPa 水汽通量散度（蓝色阴影，单位：$10^{-9}\,g/cm^2 \cdot hPa \cdot s$），假相当位温（红色实线，单位：K）以及全风速（黑色虚线≥12 m/s，单位：m/s）；(d) 垂直速度（黑色等值线，单位：hPa/s）、风场（羽状风矢量，单位：m/s）以及涡度（绿色阴影，单位：$10^{-5}\,s^{-1}$）沿 30°N 纬向一垂直剖面

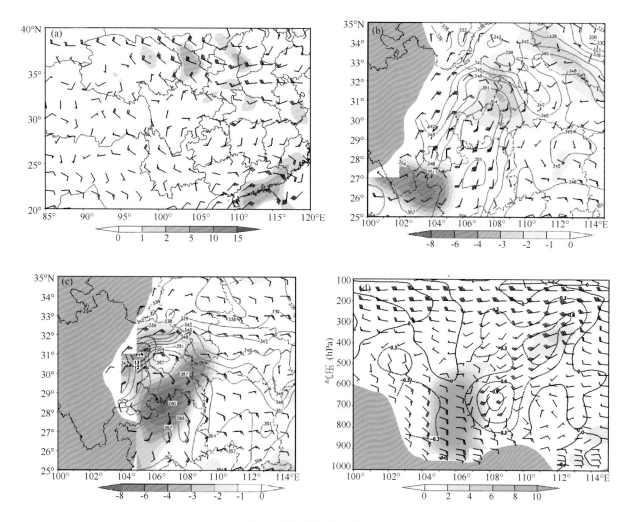

图 7　2009 年 8 月 4 日 08 时

（a）500 hPa 风场（羽状风矢量，单位：m/s）和涡度平流（蓝色阴影，单位：$10^{-10}\,s^{-2}$）；（b）700 hPa 水汽通量散度（蓝色阴影，单位：$10^{-9}g/\,cm^2 \cdot hPa \cdot s$）和假相当位温（红色实线，单位：K）；（c）850 hPa 水汽通量散度（蓝色阴影，单位：$10^{-9}g/(cm^2 \cdot hPa \cdot s)$）、假相当位温（红色实线，单位：K）以及全风速（黑色虚线≥12 m/s，单位：m/s）；（d）垂直速度（黑色等值线，单位：hPa/s）、风场（羽状风矢量，单位：m/s）以及涡度（绿色阴影，单位：$10^{-5}s^{-1}$）沿 30°N 纬向—垂直剖面

　　物理量分析：8 月 3 日 08 时，500 hPa 上空重庆为正的涡度平流区，量值为 $1 \times 10^{-10}\,s^{-2}$ 左右。700 hPa 和 850 hPa 上，水汽辐合较强区域位于重庆东北部。沿 30°N 纬向—垂直剖面图上也显示降水区存在一垂直涡度柱，涡度最大值达 $8 \times 10^{-5}\,s^{-1}$ 左右。此时降水区垂直上升运动较强，最大垂直速度层位于 600 hPa，量值为 -0.6 hPa/s。4 日 08 时，500 hPa 上空重庆为正的涡度平流区，量值为 $1 \times 10^{-10}\,s^{-2}$ 左右。700 hPa 上四川盆地东部存在切变辐合，重庆东北部的水汽通量散度较大，值为 $-3 \times 10^{-9}g/(cm^2 \cdot hPa \cdot s)$。850 hPa 上，重庆西部偏西存在低涡辐合环流，且盆地东北部出现东风急流，最大风速达 14 m/s。重庆降水区都为水汽通量散度大值区，最大值为 $-8 \times 10^{-9}\,g/(cm^2 \cdot hPa \cdot s)$。此外，沿 30°N 纬向—垂直剖面图上显示降水区域中低层存在正涡度柱，最大涡度值增大至 $10 \times 10^{-5}\,s^{-1}$ 左右，且降水区垂直上升运动较强，垂直速度大值中心位于高层 700 hPa 上，量值为 -0.9 hPa/s。

个例 38　2009 年 8 月 29 日暴雨

（1）暴雨时段

2009 年 8 月 28 日 20 时—29 日 20 时。

（2）雨情描述

2009 年 8 月 28 日 20 时—29 日 20 时，重庆市出现了一次区域暴雨天气过程，西部部分地区、东北部大部地区及东南部局部地区出现大雨到暴雨，局部达大暴雨，其余地区小到中雨为主，局部大雨。

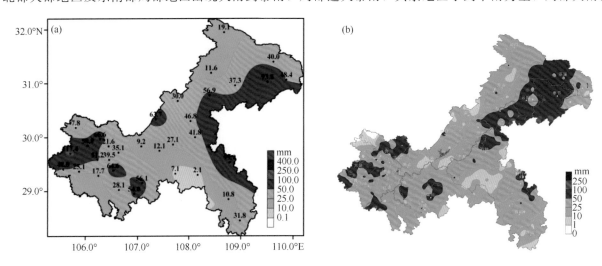

图 1　雨量分布图（单位：mm）

（a）2009 年 8 月 28 日 20 时—29 日 20 时国家站雨量；（b）2009 年 8 月 28 日 20 时—29 日 20 时区域站雨量

（3）灾情描述

此次过程造成巫溪、大足、万州等地受灾，受灾人口达 16.7 万人，其中死亡 1 人，被困 42 人，农作物受灾 9215.4 hm²、成灾 1694.2 hm²，房屋损坏 585 间、倒塌 216 间，公路受损 358 km，直接经济损失 4520 万元。

（4）形势分析

影响系统：高空槽、西南涡、低空切变线、低空急流、冷锋

1）8 月 28—29 日，500 hPa，青藏高压逐步发展，副热带高压控制华南地区略有东退，两高之间的低槽位于四川盆地上空，并随着副高缓慢东移，为重庆地区提供了持续的上升运动。

2）28 日 20 时，盆地内有弱西南涡生成并向东北方向移动，西南涡前部 700 hPa 和 850 hPa 上的切变呈东北—西南走向，影响重庆大部地区，产生了显著的辐合上升运动。

3）西南涡的南侧有强西南气流存在，28 日 20 时，贵阳站 850 hPa 风速达到 10 m/s，为重庆地区输送了充沛的水汽。

4）对流层中低层有强冷空气侵入，29 日 20 时，850 hPa 沙坪坝站有−6℃的 24h 负变温出现，有利于强降水的产生。

（5）天气分析图

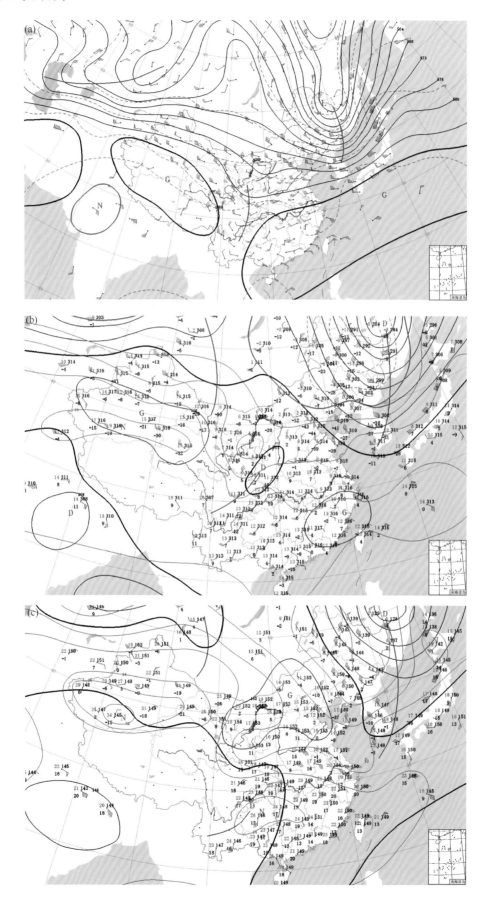

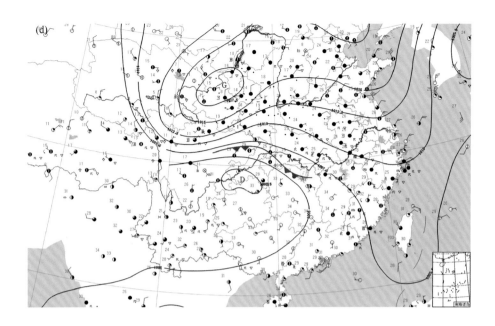

图 2　2009 年 8 月 28 日 20 时天气图

(a) 500 hPa；(b) 700 hPa；(c) 850 hPa；(d) 地面

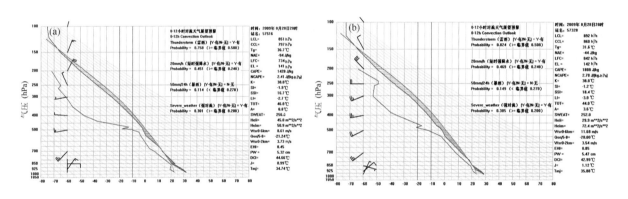

图 3　2009 年 8 月 28 日 20 时探空

(a) 沙坪坝（降水前）；(b) 达州（降水中）

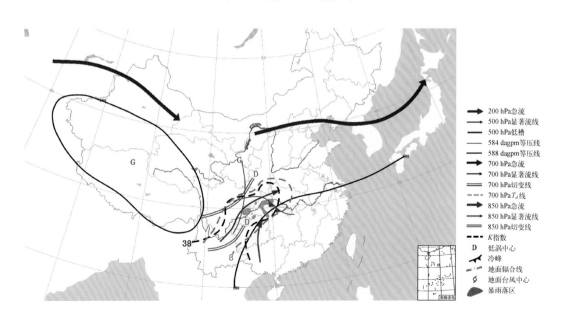

图 4　2009 年 8 月 28 日 20 时综合分析图

（6）卫星云图

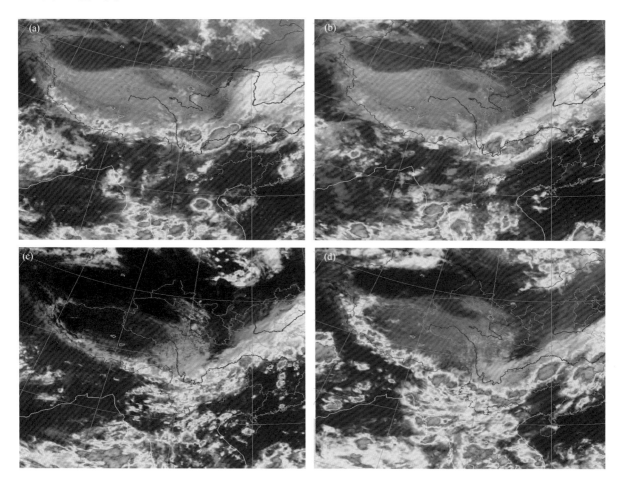

图 5　2009 年 8 月 29 日红外云图

（a）2009 年 8 月 29 日 02 时；（b）2009 年 8 月 29 日 08 时；（c）2009 年 8 月 29 日 14 时；（d）2009 年 8 月 29 日 20 时

（7）雷达回波分析

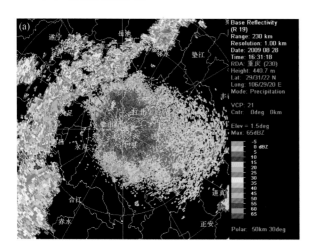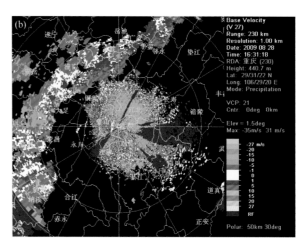

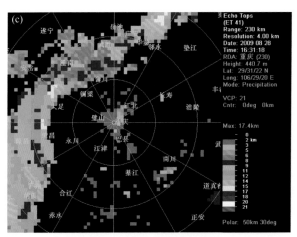

图 6　8 月 28 日 16 时 31 分重庆多普勒天气雷达产品
(a) 基本反射率因子；(b) 径向速度图；(c) 回波顶高

本次暴雨过程回波具有明显的"锋面特征"，降水前期，29 日 0 时 31 分重庆雷达站 1.5°基本反射率因子图上可见，邻水—合川—大足—隆昌有一带状的狭长的强回波带，中心强度为 50 dBZ 左右，高度达 14～17 km，发展非常旺盛，回波带边缘较光滑，其东南侧（雷达站一侧）为弱回波或无回波区。伴随着该回波带逐渐东移南压，在其前部不断激发出新的回波单体，产生了强降水。

(8) 物理量分析

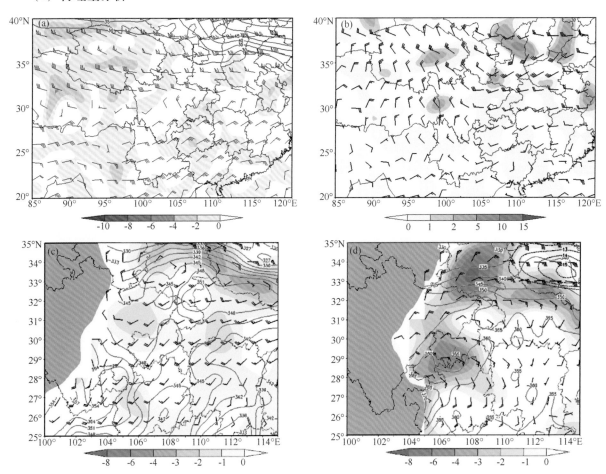

图 7　2009 年 8 月 28 日 20 时

(a) 200 hPa 散度（红色色阴影，单位：$10^{-5} s^{-1}$）和风（羽状风矢量，单位：m/s）；(b) 500 hPa 风场（羽状风矢量，单位：m/s）和涡度平流（蓝色阴影，单位：$10^{-10} s^{-2}$）；(c) 700 hPa 水汽通量散度（蓝色阴影，单位：$10^{-9} g/(cm^2 \cdot hPa \cdot s)$）和假相当位温（红色实线，单位：K）；(d) 850 hPa 水汽通量散度（蓝色阴影，单位：$10^{-9} g/(cm^2 \cdot hPa \cdot s)$）和假相当位温（红色实线，单位：K）

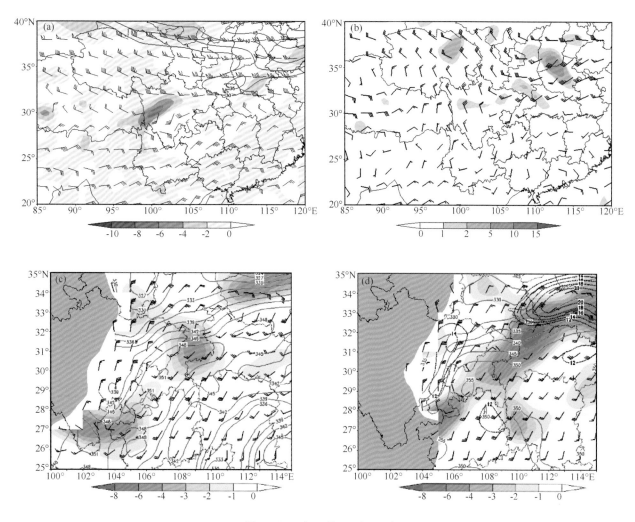

图 8 2009 年 8 月 29 日 08 时

（a）200 hPa 散度（红色色阴影，单位：$10^{-5}\,\mathrm{s}^{-1}$）和风（羽状风矢量，单位：m/s）；（b）500 hPa 风场（羽状风矢量，单位：m/s）和涡度平流（蓝色阴影，单位：$10^{-10}\,\mathrm{s}^{-2}$）；（c）700 hPa 水汽通量散度（蓝色阴影，单位：$10^{-9}\,\mathrm{g/(cm^2 \cdot hPa \cdot s)}$）和假相当位温（红色实线，单位：K）；（d）850 hPa 水汽通量散度（蓝色阴影，单位：$10^{-9}\,\mathrm{g/(cm^2 \cdot hPa \cdot s)}$）、假相当位温（红色实线，单位：K）以及全风速（黑色虚线 ≥12 m/s，单位：m/s）

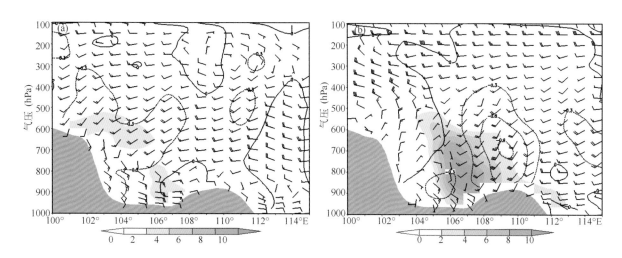

图 9 垂直速度（黑色等值线，单位：hPa/s）、风场（羽状风矢量，单位：m/s）以及涡度（绿色阴影，单位：$10^{-5}\,\mathrm{s}^{-1}$）沿 30°N 纬向—垂直剖面

（a）2009 年 8 月 28 日 20 时；（b）2009 年 8 月 29 日 08 时

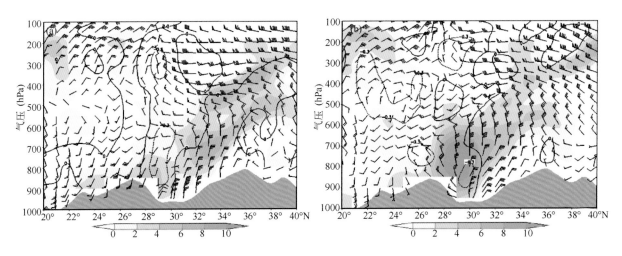

图 10　垂直速度（黑色等值线，单位：hPa/s）、风场（羽状风矢量，单位：m/s）
以及涡度（绿色阴影，单位：10^{-5}s^{-1}）沿 106°E 经向一垂直剖面

(a) 2009 年 8 月 28 日 20 时；(b) 2009 年 8 月 29 日 08 时

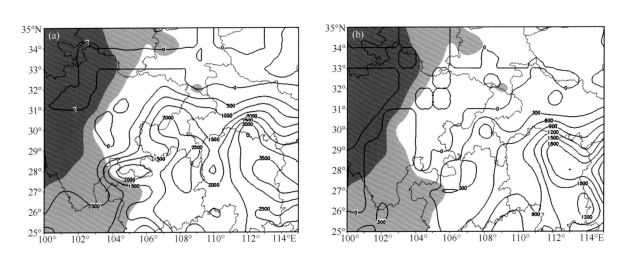

图 11　CAPE（等值线，单位：J/kg）

(a) 2009 年 8 月 28 日 20 时；(b) 2009 年 8 月 29 日 08 时

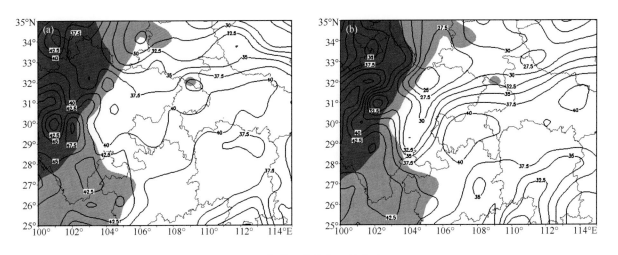

图 12　K 指数（等值线，单位：℃）

(a) 8 月 28 日 20 时；(b) 8 月 29 日 08 时

物理量分析：8 月 28 日 20 时，200 hPa 上空中高纬存在高空急流，重庆上空为负的散度区，主要以辐合为主。500 hPa 上空重庆大部分地区处于槽前正的涡度平流区，值为 $1\times10^{-10}\,\mathrm{s}^{-2}$ 左右。700 hPa 上重庆西部地区存在一高能湿舌，水汽辐合较弱。850 hPa 重庆西部为水汽辐合大值区，辐合较强，水汽通量散度最大值达到 $-4\times10^{-9}\,\mathrm{g/(cm^2\cdot hPa\cdot s)}$。

29 日 08 时，200 hPa 高空急流继续维持，重庆降水区域内逐渐转为辐散区。500 hPa 上空重庆西部及东北部为正的涡度平流区，最大值达到 $5\times10^{-10}\,\mathrm{s}^{-2}$ 左右。700 hPa 上盆地东部存在切变线并影响重庆，重庆中东北部的水汽通量散度明显增大，量值达到 $-4\times10^{-9}\,\mathrm{g/(cm^2\cdot hPa\cdot s)}$，水汽辐合增强。850 hPa 上重庆中部为低涡切变辐合区，水汽辐合大值区主要位于重庆东部，水汽通量散度最大值为 $-4\times10^{-9}\,\mathrm{g/(cm^2\cdot hPa\cdot s)}$ 左右。可以看到，降水区域内高层辐散，中低层辐合，这种高低空配置对降水的发生发展非常有利

沿 30°N 纬向—垂直剖面图以及 106°E 经向—垂直剖面图上显示 6 月 28 日 20 时降水区涡度值较小，垂直上升运动也较小。29 日 08 时，降水区的涡度值明显增强，最大涡度层位于 800 hPa，最大涡度值增大至 $10\times10^{-5}\,\mathrm{s}^{-1}$ 以上。此时，降水区域中低层垂直上升运动较强，最大垂直速度为 $-0.9\,\mathrm{hPa/s}$。

此外，强降水发生前重庆降水区的 CAPE 值都较大，约在 2000 J/kg 以上，而 K 指数都在 35℃ 以上。29 日 08 时，降水发生时，能量逐渐释放，CAPE 值逐渐减小。

个例 39　2009 年 9 月 20 日暴雨

（1）暴雨时段

2009 年 9 月 19 日 08 时—20 日 20 时。

（2）雨情描述

2009 年 9 月 19 日白天至 20 日白天，重庆市出现了一次区域暴雨天气过程，全市大部地区普遍出现大雨以上降水，其中中西部局部地区及东部大部地区出现暴雨，东部部分地区达大暴雨。

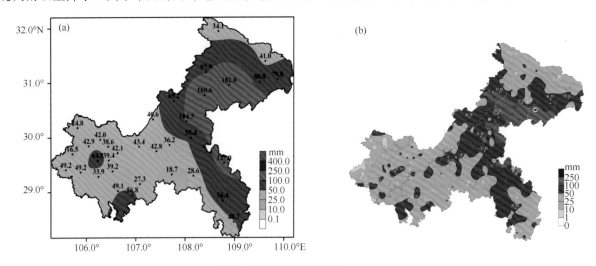

图 1　雨量分布图（单位：mm）

（a）2009 年 9 月 19 日 08 时—20 日 20 时国家站过程总雨量；（b）2009 年 9 月 19 日 08 时—20 日 20 时区域站过程总雨量

（3）灾情描述

此次过程造成万州、云阳、奉节、彭水、石柱、黔江等地受灾，受灾人口达 117.5 万人，其中死亡 5 人、受伤 161 人，转移安置 1.3 万人，农作物受灾 1.7 万 hm²、绝收 338 hm²，房屋损坏 10187 间、倒塌 2676 间，公路受损 7786 km，直接经济损失近 2.2 亿元。

（4）形势分析

影响系统：高空槽、切变线、低空急流、冷锋

1）此次暴雨天气发生在高空槽东移，副高东退的过程中。19 日 08 时高空槽位于内蒙古中部到成都一线，副高 588 dagpm 线位于湖南西北部到贵州西北部一线，20 日 20 时，副高东退南移到湖南东南部到广西西部一线，高空槽主体移出重庆，青藏高压加强，两高之间的切变线东移到四川盆地中东部地区上空。

2）19 日 08 时 700 hPa 切变线位于陕西宝鸡到四川成都一线，20 时切变线东移南压到陕西安康到四川宜宾一线，切变后部有明显冷平流南侵，同时西南气流加强，广西到湖北一线出现西南低空急流，切变线两侧的风速增强（南侧的湖北恩施和宜昌出现 10 m/s 西南风，北侧的陕西安康出现 8 m/s 的东北风），有利于重庆东北部出现强降水。

3）19 日 20 时 850 hPa 低涡位于达州和重庆之间，其后缓慢向偏东方向移动，20 日 08 时减弱为切变线，位于宜昌到贵阳一线，切变后部转为一致的东北气流。

4）地面有较强冷空气从四川盆地北部侵入。

（5）天气分析图

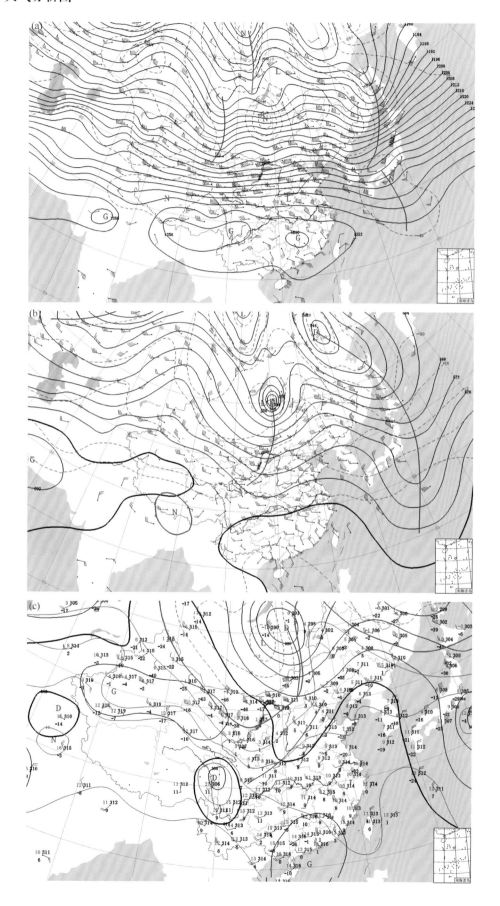

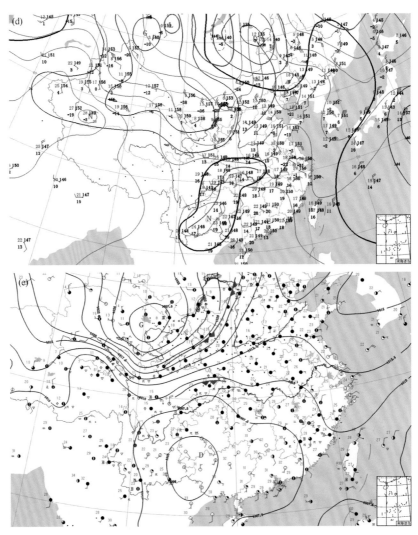

图 2　2009 年 9 月 19 日 20 时天气图

(a) 200 hPa；(b) 500 hPa；(c) 700 hPa；(d) 850 hPa；(e) 地面

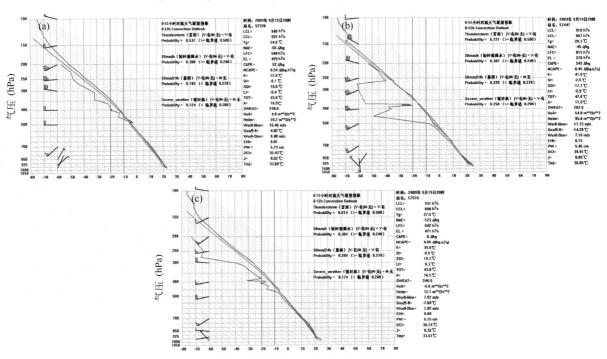

图 3　2009 年 9 月 19 日 20 时探空

(a) 达州（降水中）；(b) 恩施（降水中）；(c) 沙坪坝（降水前）

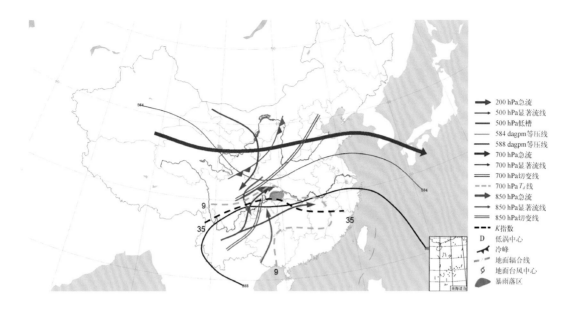

图 4 2009 年 9 月 19 日 20 时综合分析图

（6）卫星云图

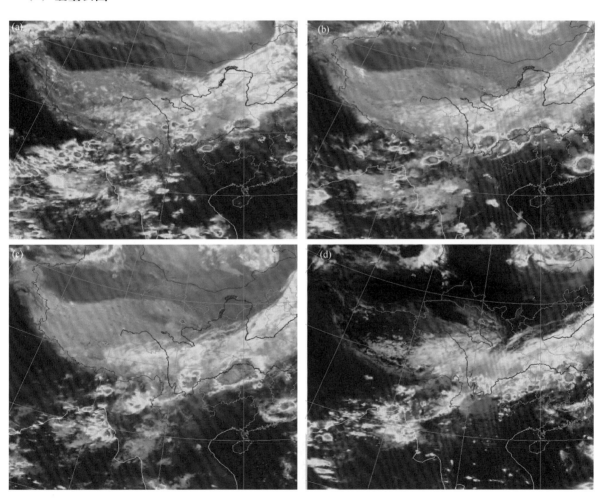

图 5 2009 年 9 月 19—20 日红外云图

（a）19 日 20 时；（b）20 日 03 时；（c）20 日 08 时；（d）20 日 14 时

（7）物理量分析

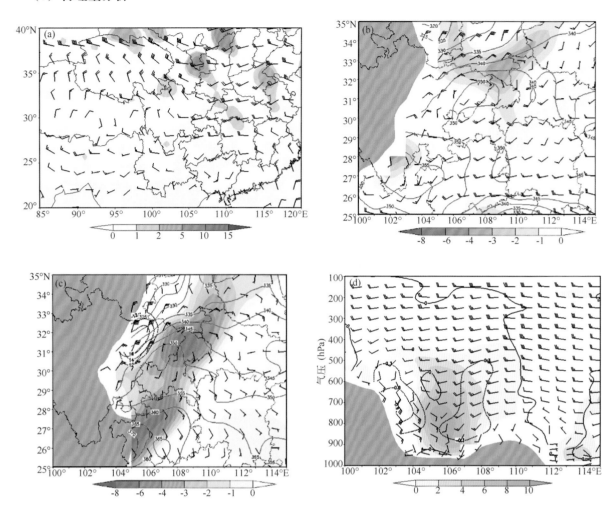

图6　2009 年 9 月 19 日 20 时

（a）500 hPa 风场（羽状风矢量，单位：m/s）和涡度平流（蓝色阴影，单位：10^{-10} s^{-2}）；（b）700 hPa 水汽通量散度（蓝色阴影，单位：10^{-9} g/(cm^2·hPa·s)）和假相当位温（红色实线，单位：K）；（c）850 hPa 水汽通量散度（蓝色阴影，单位：10^{-9} g/(cm^2·hPa·s)）、假相当位温（红色实线，单位：K）以及全风速（黑色虚线 ≥12 m/s，单位：m/s）；（d）垂直速度（黑色等值线，单位：hPa/s）、风场（羽状风矢量，单位：m/s）以及涡度（绿色阴影，单位：10^{-5} s^{-1}）沿 30°N 纬向—垂直剖面

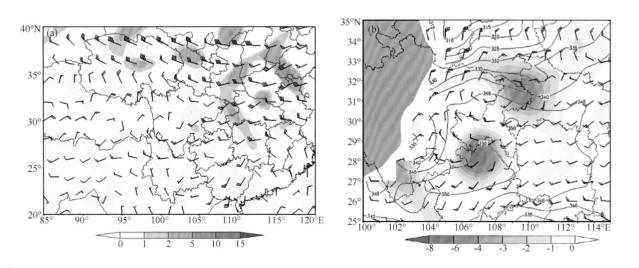

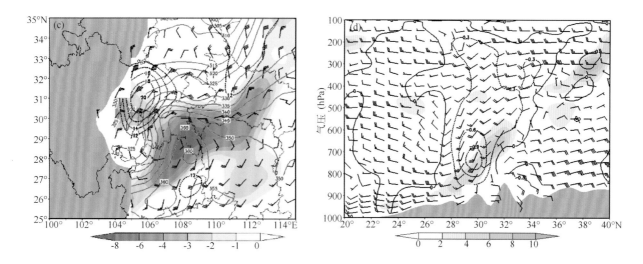

图 7　2009 年 9 月 20 日 08 时

（a）500 hPa 风场（羽状风矢量，单位：m/s）和涡度平流（蓝色阴影，单位：$10^{-10}\,s^{-2}$）；（b）700 hPa 水汽通量散度（蓝色阴影，单位：$10^{-9}\,g/(cm^2 \cdot hPa \cdot s)$）和假相当位温（红色实线，单位：K）；（c）850 hPa 水汽通量散度（蓝色阴影，单位：$10^{-9}\,g/(cm^2 \cdot hPa \cdot s)$）、假相当位温（红色实线，单位：K）以及全风速（黑色虚线 ≥12 m/s，单位：m/s）；（d）垂直速度（黑色等值线，单位：hPa/s）、风场（羽状风矢量，单位：m/s）以及涡度（绿色阴影，单位：$10^{-5}\,s^{-1}$）沿 108°E 经向—垂直剖面

　　物理量分析：9 月 19 日 20 时，500 hPa 上空重庆西部为正的涡度平流，量值为 $1 \times 10^{-10}\,s^{-2}$ 左右。700 hPa 上四川盆地东北部部存在低涡辐合环流，重庆西部的水汽通量散度较大，为 $-2 \times 10^{-9}\,g/(cm^2 \cdot hPa \cdot s)$。850 hPa 上，切变辐合线位于四川盆地东部，且存在较强的东风急流，最大风速达 16 m/s，急流轴左侧重庆中西部地区都为水汽辐合大值区，水汽通量散度最大值达到 $-6 \times 10^{-9}\,g/(cm^2 \cdot hPa \cdot s)$ 左右。此外，沿 30°N 纬向—垂直剖面图上显示降水区域中低层为正的涡度层，最大涡度层位于 800 hPa，最大涡度值增大至 $8 \times 10^{-5}\,s^{-1}$ 以上。此时，降水区域中低层垂直上升运动较弱，速度值为 -0.3 hPa/s。

　　20 日 08 时，500 hPa 上空重庆东北部正的涡度平流逐渐增大，最大值达到 $5 \times 10^{-10}\,s^{-2}$ 左右。700 hPa 上四川盆地东北部为低涡辐合环流维持，其前部重庆东北部水汽通量散度达到 $-6 \times 10^{-9}\,g/(cm^2 \cdot hPa \cdot s)$。850 hPa 上，低涡辐合环流中心略向东移动，高能湿舌继续维持，东风急流明显增强，最大风速增大到 20 m/s。水汽辐合大值区主要位于重庆中西部及东南部，最大值达到 $-8 \times 10^{-9}\,g/(cm^2 \cdot hPa \cdot s)$ 左右。108°E 经向—垂直剖面图上降水区存在略向北倾斜的涡度柱，涡度最大值为 $8 \times 10^{-5}\,s^{-1}$，垂直上升运动明显增强，垂直速度最大值位于 750 hPa，量值增大至 -0.9 hPa/s 左右。

个例 40　2010 年 5 月 6 日暴雨

（1）暴雨时段

2010 年 5 月 5 日 20 时—6 日 20 时。

（2）雨情描述

2010 年 5 月 5 日夜间至 6 日白天，重庆出现了一次区域暴雨天气过程，西部局部地区、中部地区、东北部部分地区及东南部大部地区出现了大雨到暴雨，局部达大暴雨，其余地区小到中雨、局部大雨。

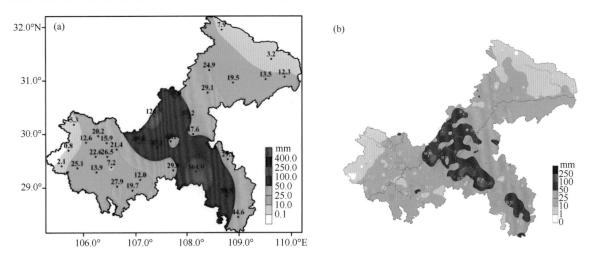

图 1　雨量分布图（单位：mm）

（a）2010 年 5 月 5 日 20 时—6 日 20 时国家站雨量；（b）2010 年 5 月 5 日 20 时—6 日 20 时区域站雨量

（3）灾情描述

此次区域暴雨天气过程造成綦江、彭水、涪陵、长寿、石柱、酉阳、丰都、万州、万盛等地受灾，受灾人口达 109.6 万人，其中死亡 5 人，转移安置 1.7 万人，农作物受灾 3.3 万 hm²、绝收 2100 hm²，房屋损坏 17126 间、倒塌 1734 间，直接经济损失 3.7 亿元。

（4）形势分析

影响系统：短波槽、西南涡、冷锋

1）500 hPa 上，2010 年 5 月 5 日 20 时，从乌拉尔山到河套地区为西北气流控制，重庆受偏西气流中的短波槽影响；同时，高空冷平流的侵入，有利于强降水的触发。

2）700 hPa，5 日 20 时，四川盆地中部有西南涡生成，西南气流给重庆带来充沛水汽；6 日 08 时，东移到盆地东北部，暖切变维持在盆地东北部。

3）850 hPa，5 日 20 时，西南涡中心在重庆中西部偏南地区，暖切变线在重庆的长江沿岸。

4）地面图上，冷锋压在盆地北部，有较强冷空气侵入重庆。

（5）天气分析图

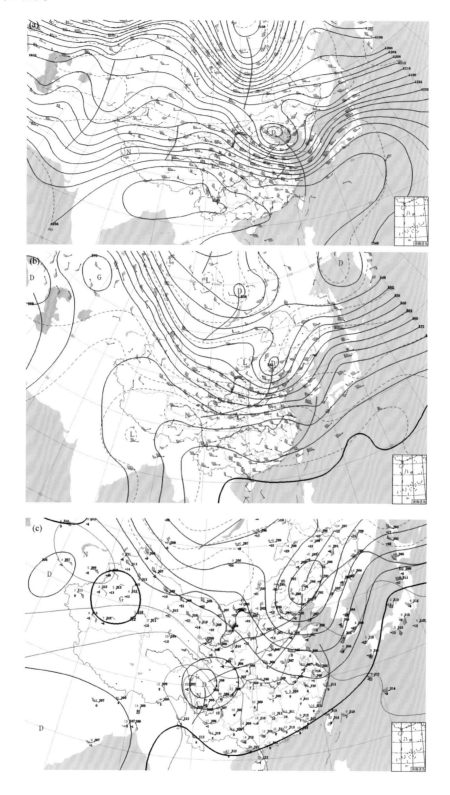

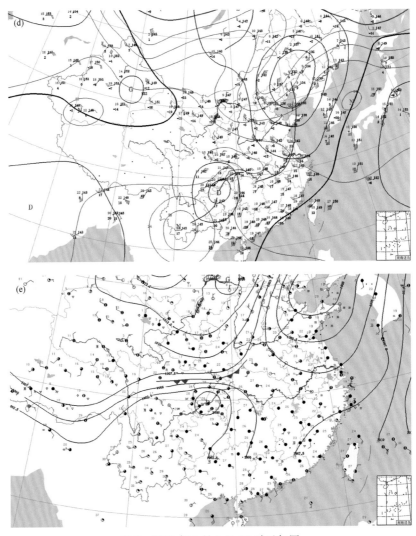

图 2　2010 年 5 月 5 日 20 时天气图

(a) 200 hPa；(b) 500 hPa；(c) 700 hPa；(d) 850 hPa；(e) 地面

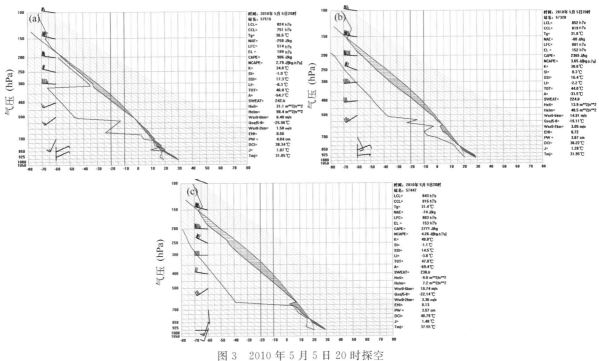

图 3　2010 年 5 月 5 日 20 时探空

(a) 沙坪坝（降水前）；(b) 达州（降水前）；(c) 恩施（降水前）

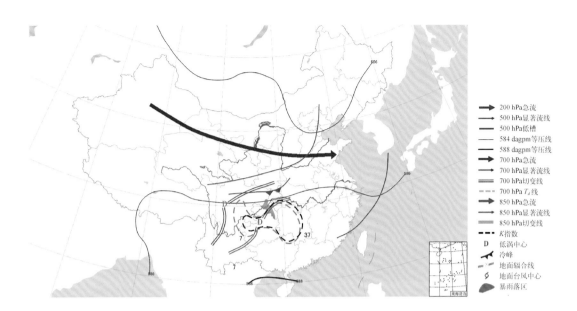

图4　2010年5月5日20时综合分析图

（6）卫星云图

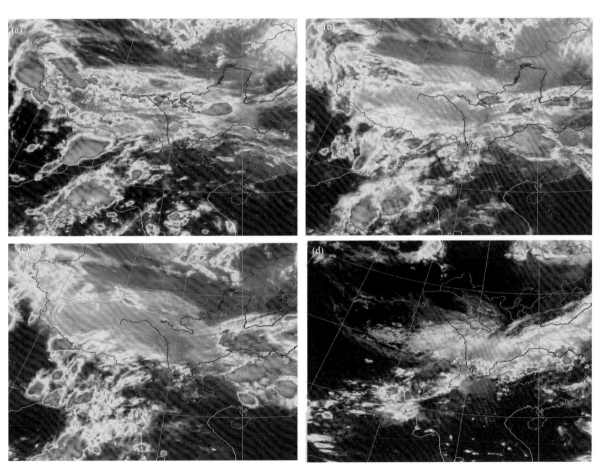

图5　2010年5月4—5日红外云图

（a）4日20时；（b）5日02时；（c）5日08时；（d）5日14时

（7）雷达回波分析

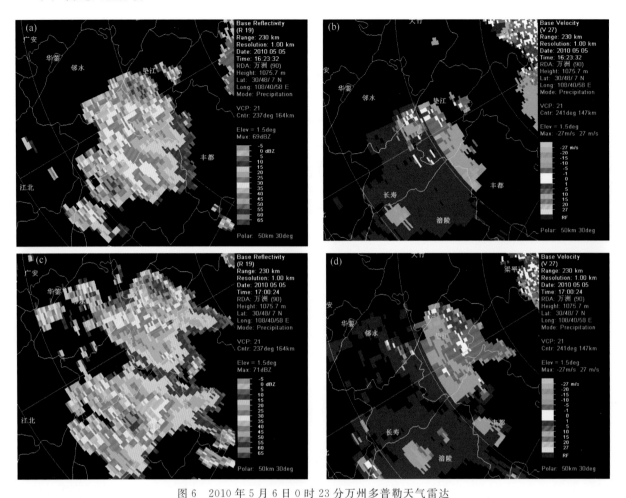

图 6　2010 年 5 月 6 日 0 时 23 分万州多普勒天气雷达

（a）基本反射率因子，（b）径向速度图；5 月 6 日 01 时 00 分万州多普勒天气雷达（c）基本反射率因子，（d）径向速度图

雷达图描述：本次暴雨过程中垫江、梁平等地出现了冰雹，5 月 6 日 0:23 万州雷达站反射率因子图上可以看到，长寿到垫江有一片强对流回波，垫江西南侧和涪陵西侧分别有 55 dBZ 以上强回波中心，最大值达 60 dBZ 以上。6 日 01 时反射率因子图上可见上述强中心分别向东北及偏南方向移动，偏北中心对应的 6 日 01 时速度图上可见，强回波中心有明显的正负速度交汇区，表示气流在该地区呈气旋性辐合。ET 图上可见，强回波中心高度达到了 15 km 以上，发展相当旺盛。

（8）物理量分析

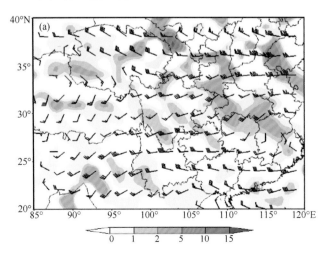
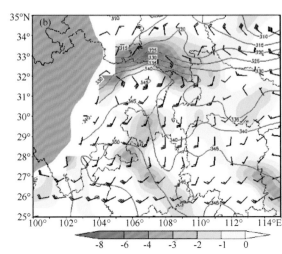

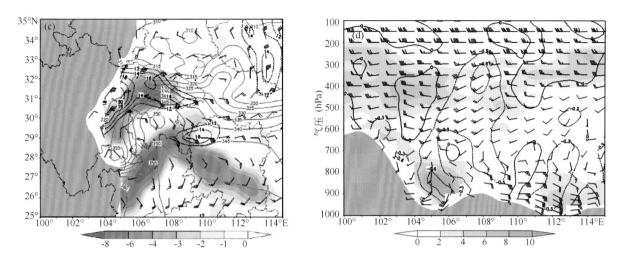

图 7　2010 年 5 月 6 日 02 时

(a) 500 hPa 风场（羽状风矢量，单位：m/s）和涡度平流（蓝色阴影，单位：$10^{-10}\,s^{-2}$）；(b) 700 hPa 水汽通量散度（蓝色阴影，单位：$10^{-9}\,g/(cm^2 \cdot hPa \cdot s)$）和假相当位温（红色实线，单位：K）；（c）850 hPa 水汽通量散度（蓝色阴影，单位：$10^{-9}\,g/(cm^2 \cdot hPa \cdot s)$）、假相当位温（红色实线，单位：K）以及全风速（黑色虚线 ≥12 m/s，单位：m/s）；(d) 垂直速度（黑色等值线，单位：hPa/s）、风场（羽状风矢量，单位：m/s）以及涡度（绿色阴影，单位：$10^{-5}\,s^{-1}$）沿 29°N 纬向—垂直剖面

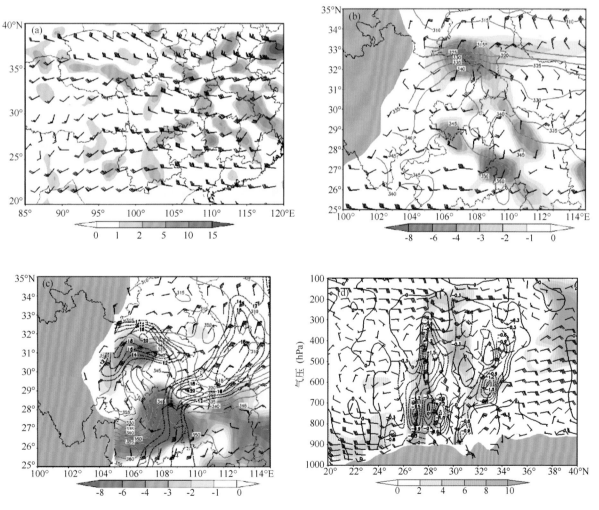

图 8　2010 年 5 月 6 日 08 时

(a) 500 hPa 风场（羽状风矢量，单位：m/s）和涡度平流（蓝色阴影，单位：$10^{-10}\,s^{-2}$）；（b）700 hPa 水汽通量散度（蓝色阴影，单位：$10^{-9}\,g/(cm^2 \cdot hPa \cdot s)$）和假相当位温（红色实线，单位：K）；（c）850 hPa 水汽通量散度（蓝色阴影，单位：$10^{-9}\,g/(cm^2 \cdot hPa \cdot s)$）、假相当位温（红色实线，单位：K）以及全风速（黑色虚线 ≥12 m/s，单位：m/s）；(d) 垂直速度（黑色等值线，单位：hPa/s）、风场（羽状风矢量，单位：m/s）以及涡度（绿色阴影，单位：$10^{-5}\,s^{-1}$）沿 108°E 经向—垂直剖面

物理量分析：5 月 6 日 02 时，500 hPa 上空重庆仍为为正的涡度平流大值区。700 hPa 上中西部为较大水汽通量散度，量值为 -3×10^{-9} g/(cm^2·hPa·s)。850 hPa 上，四川盆地东部东北急流较强与西南暖湿气流在重庆中西部形成切边辐合区，其附近存在一高能湿舌，整个重庆东部为水汽辐合大值区，水汽通量散度最大值达到 -8×10^{-9} g/(cm^2·hPa·s) 左右。此外，沿 29°N 纬向一垂直剖面图上显示降水区域为正涡度区，涡度值较弱，此时降水区垂直上升运动较小。

6 日 08 时，500 hPa 上空重庆西部正的涡度平流明显增大，最大值达到 5×10^{-10} s^{-2} 左右。700 hPa 上重庆中西部水汽辐合较强，部水汽通量散度增大至 -6×10^{-9} g/(cm^2·hPa·s)。850 hPa 上，偏东气流进一步增强并逐渐倾入重庆，西部地区的高能湿舌继续维持。108°E 经向一垂直剖面图上降水区存在一垂直涡度柱，涡度最大值达 10×10^{-5} s^{-1} 左右，此时降水区垂直上升运动明显增强，垂直速度最大值位于 850 hPa 上，量值增大至 -1.5 hPa/s 左右。

个例41　2010年6月19日暴雨

（1）暴雨时段

2010年6月18日20时—19日20时。

（2）雨情描述

2010年6月18日夜间至19日白天，重庆市出现了一次区域暴雨天气过程，偏南地区普降大雨到暴雨，西部偏南和东南部局部地区达大暴雨，偏北地区小到中雨。

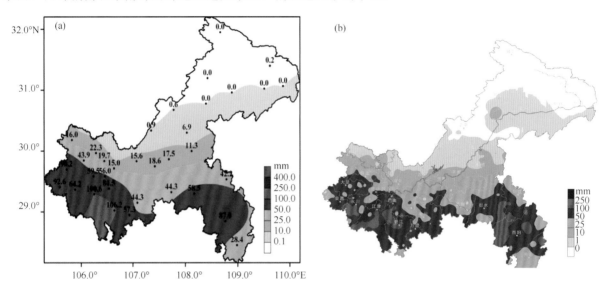

图1　雨量分布图（单位：mm）

（a）2010年6月18日20时—19日20时国家站雨量；（b）2010年6月18日20时—19日20时区域站雨量

（3）灾情描述

此次过程造成大足、永川、巴南、荣昌、江津、万盛、綦江、涪陵、南川、彭水、酉阳等地受灾，受灾人口达56.0万人，其中死亡2人、失踪1人、受伤3人，转移安置7393人，农作物受灾3.3万 hm²、绝收1543.7 hm²，房屋损坏2877间、倒塌1688间，公路受损86.1 km，直接经济损失近2.3亿元。

（4）形势分析

影响系统：高空槽、西南涡、低空切变线

1）此次暴雨过程属于带状副高北侧的西风气流中发生的纬向型暴雨。18—19日副高稳定呈带状分布，脊线在20°N附近维持；高原上生成的短波槽在副高北侧西风气流引导下东移入盆地。

2）18日20时，500 hPa中高纬地区维持"一脊一涡"的环流形势。华北冷涡与新疆高脊的维持，使得脊前涡后不断有偏北风携带冷空气南下。高空冷平流的侵入，有利于强降水的触发。

3）18日20时，700 hPa上九龙地区有低涡生成，低涡前部的横切变压在盆地至两湖地区上空；850 hPa，西南涡在四川东南部发展，并沿切变线东移。低涡东侧的偏南气流为暴雨区输送了充沛的水汽。地面为热低压控制。

4）暴雨发生于南亚高压东侧的高空辐散区中，高空急流与西南涡东侧的低空偏南气流之间的耦合作用，加强了暴雨区的上升运动。

（5）天气分析图

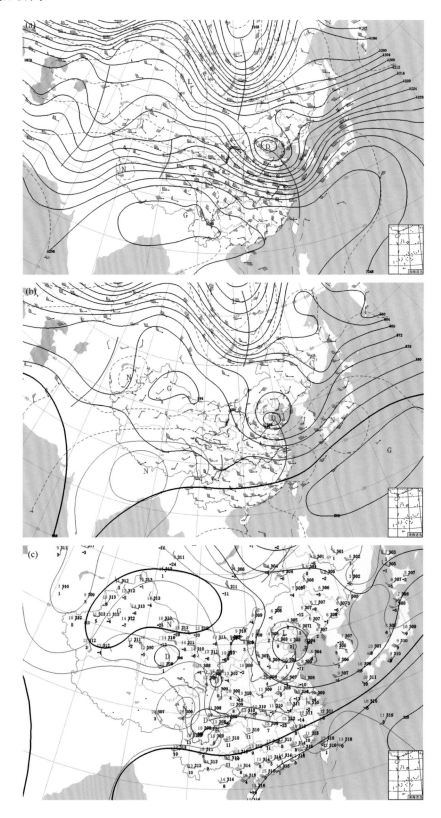

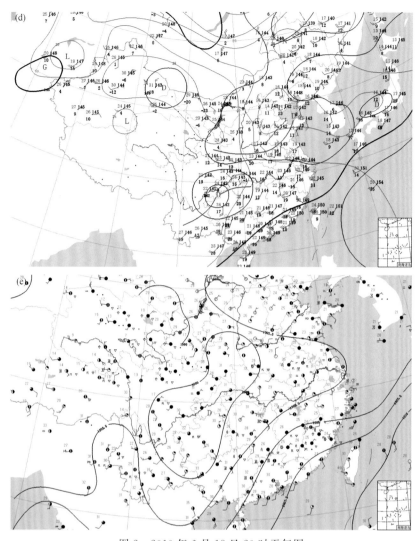

图 2　2010 年 6 月 18 日 20 时天气图

(a) 200 hPa；(b) 500 hPa；(c) 700 hPa；(d) 850 hPa；(e) 地面

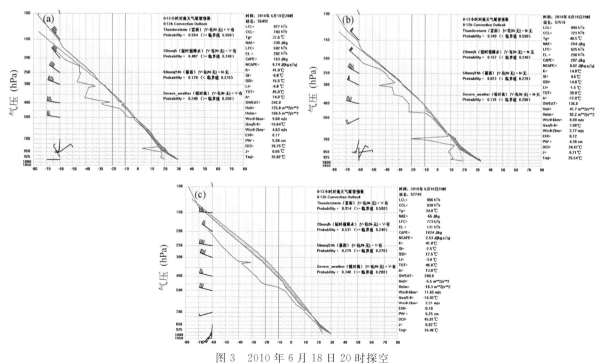

图 3　2010 年 6 月 18 日 20 时探空

(a) 宜宾（降水前）；(b) 沙坪坝（降水前）；(c) 怀化（降水中）

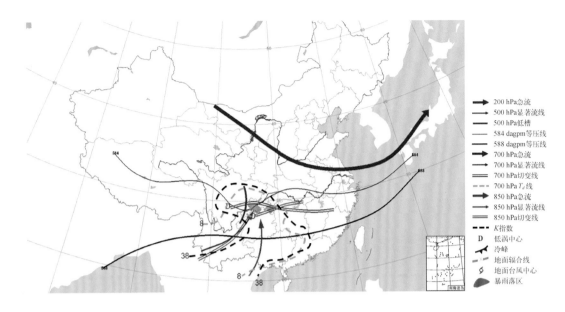

图4 2010年6月18日20时综合分析图

(6) 卫星云图

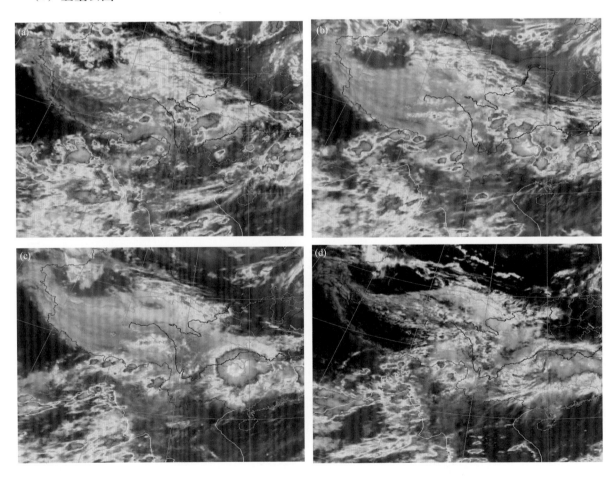

图5 2010年6月18—19日红外云图
(a) 18日20时；(b) 19日02时；(c) 19日08时；(d) 19日14时

（7）雷达回波分析

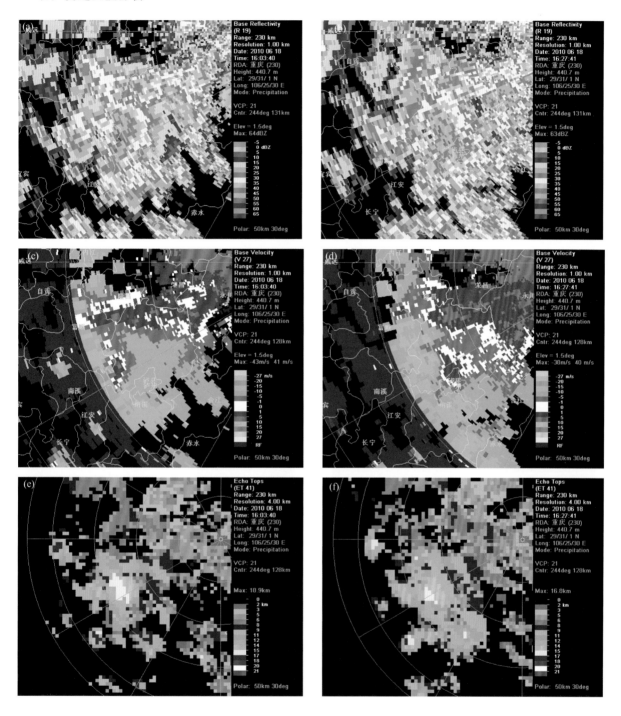

图 6　2010 年 6 月 19 日 00 时 03 分重庆多普勒天气雷达
（a）基本反射率因子，（c）径向速度图，（e）回波顶高；6 月 19 日 00 时 27 分重庆多普勒天气雷达（b）基本反射率因子，（d）径向速度图，（f）回波顶高

　　雷达分析：本次暴雨过程西南涡的回波特征非常明显，基本反射率图上可见西南涡中心强度在
55 dBZ 左右，其结构匀称，持续时间长，影响范围广，沿切变线移动路径清晰，西南涡持续期间在速
度场上一直显示为逆风区的特征，发展相当旺盛，高度达到 15～17 km。

（8）物理量分析

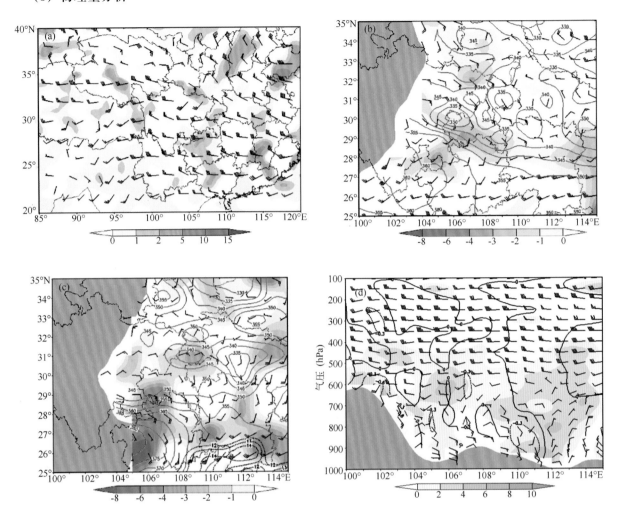

图 7　2010 年 6 月 18 日 20 时

（a）500 hPa 风场（羽状风矢量，单位：m/s）和涡度平流（蓝色阴影，单位：$10^{-10}\,s^{-2}$）；（b）700 hPa 水汽通量散度（蓝色阴影，单位：$10^{-9}\,g/(cm^2 \cdot hPa \cdot s)$）和假相当位温（红色实线，单位：K）；（c）850 hPa 水汽通量散度（蓝色阴影，单位：$10^{-9}\,g/(cm^2 \cdot hPa \cdot s)$）、假相当位温（红色实线，单位：K）以及全风速（黑色虚线≥12 m/s，单位：m/s）；（d）垂直速度（黑色等值线，单位：hPa/s）、风场（羽状风矢量，单位：m/s）以及涡度（绿色阴影，单位：$10^{-5}\,s^{-1}$）沿 29°N 纬向—垂直剖面

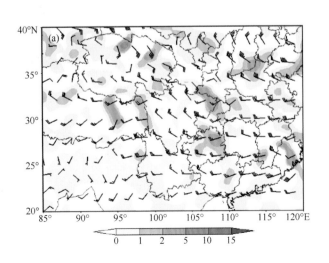

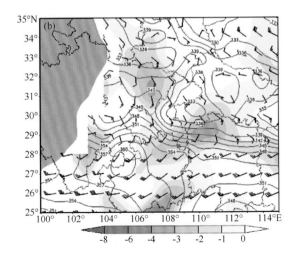

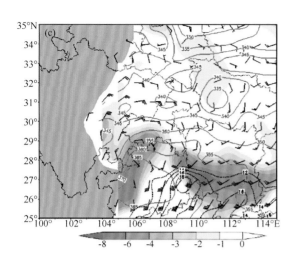
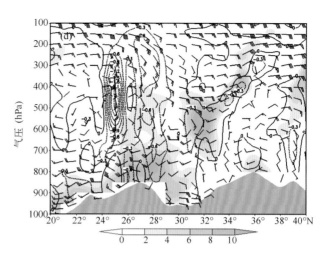

图 8　2010 年 6 月 19 日 02 时

（a）500 hPa 风场（羽状风矢量，单位：m/s）和涡度平流（蓝色阴影，单位：$10^{-10}\,s^{-2}$）；（b）700 hPa 水汽通量散度（蓝色阴影，单位：$10^{-9}\,g/(cm^2 \cdot hPa \cdot s)$）和假相当位温（红色实线，单位：K）；（c）850 hPa 水汽通量散度（蓝色阴影，单位：$10^{-9}\,g/(cm^2 \cdot hPa \cdot s)$）、假相当位温（红色实线，单位：K）以及全风速（黑色虚线 $\geqslant 12\,m/s$，单位：m/s）；（d）垂直速度（黑色等值线，单位：hPa/s）、风场（羽状风矢量，单位：m/s）以及涡度（绿色阴影，单位：$10^{-5}\,s^{-1}$）沿 106°E 经向一垂直剖面

　　物理量分析：6 月 18 日 20 时，500 hPa 上空重庆中部为正的涡度平流，量值为 $2 \times 10^{-10}\,s^{-2}$ 左右。700 hPa 上中西部存在以横向切变，切变线附近为水汽通量散度大值区，水汽辐合较强，量值为 $-4 \times 10^{-9}\,g/(cm^2 \cdot hPa \cdot s)$。850 hPa 上，贵州—湖南一带西南低空急流强盛，最大风速达到 18 m/s，重庆中西部偏西存在低涡切变辐合，其附近存在一高能湿舌，整个重庆中西部地区都为水汽辐合大值区，水汽通量散度最大值达到 $-6 \times 10^{-9}\,g/(cm^2 \cdot hPa \cdot s)$ 左右。此外，沿 29°N 纬向一垂直剖面图上显示降水区域都为正涡度区，最大涡度层位于 600 hPa，最大涡度值达 $4 \times 10^{-5}\,s^{-1}$ 左右，此时降水区垂直上升运动较弱，垂直速度值为 -0.3 hPa/s。

　　19 日 02 时，500 hPa 上空重庆中西部及东北部为正的涡度平流区，最大值达到 $5 \times 10^{-10}\,s^{-2}$ 左右。700 hPa 上切变线继续维持，其偏西为水汽辐合区，水汽通量散度值为 $-4 \times 10^{-9}\,g/(cm^2 \cdot hPa \cdot s)$。850 hPa 上，低涡辐合环流维持，重庆中西部为水汽辐合大值区，水汽通量散度最大值可达 $-8 \times 10^{-9}\,g/(cm^2 \cdot hPa \cdot s)$ 左右。106°E 经向一垂直剖面图上降水区中低层为正的涡度大值区，涡度最大值增大至 $8 \times 10^{-5}\,s^{-1}$ 左右，此时降水区垂直上升运动强盛，垂直速度量值达到 -1.8 hPa/s 以上。

个例 42 2010 年 7 月 5 日暴雨

（1）暴雨时段

2010 年 7 月 3 日 20 时—5 日 08 时。

（2）雨情描述

2010 年 7 月 3 日夜间至 4 日夜间，重庆市出现了一次区域暴雨天气过程，西部大部地区、中部部分地区及东部局部地区出现了暴雨，西部部分地区达大暴雨，其余地区小到中雨、局部大雨。

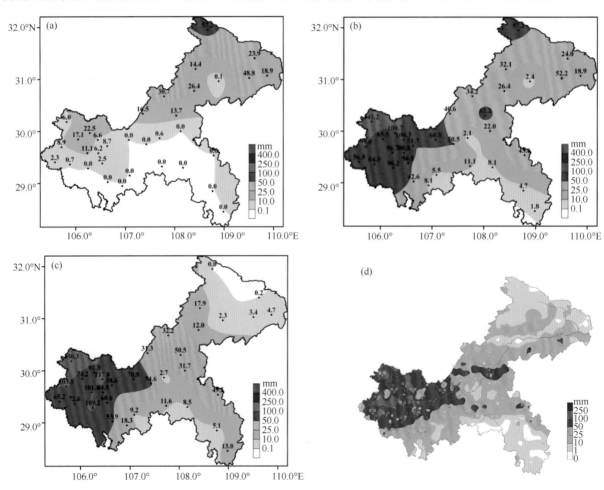

图 1 雨量分布图（单位：mm）

（a）2010 年 7 月 3 日 20 时—4 日 20 时；（b）2010 年 7 月 4 日 20 时—5 日 20 时；（c）2010 年 7 月 3 日 20 时—5 日 08 时国家站过程总雨量；（d）2010 年 7 月 3 日 20 时—5 日 08 时区域站过程总雨量

（3）灾情描述

此次过程造成铜梁、潼南、荣昌、永川、璧山、大足、合川、江津、沙坪坝、巴南、渝北、北碚、长寿、涪陵、万州、奉节、忠县、巫溪、石柱、黔江等地受灾，受灾人口达 79.0 万人，其中死亡 1

人、失踪 1 人、受伤 5 人，转移安置 1.6 万人，农作物受灾 3.3 万 hm^2、绝收 2903.0 hm^2，房屋损坏 6510 间、倒塌 3988 间，公路受损 335.2 km，直接经济损失近 3.8 亿元。

（4）形势分析

影响系统：高空槽、西南涡、低空切变线

1）2010 年 7 月 6 日 08 时 500 hPa 中高纬度为两槽一脊形势，陕西南部到重庆中西部上空有一低压槽，重庆受槽前西南气流影响。

2）2010 年 7 月 6 日 08 时 700 hPa 重庆上空受一致的西南气流控制，为暴雨的产生提供了充分的水汽条件，850 hPa 和地面图上重庆西部出现了明显的低涡系统。

3）副热带高压 588 dgpm 线控制重庆长江沿岸以南的地区，上述低压槽和低涡系统沿副高 588 dgpm 线东移，产生了暴雨天气。

4）地面有弱冷空气从四川盆地北侧侵入。

（5）天气分析图

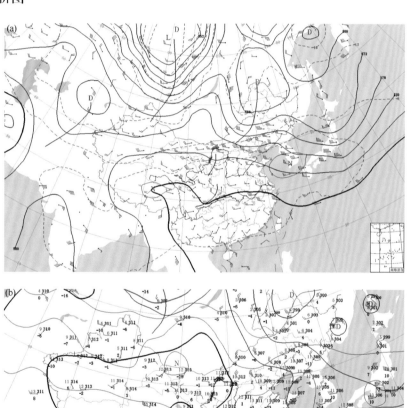

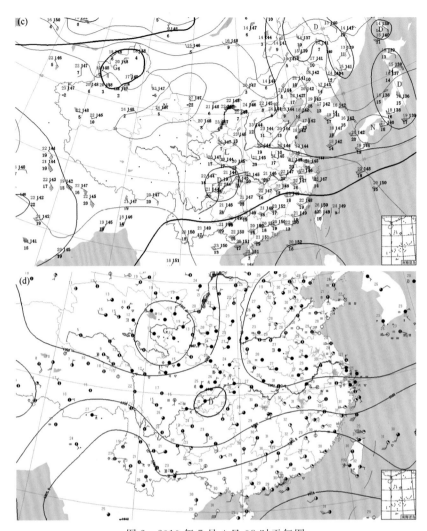

图 2　2010 年 7 月 4 日 08 时天气图

(a) 500 hPa；(b) 700 hPa；(c) 850 hPa；(d) 地面

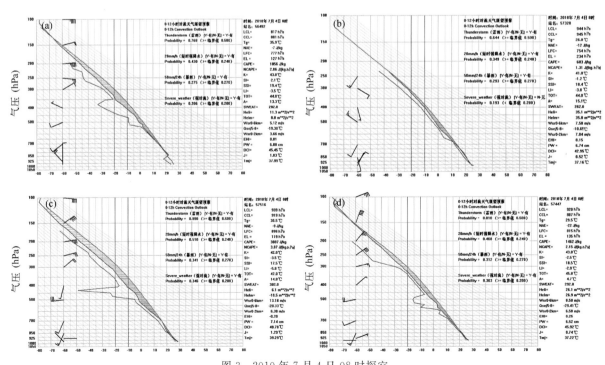

图 3　2010 年 7 月 4 日 08 时探空

(a) 宜宾（降水中）；(b) 达州（降水中）；(c) 沙坪坝（降水中）；(d) 恩施（降水中）

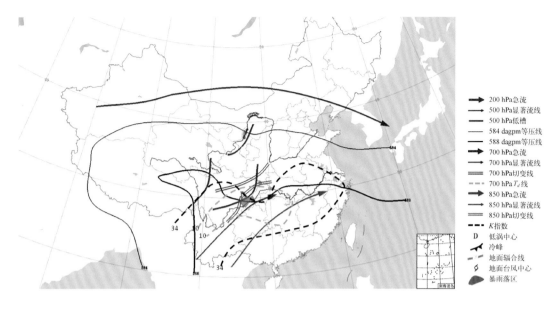

图 4　2010 年 7 月 4 日 08 时综合分析图

（6）卫星云图

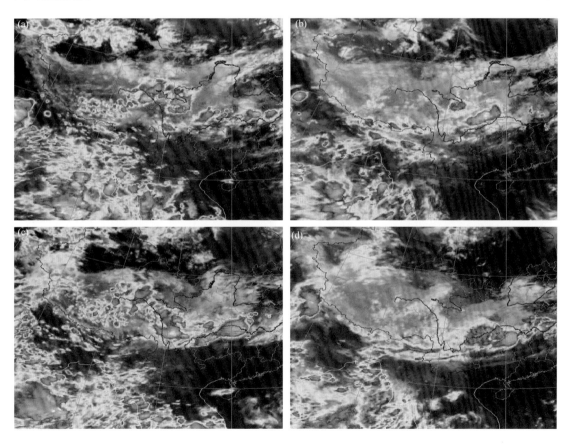

图 5　2010 年 7 月 3—5 日红外云图

（a）3 日 20 时；（b）4 日 08 时；（c）4 日 20 时；（d）5 日 08 时

（7）雷达回波分析

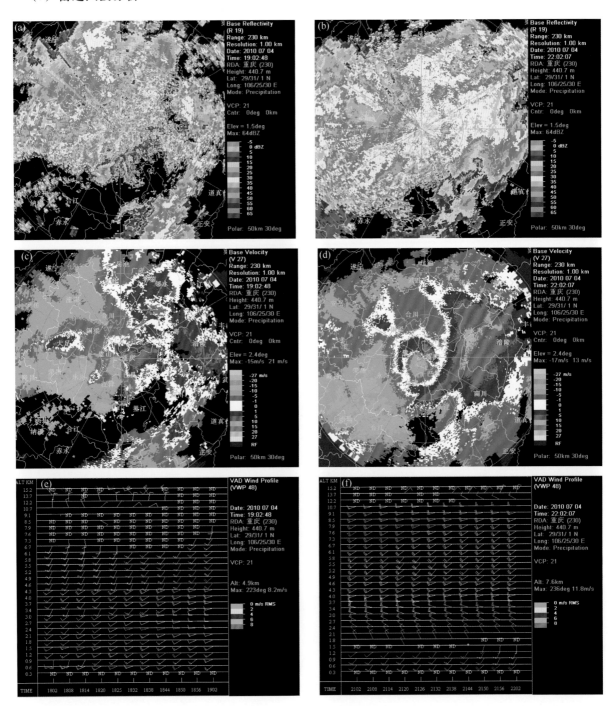

图6　7月5日03时02分重庆多普勒天气雷达（a）基本反射率因子，（c）径向速度图，（e）垂直风廓线；
7月5日06时02分重庆多普勒天气雷达（b）基本反射率因子，（d）径向速度图，（f）垂直风廓线

　　本次暴雨过程主要影响中西部偏北地区，重庆雷达站7月5日03时02分基本反射率图上，永川—重庆—江北—长寿为一带状强回波区，对应时刻2.4°速度图上大足有一明显的逆风区，表示该地区有中尺度的辐合或辐散发生，回波强度将持续发展，易出现强对流天气。06时02分反射率因子图上可见，强回波带南压，但速度图上在重庆和大足、潼南之间有两个逆风区存在，表示回波强度仍将维持或有所发展。逆风区的存在为强降水的持续产生了重要作用。

（8）物理量分析

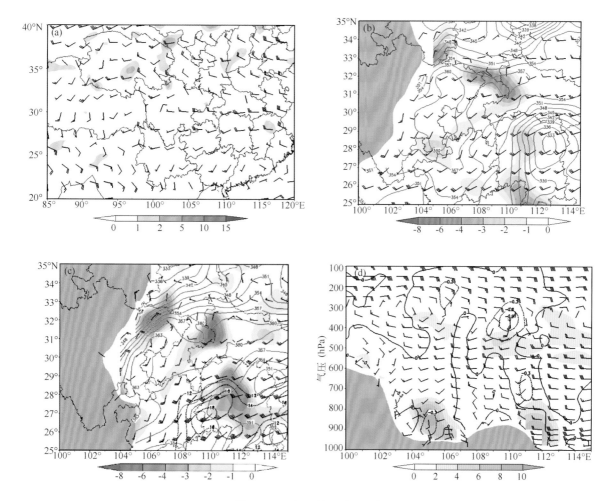

图 7 2010 年 7 月 4 日 08 时

（a）500 hPa 风场（羽状风矢量，单位：m/s）和涡度平流（蓝色阴影，单位：$10^{-10}\,\mathrm{s}^{-2}$）；（b）700 hPa 水汽通量散度（蓝色阴影，单位：$10^{-9}\,\mathrm{g/(cm^2 \cdot hPa \cdot s)}$）和假相当位温（红色实线，单位：K）；（c）850 hPa 水汽通量散度（蓝色阴影，单位：$10^{-9}\,\mathrm{g/(cm^2 \cdot hPa \cdot s)}$）、假相当位温（红色实线，单位：K）以及全风速（黑色虚线≥12 m/s，单位：m/s）；（d）垂直速度（黑色等值线，单位：hPa/s）、风场（羽状风矢量，单位：m/s）以及涡度（绿色阴影，单位：$10^{-5}\,\mathrm{s}^{-1}$）沿 30°N 纬向—垂直剖面

物理量分析：7 月 4 日 08 时，500 hPa 上空重庆正的涡度平流较弱。700 hPa 上长江沿岸一带为较大水汽通量散度，量值为 $-3 \times 10^{-9}\,\mathrm{g/(cm^2 \cdot hPa \cdot s)}$。850 hPa 上，重庆西部为低涡辐合环流，贵州—湖南一带为西南低空急流，最大风速可达 18 m/s 左右。沿 30°N 纬向—垂直剖面图上显示降水区域中低层为正的涡度区，最大涡度值达 $8 \times 10^{-5}\,\mathrm{s}^{-1}$ 左右，此时降水区为较弱的垂直上升运动，垂直速度量值为 -0.3 hPa/s左右。

个例 43　2010 年 7 月 7 日暴雨

（1）暴雨时段

2010 年 7 月 7 日 20 时—10 日 20 时。

（2）雨情描述

2010 年 7 月 7 日夜间至 10 日白天，重庆市出现了一次区域暴雨天气过程，西部部分地区、中部大部地区、东北部局部地区及东南部大部地区出现了大雨到暴雨，局部达大暴雨，其余地区小到中雨、局部大雨。

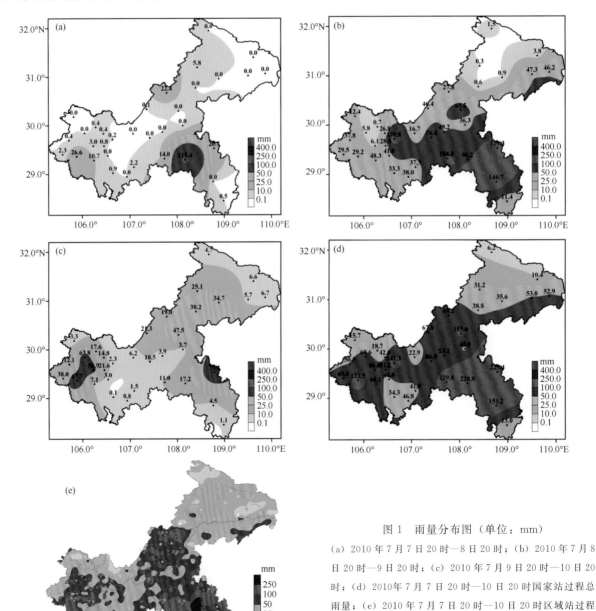

图 1　雨量分布图（单位：mm）

（a）2010 年 7 月 7 日 20 时—8 日 20 时；（b）2010 年 7 月 8 日 20 时—9 日 20 时；（c）2010 年 7 月 9 日 20 时—10 日 20 时；（d）2010 年 7 月 7 日 20 时—10 日 20 时国家站过程总雨量；（e）2010 年 7 月 7 日 20 时—10 日 20 时区域站过程总雨量

（3）灾情描述

此次过程造成荣昌、永川、大足、渝北、万盛、綦江、涪陵、丰都、梁平、奉节、忠县、万州、巫山、彭水、石柱、黔江、酉阳等地受灾，受灾人口达 132.5 万人，其中死亡 15 人、失踪 2 人、受伤 164 人、饮水困难 22.5 万人，转移安置 9.0 万人，农作物受灾 7.3 万 hm²，绝收 9997.1 hm²，房屋损坏 18215 间、倒塌 5706 间，公路受损 2552.1 km，直接经济损失 10.4 亿元。

（4）形势分析

影响系统：高空槽、西南涡、低空急流

1）500 hPa 图上，高纬为两槽一脊形势，巴尔喀什湖北侧西西伯利亚冷中心分裂小槽携带冷空气南下，27 日 20 时，重庆受 588 dagpm 线上波动槽控制，槽线呈东北—西南向压于重庆西北部地区，之后随着副高东撤，切变线东移压过重庆。29 日 08—10 日 20 日，副高脊点稳定维持 20°N 附近，高空短波槽下滑影响重庆，并逐渐东移减弱。

2）7 日 20 时—8 日 20 时的 700 hPa 图上，四川盆地西南部有低涡生成，重庆受其东南侧较强的西南气流影响，湿度较高，同时，随着冷空气入侵，原本位于四川东北部呈东北—西南向的切变逐渐南移压过重庆，使得降水触发并持续。到 9 日 08 时，西南涡东移至盆地东部，中心控制重庆中部偏南地区，之后低涡减弱为切变线，缓慢压过重庆东部地区。

3）850 hPa 图上，有江淮切变线存在，西南低涡在其西端生成。7 日 20 时，西南涡位于四川盆地东北部地区，中心靠近重庆合川地区，之后低涡略有东移扩大，并持续控制重庆地区。9 日 08 时，低涡中心位于重庆中部地区，与 700 hPa 低涡中心的配合，有利于重庆中部偏南及东南地区的辐合抬升运动，此时水汽辐合主要在重庆东南区域，为当地暴雨的出现提供了条件。到 10 日 20 时，850 hPa 低涡减弱为东北—西南向切变线压于湖北南部到贵州中部地区，有利于重庆东南部降水持续。

4）地面有明显冷空气从西北路径入侵，地面热低压的存在，为暴雨的产生提供了较好的能量条件。

（5）天气分析图

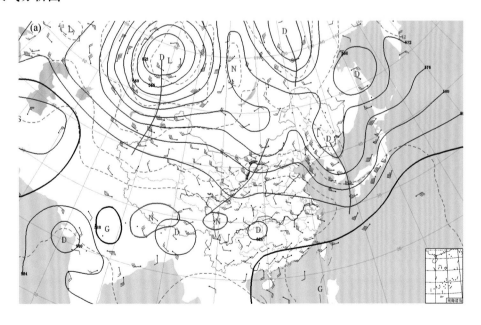

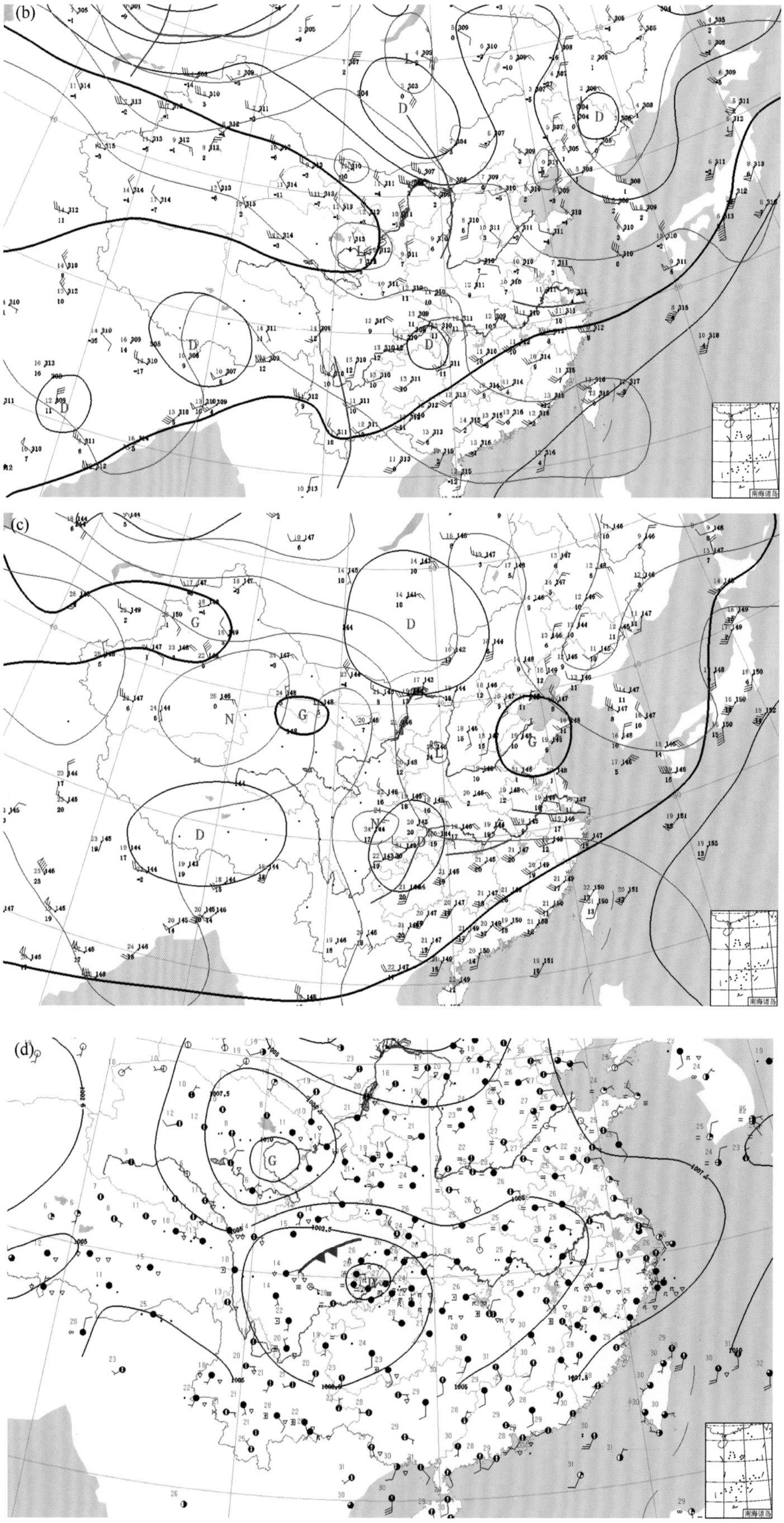

图 2　2010 年 7 月 9 日 08 时天气图

(a) 500 hPa；(b) 700 hPa；(c) 850 hPa；(d) 地面

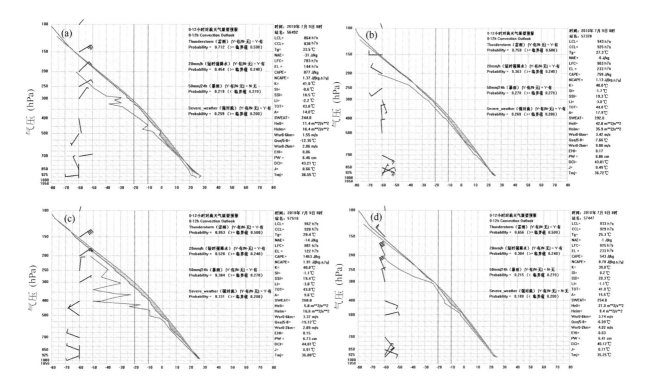

图 3　2010 年 7 月 9 日 08 时探空

（a）宜宾（降水前）；（b）达州（降水中）；（c）沙坪坝（降水中）；（d）恩施（降水中）

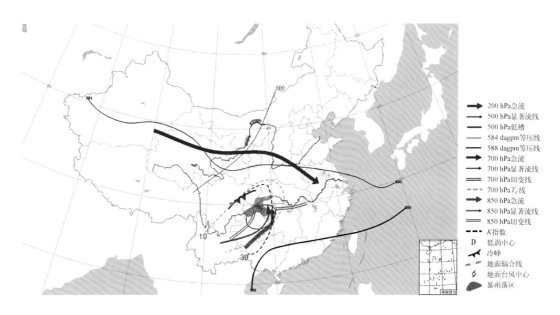

图 4　2010 年 7 月 9 日 08 时综合分析图

（6）卫星云图

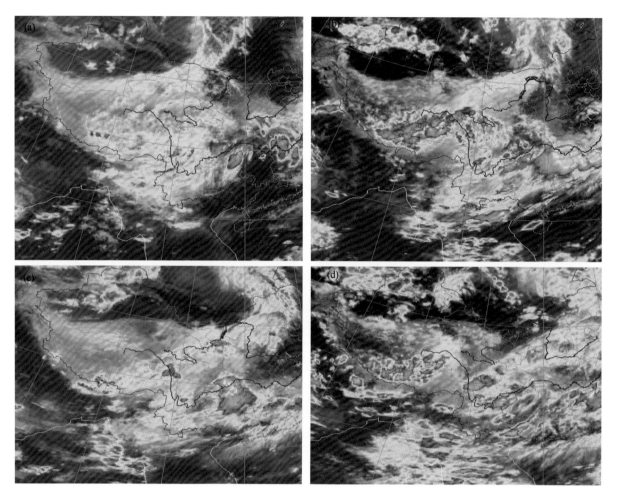

图 5　2010 年 7 月 8—9 日红外云图

（a）8 日 08 时；（b）8 日 20 时；（c）9 日 08 时；（d）9 日 20 时

（7）物理量分析

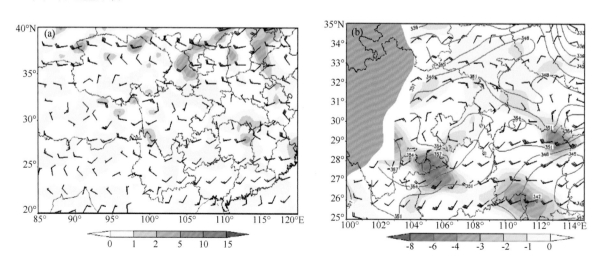

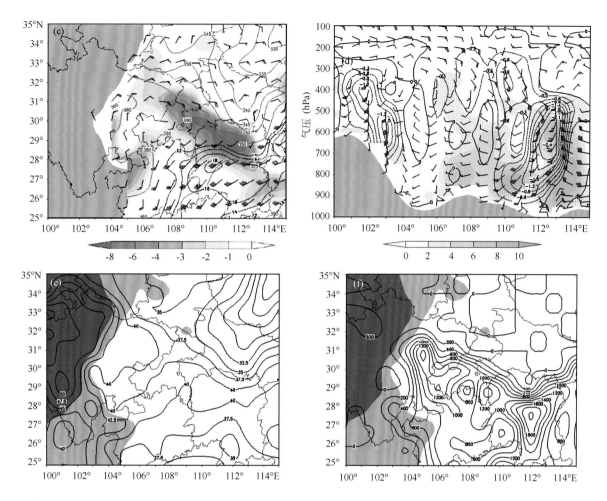

图6　2010年7月9日08时

（a）500 hPa 风场（羽状风矢量，单位：m/s）和涡度平流（蓝色阴影，单位：10^{-10} s^{-2}）；（b）700 hPa 水汽通量散度（蓝色阴影，单位：10^{-9} g/(cm^2·hPa·s)）和假相当位温（红色实线，单位：K）；（c）850 hPa 水汽通量散度（蓝色阴影，单位：10^{-9} g/(cm^2·hPa·s)）、假相当位温（红色实线，单位：K）以及全风速（黑色虚线≥12 m/s，单位：m/s）；（d）垂直速度（黑色等值线，单位：hPa/s）、风场（羽状风矢量，单位：m/s）以及涡度（绿色阴影，单位：10^{-5} s^{-1}）沿 29°N 纬向-垂直剖面；（e）K值（等值线，单位：℃）；（f）CAPE 值（单位：J/kg）

　　物理量分析：7月9日08时，500 hPa 上空重庆为弱的正涡度平流区，量值仅为 $1×10^{-10}$ s^{-2} 左右。700 hPa 上重庆西部为低涡辐合环流，其前部为较大水汽通量散度，量值达 $-2×10^{-9}$ g/(cm^2·hPa·s)。850 hPa 上，低涡辐合环流中心位于重庆中部偏西地区，低涡中心东部水汽辐合较强水汽通量散度最大值达到 $-8×10^{-9}$ g/(cm^2·hPa·s) 左右，贵州-湖南一带西南暖湿气流强盛，最大风速可达18 m/s。此外，沿 29°N 纬向-垂直剖面图上显示重庆东南部强降水区域内，正涡度区一直延伸至400 hPa，最大涡度值达 $8×10^{-5}$ s^{-1} 左右，而且降水区垂直上升运动强盛，垂直速度大值中心位于高层700 hPa 上，量值达到 -2.4 hPa/s。

个例 44 2010 年 8 月 15 日暴雨

（1）暴雨时段

2010 年 8 月 14 日 08 时—15 日 20 时。

（2）雨情描述

2010 年 8 月 14 日白天至 15 日白天，重庆市出现了一次区域暴雨天气过程，中、西部局部地区、东北部大部地区及东南部局部地区出现了大雨到暴雨，东北部局部达大暴雨，其余地区小到中雨。

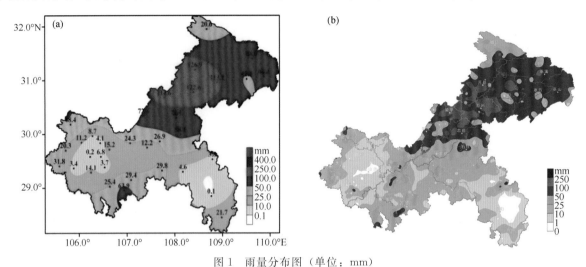

图 1 雨量分布图（单位：mm）

（a）2010 年 8 月 14 日 08 时—15 日 20 时国家站过程总雨量；（b）2010 年 8 月 14 日 08 时—15 日 20 时区域站过程总雨量

（3）灾情描述

此次过程造成万州、忠县、巫溪、开县等地受灾，受灾人口达 2.7 万人，转移安置 8265 人，农作物受灾 1.1 万 hm²、绝收 614 hm²，房屋损坏 4112 间、倒塌 541 间，公路受损 45 km，直接经济损失 3383 万元。

（4）形势分析

影响系统：高空槽、西南低涡、低空急流、冷锋

1）8 月 14—15 日，200 hPa 南压高压位于青藏高原上空，强降水区位于南压高压前端脊线上，有利于强降水区高空辐散。

2）8 月 14—15 日，500 hPa 中高纬度为"两槽一脊"型环流，副热带高压控制着西太平洋地区，青藏高原为大陆高压控制，两高之间高空槽从东北伸展至四川盆地上空，副热带高压的阻塞促使高空槽东移缓慢，青藏高原的高压引导冷空气东移南下影响四川盆地。

3）8 月 15 日 08 时，700 hPa 上西南低涡中心位于四川盆地东北部，低涡切变从四川盆地南部至陕西南部地区，随着高空槽东移向北收缩，牵引着西南低涡向北移动，影响着四川盆地东北部以及重庆东北部地区。

4）8 月 15 日 08 时，850 hPa 上西南低涡位于四川东北部和重庆东北部交界地区，重庆南部至贵州南部地区，低涡南侧风速达 10 m/s，有利于水汽的输送。

5）8月15日08时，地面冷锋位于四川盆地上空，存在弱冷空气入侵。

（5）天气分析图

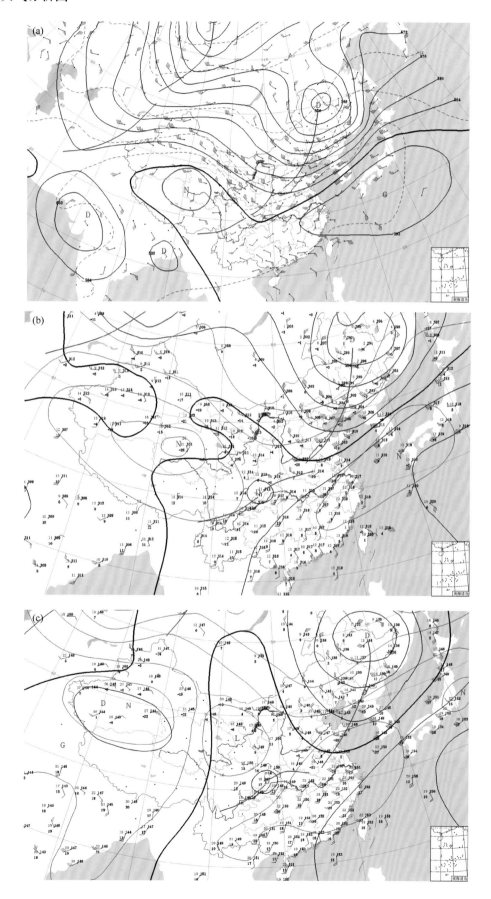

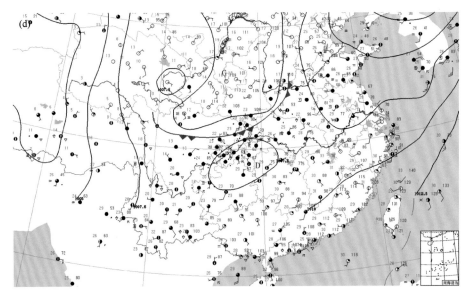

图 2　2010 年 8 月 15 日 08 时天气图

（a）500 hPa；（b）700 hPa；（c）850 hPa；（d）地面

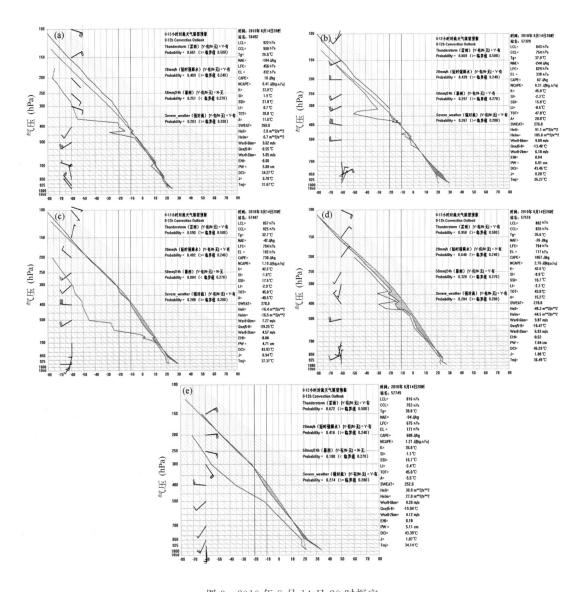

图 3　2010 年 8 月 14 日 20 时探空

（a）宜宾（降水中）；（b）达州（降水中）；（c）恩施（降水中）；（d）沙坪坝（降水中）；（e）怀化（无降水）

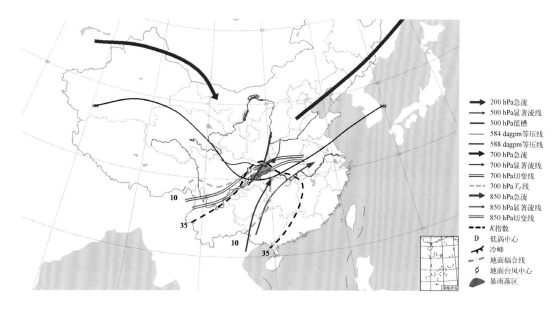

图4　2010年8月15日08时综合分析图

（6）卫星云图

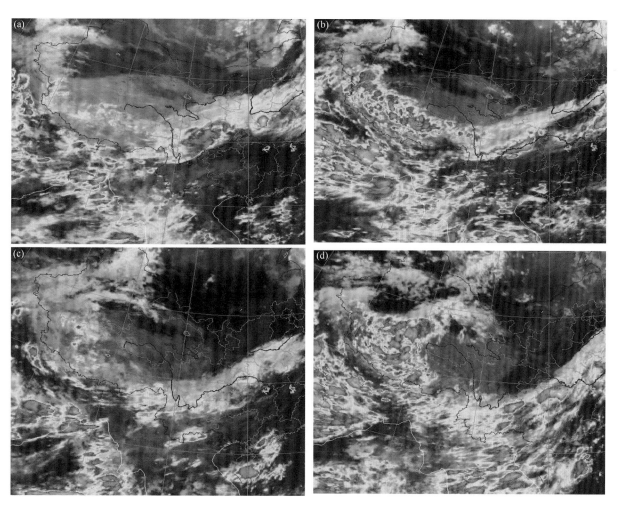

图5　2010年7月14—15日红外云图

（a）14日08时；（b）14日20时；（c）15日08时；（d）15日20时

（7）雷达回波分析

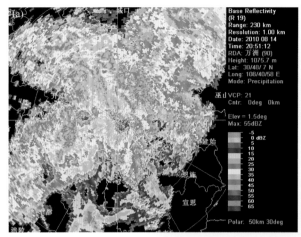
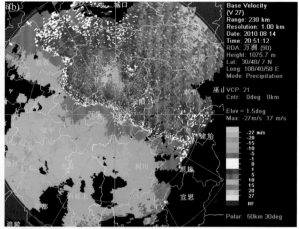

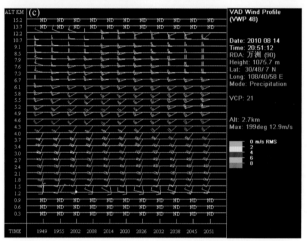

图 6　2010 年 8 月 15 日 04 时 51 分万州多普勒天气雷达
（a）基本反射率因子；（b）径向速度图；（c）风廓线

　　本次暴雨过程在重庆中部偏北的垫江、梁平到东北部地区，万州雷达站 15 日 04 时 51 分反射率因子图上可以看到，大片密实的强回波位于整个雷达站周围，回波强度基本为 35 dBZ 以上，梁平的东部、云阳北部到开县东部，奉节东南部到恩施东北部有三个强回波中心。对应时刻速度图上可见，强回波自西南向东北方向移动。风廓线图上可见降水强盛时整层为一致的西南气流，高度达到 10 km 以上，且一直持续，为暴雨的发生提供了充沛的水汽条件和动力条件。

（8）物理量分析

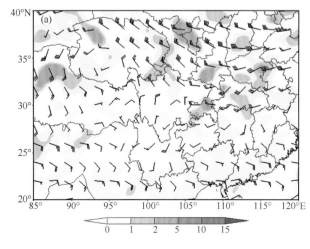
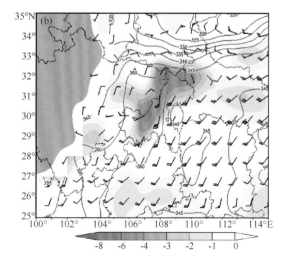

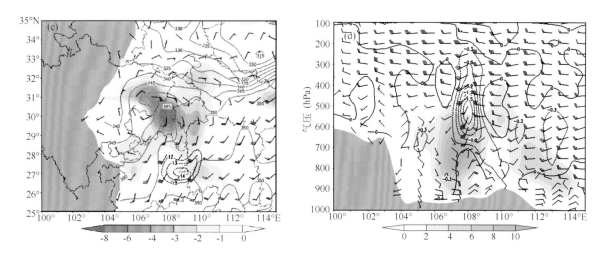

图 7　2010 年 8 月 15 日 08 时

(a) 500 hPa 风场（羽状风矢量，单位：m/s）和涡度平流（蓝色阴影，单位：$10^{-10}\,\mathrm{s}^{-2}$）；(b) 700 hPa 水汽通量散度（蓝色阴影，单位：$10^{-9}\,\mathrm{g/(cm^2 \cdot hPa \cdot s)}$）和假相当位温（红色实线，单位：K）；（c）850 hPa 水汽通量散度（蓝色阴影，单位：$10^{-9}\,\mathrm{g/(cm^2 \cdot hPa \cdot s)}$）、假相当位温（红色实线，单位：K）以及全风速（黑色虚线≥12 m/s，单位：m/s）；(d) 垂直速度（黑色等值线，单位：hPa/s）、风场（羽状风矢量，单位：m/s）以及涡度（绿色阴影，单位：$10^{-5}\,\mathrm{s}^{-1}$）沿 29°N 纬向一垂直剖面

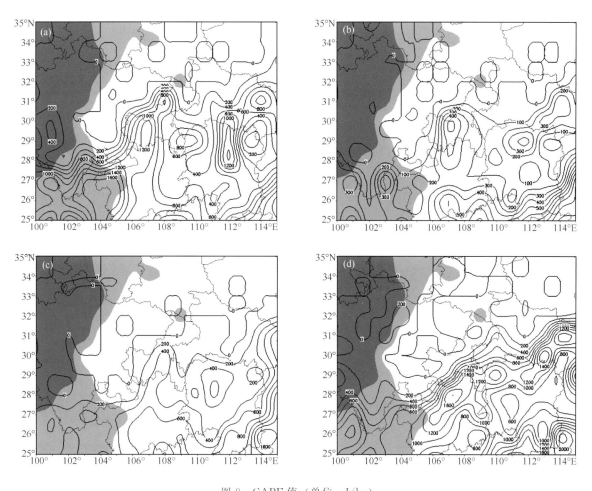

图 8　CAPE 值（单位：J/kg）

（a）2010 年 14 日 20 时；（b）2010 年 15 日 02 时；（c）2010 年 15 日 08 时；（d）2010 年 15 日 14 时

物理量分析：8 月 15 日 08 时，500 hPa 上空重庆中西部为正的涡度平流大值区，量值为 $4 \times 10^{-10} \, s^{-2}$ 左右。700 hPa 上重庆西部为低涡辐合环流，低涡中心前部重庆中西部及东北部都为较大水汽通量散度，而重庆西部的水汽通量散度较弱，量值达到 $-8 \times 10^{-9} \, g/(cm^2 \cdot hPa \cdot s)$。850 hPa 上，重庆西部也为低涡辐合环流，重庆中部及东北部为水汽辐合大值区，水汽通量散度最大值达到 $-8 \times 10^{-9} \, g/(cm^2 \cdot hPa \cdot s)$ 左右。此外，沿 31°N 纬向一垂直剖面图上显示降水区域内存在正的涡度柱，最大涡度中心位于 750 hPa，最大涡度值达 $8 \times 10^{-5} \, s^{-1}$ 以上，此时降水区存在较强垂直上升运动，垂直速度大值中心位于高层 500 hPa 上，量值达到 -1.5 hPa/s。CAPE 值的时间演变图上也可以看到 14 日 20 时，重庆西部 CAPE 值较大为 1000 J/kg 以上，随后逐渐减小，15 日 14 时，重庆东南部 CAPE 值逐渐增大，量值达到 1500 J/kg 以上。

个例45　2011年6月17日暴雨

（1）暴雨时段

2011年6月16日20时—17日20时。

（2）雨情描述

2011年6月16日夜间至17日白天，重庆出现了一次区域暴雨天气过程，中西部地区、东北部大部地区及东南部局部地区出现了大雨到暴雨，其中西部局部达大暴雨。

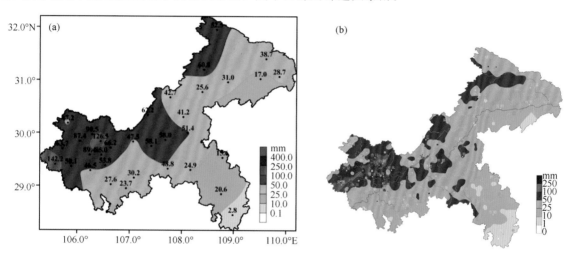

图1　雨量分布图（单位：mm）

（a）2011年06月16日20时—17日20时国家站雨量；（b）2011年06月16日20时—17日20时区域站雨量

（3）灾情描述

此次过程造成巫溪、潼南、忠县、大足、荣昌、铜梁、北碚、合川、渝北、璧山、巴南、涪陵、丰都、彭水等地受灾，受灾人口达45.7万人，其中死亡1人，失踪1人，受伤2人，转移安置4520人；农作物受灾1.3万 hm²，成灾1444.1 hm²，绝收129 hm²；房屋损坏1937间，倒塌1152间；公路受损252 km；直接经济损失1.6亿元。

（4）形势分析

影响系统：高空槽、西南涡

1）6月17日08时，500 hPa高空槽移至甘肃南部、川东、贵州西部一带，槽区明显加深；与此同时，700低涡移至四川东北部，850 hPa低涡位置与700 hPa低涡位置比较一致；中低层系统构成显著的低层辐合高层辐散形势。

2）本次过程低层有明显冷平流入侵。16日20时，850 hPa冷舌从我国东北地区西伸至河南陕西一带。17日08时，850 hPa冷舌进一步西进至西南低涡北部，重庆地区开始出现强降水。

3）与16日20时相比，在17日08时，850 hPa低涡以南的西南风显著增强，700 hPa沙坪坝站风速达到22 m/s，增加了16 m/s。

4）地面图上，四川盆地北部有弱冷空气侵入。

（5）天气分析图

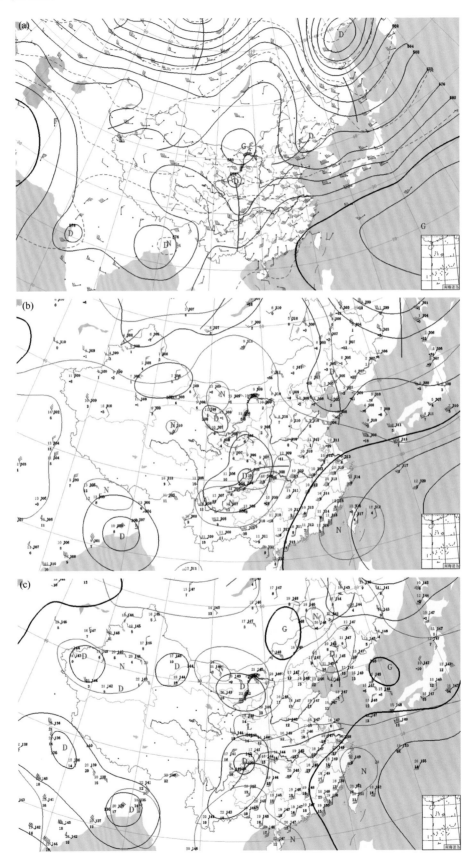

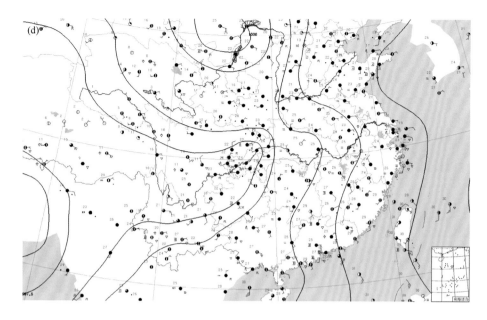

图 2　2011 年 06 月 17 日 08 时高空天气图

(a) 500 hPa；(b) 700 hPa；(c) 850 hPa；(d) 地面

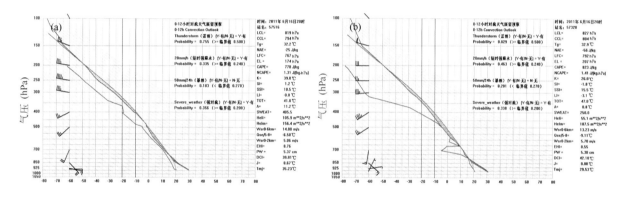

图 3　2011 年 6 月 16 日 20 时探空

(a) 沙坪坝（降水前）；(b) 达州（降水前）

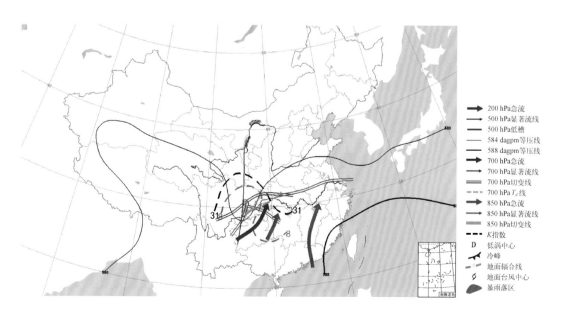

图 4　2011 年 6 月 17 日 08 时综合图

（6）卫星云图

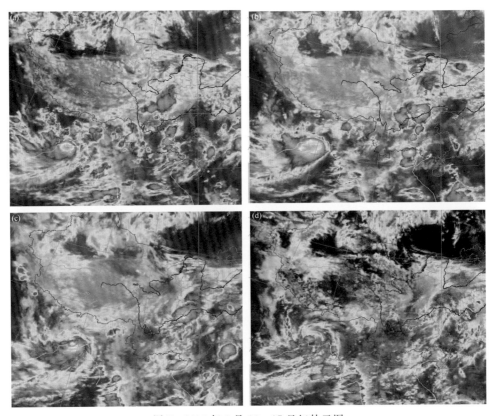

图 5　2011 年 6 月 16—17 日红外云图
（a）16 日 20 时；（b）17 日 02 时；（c）17 日 08 时；（d）17 日 14 时

（7）雷达回波分析

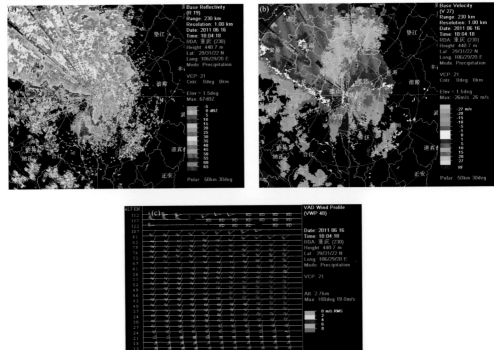

图 6　17 日 02 时 04 分重庆多普勒天气雷达
（a）基本反射率因子；（b）径向速度图；（c）风廓线

本次暴雨过程在重庆偏北地区普遍出现了暴雨—大暴雨降水，重庆雷达站 17 日 02 时 04 分反射率因子图上可以看到，大片密实的强回波位于雷达站北侧，潼南—合川—江北—巴南有一西北—东南向强回波带，最强回波强度约 50 dBZ。对应时刻速度图上可见，强回波向偏北方向移动。风廓线图上可见降水强盛时 850 hPa 以下为东南气流，以上为一致的强盛西南气流，高度达到 10km 以上，且一直持续，为暴雨的发生提供了充沛的水汽条件和动力条件。

（8）物理量分析

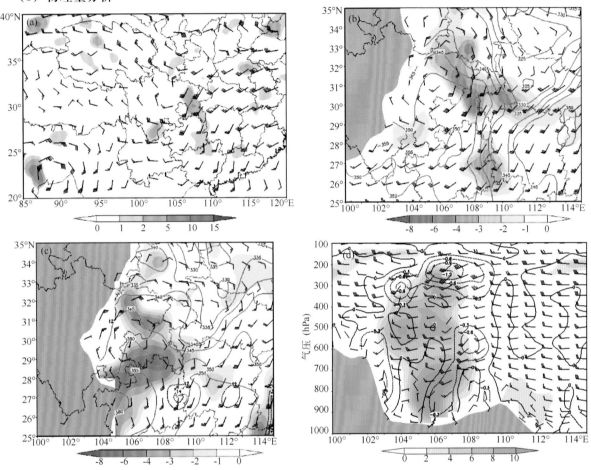

图 7 2011 年 6 月 17 日 08 时

（a）500 hPa 风场（羽状风矢量，单位：m/s）和涡度平流（蓝色阴影，单位：10^{-10} s^{-2}）；（b）700 hPa 水汽通量散度（蓝色阴影，单位：10^{-9} g/(cm^2·hPa·s)）和假相当位温（红色实线，单位：K）；（c）850 hPa 水汽通量散度（蓝色阴影，单位：10^{-9} g/(cm^2·hPa·s)）和假相当位温（红色实线，单位：K）；（d）垂直速度（黑色等值线，单位：hPa/s）、风场（羽状风矢量，单位：m/s）以及涡度（绿色阴影，单位：10^{-5} s^{-1}）沿30°N纬向—垂直剖面

物理量分析：6 月 17 日 08 时，500 hPa 上空重庆中部及东南部为正的涡度平流大值区，量值为 5×10^{-10} s^{-2} 以上。700 hPa 上四川盆地东部存在低涡辐合环流，低涡前部西南暖湿气流较强，并在重庆中部及东北部形成水汽辐合大值区，水汽通量散度最大值达到 -8×10^{-9} g/(cm^2·hPa·s)。850 hPa 上，重庆西部为低涡辐合环流，重庆中、西部及东南部为水汽辐合大值区，水汽通量散度最大值达到 -8×10^{-9} g/(cm^2·hPa·s) 左右。此外，沿 30°N 纬向—垂直剖面图上显示降水区域内存在正的涡度柱，最大涡度值达 10×10^{-5} s^{-1} 以上，此时降水区存在较强垂直上升运动，中低层垂直速度大值中心位于高层 600 hPa 上，量值达到 -0.9 hPa/s。

个例 46 2011 年 6 月 23 日暴雨

（1）暴雨时段

2011 年 6 月 21 日 20 时　23 日 20 时。

（2）雨情描述

2011 年 6 月 21 日 20 时—23 日 20 时，重庆市出现了一次区域暴雨天气过程，西部偏西偏南地区、中部部分地区、东北部大部地区及东南部部分地区出现了大雨到暴雨，其中部分地区达大暴雨，其余地区小到中雨。

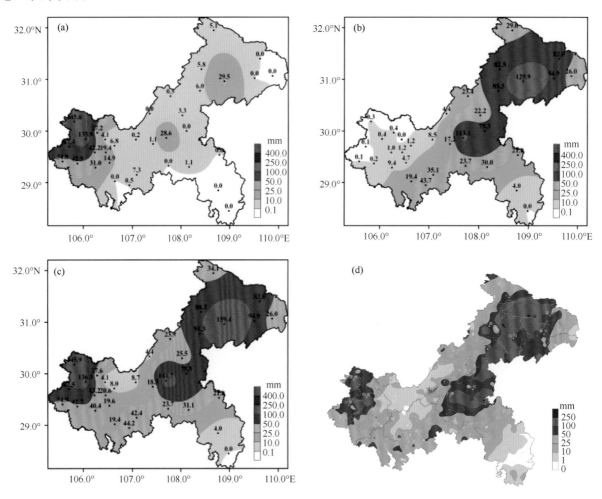

图 1　雨量分布图（单位：mm）

（a）6 月 21 日 20 时—22 日 20 时；（b）6 月 22 日 20 时—23 日 20 时；（c）6 月 21 日 20 时—23 日 20 时国家站过程总雨量；（d）6 月 21 日 20 时—23 日 20 时区域站过程总雨量

（3）灾情描述

此次过程造成城口、潼南、大足、永川、开县、云阳、巫溪、奉节、万州、忠县、石柱、丰都、彭水、綦江等地受灾，受灾人口达 127.1 万人，其中死亡 6 人，失踪 4 人，受伤 3 人，转移安置 6.3 万人；农作物受灾 4.0 万 hm²，成灾 5993.4 hm²，绝收 1211.8 hm²；房屋损坏 8188 间，倒塌 3298 间；公路受损 1433.7 km；直接经济损失 9.1 亿元。

（4）形势分析

影响系统：高空槽、低空切变线、西南涡

1）6 月 21—23 日，500 hPa，青藏高压发展，青藏高压与副热带高压之间的切变位于四川盆地，缓慢东移；同时，河套北部冷槽东移的过程中与盆地上空的切变叠加，有利于切变的加深发展，而南海热带气旋的西北移，与青藏高压、副热带高压、冷槽共同构成了"鞍型场"形势，有利于形势的稳定维持，在冷槽与两高之间切变前部的重庆地区形成持续的抬升条件。

2）21 日 20 时，盆地内有弱西南涡生成并向偏东方向移动，西南涡附近 700 hPa 和 850 hPa 上的切变呈东北—西南走向，主要影响重庆长江沿岸及以北地区，为强降雨的产生提供了有利的辐合上升条件。

3）西南涡的南侧有较强西南气流存在，22 日 08 时，沙坪坝站 700 hPa 风速达到 10 m/s，并且，850 hPa 热带气旋外围的东南气流与副高西侧的东南气流结合，为重庆地区输送了充沛的水汽；同时，河套北部地区 200 hPa 为西风急流带，重庆地区位于高空急流右侧、南亚高压东侧的高空辐散区，有利于暴雨区的上升运动的加强。

4）对流层中低层有弱冷空气侵入，22 日 08 时，850 hPa 沙坪坝站有 −2℃ 负变温区出现，有利于强降水的产生。

5）地面图上，四川盆地北部有弱冷空气侵入。

（5）天气分析图

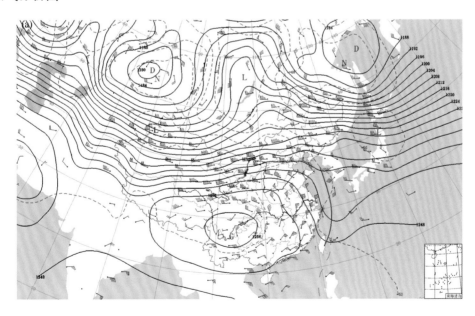

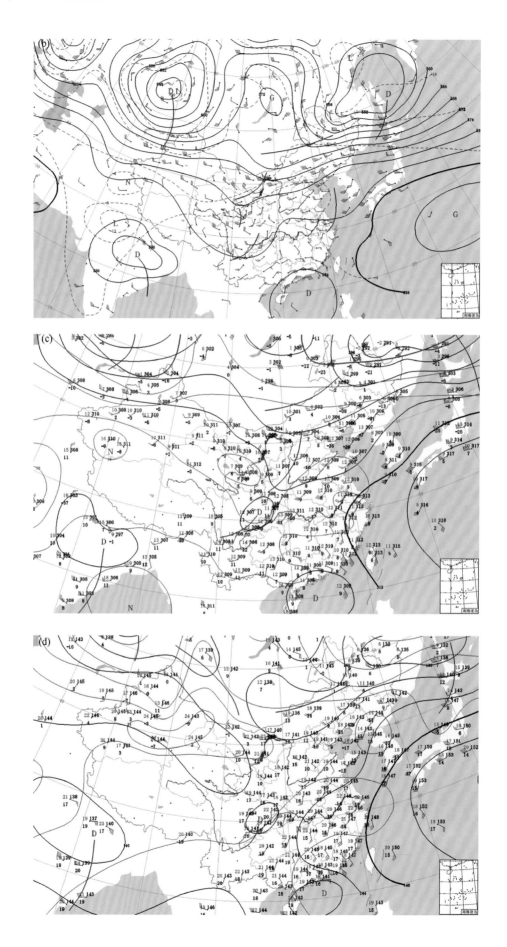

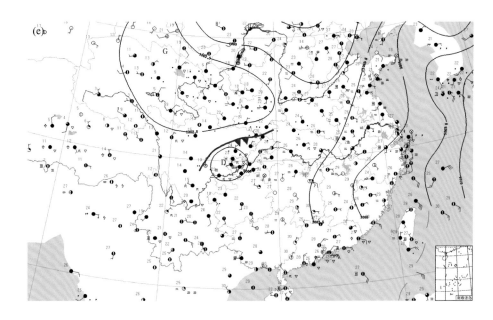

图2　2011年6月22日08时天气图

(a) 200 hPa；(b) 500 hPa；(c) 700 hPa；(d) 850 hPa；(e) 地面

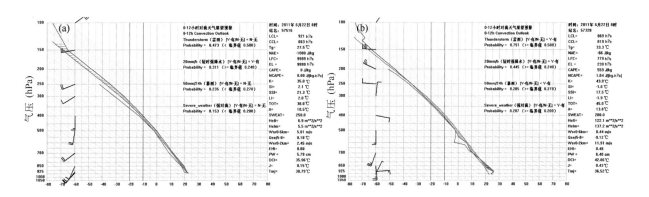

图3　2011年6月22日08时探空

(a) 沙坪坝（降水中）；(b) 达州（降水中）

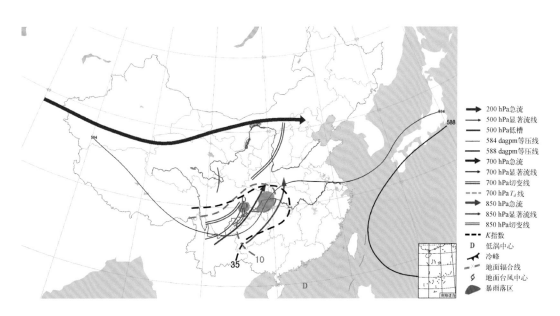

图4　2011年6月22日08时综合分析图

（6）卫星云图

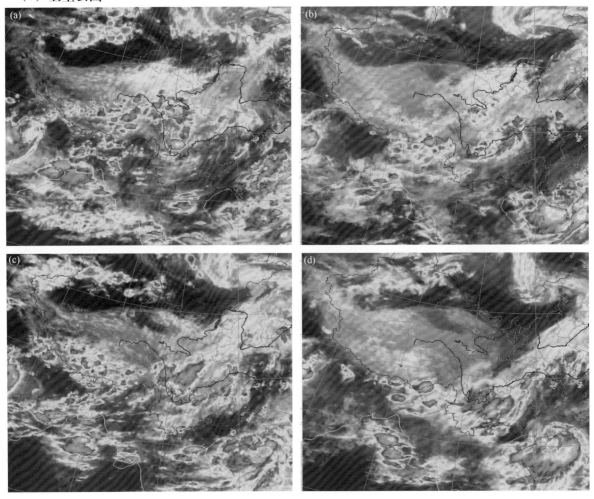

图 5　2011 年 6 月 21—23 日红外云图

(a) 21 日 20 时；(b) 22 日 08 时；(c) 22 日 20 时；(d) 23 日 08 时

　　23 日 0 时 24 分万州雷达站 1.5°基本反射率因子图上可见，雷达站及其南侧 150km 内不断有回波单体生成且强中心强度均达 50 dBZ 以上，随后这些回波单体受西南气流引导逐渐向东北方向移动，对应时刻 1.5°速度图上为一致西南气流；风廓线图上可见，南向气流保持了高度一致的方向，最高高度达 10 km 左右，强烈的上升运动和西南气流带来的充沛水汽条件促成了不断有强回波的生成，在其后的移动中产生了列车效应，给重庆东北部带来了强降水。

（7）雷达回波分析

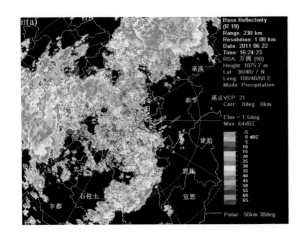

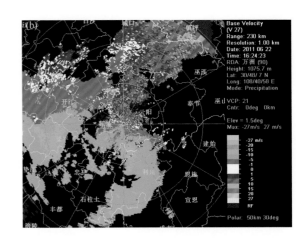

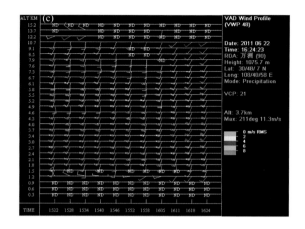

图6 6月22日0时24分重庆多普勒天气雷达产品
（a）基本反射率因子；（b）径向速度图；（c）风廓线图

（8）物理量分析

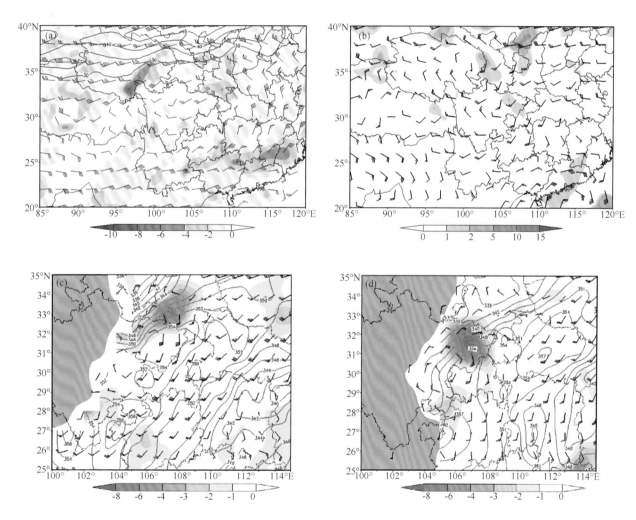

图7 2011年6月22日08时

（a）200 hPa散度（红色色阴影，单位：$10^{-5}s^{-1}$）和风（羽状风矢量，单位：m/s）；（b）500 hPa风场（羽状风矢量，单位：m/s）和涡度平流（蓝色阴影，单位：$10^{-10}s^{-2}$）；（c）700 hPa水汽通量散度（蓝色阴影，单位：$10^{-9}g/cm^2 \cdot hPa \cdot s$）和假相当位温（红色实线，单位：K）；（d）850 hPa水汽通量散度（蓝色阴影，单位：$10^{-9}g/cm^2 \cdot hPa \cdot s$）和假相当位温（红色实线，单位：K）

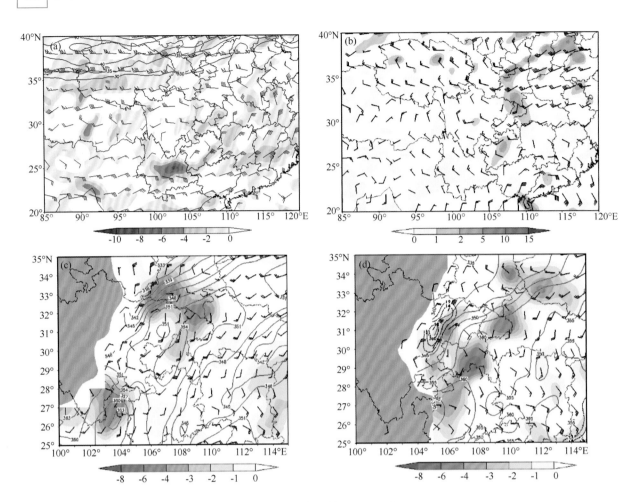

图 8　2011 年 6 月 22 日 20 时

（a）200 hPa 散度（红色色阴影，单位：$10^{-5}\,s^{-1}$）和风（羽状风矢量，单位：m/s）；（b）500 hPa 风场（羽状风矢量，单位：m/s）和涡度平流（蓝色阴影，单位：$10^{-10}\,s^{-2}$）；（c）700 hPa 水汽通量散度（蓝色阴影，单位：$10^{-9}\,g/(cm^2\cdot hPa\cdot s)$）和假相当位温（红色实线，单位：K）；（d）850 hPa 水汽通量散度（蓝色阴影，单位：$10^{-9}\,g/(cm^2\cdot hPa\cdot s)$）和假相当位温（红色实线，单位：K）

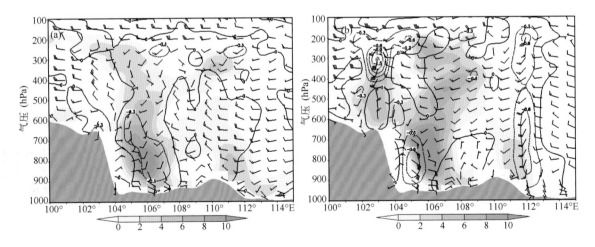

图 9　垂直速度（黑色等值线，单位：hPa/s）、风场（羽状风矢量，单位：m/s）

以及涡度（绿色阴影，单位：$10^{-5}\,s^{-1}$）沿 31°N 纬向一垂直剖面

（a）2011 年 6 月 22 日 08 时；（b）2011 年 6 月 22 日 20 时

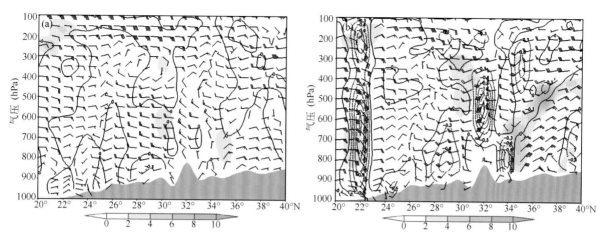

图 10　垂直速度（黑色等值线，单位：hPa/s）、风场（羽状风矢量，单位：m/s）
以及涡度（绿色阴影，单位：$10^{-5}\,\text{s}^{-1}$）沿 109°E 经向—垂直剖面
（a）2011 年 6 月 22 日 08 时；（b）2011 年 6 月 22 日 20 时

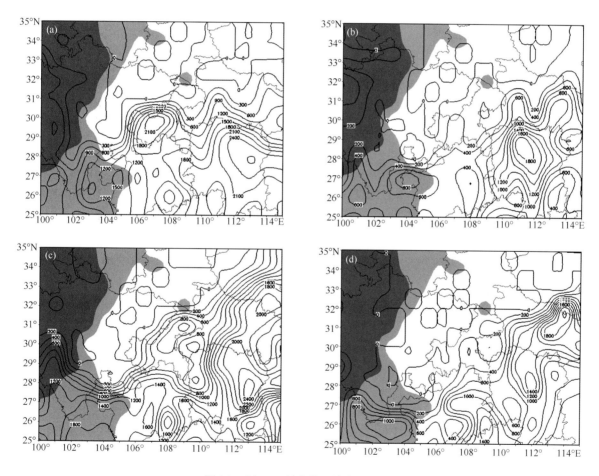

图 11　CAPE（等值线，单位：J/kg）
（a）2011 年 6 月 21 日 20 时；（b）2011 年 6 月 22 日 08 时；（c）2011 年 6 月 22 日 20 时；（d）2011 年 6 月 23 日 08 时

图 12　*K* 指数（等值线，单位：℃）

(a) 2011 年 6 月 21 日 20 时；(b) 2011 年 6 月 22 日 08 时；(c) 2011 年 6 月 22 日 20 时；(d) 2011 年 6 月 23 日 08 时

物理量分析：6 月 22 日 20 时，200 hPa 上空中高纬高空急流强盛，重庆大部分地区为负的散度区，主要以辐合为主。500 hPa 上空重庆大部分地区处于槽前正的涡度平流区，最大正涡度区位于重庆中部，值为 $2 \times 10^{-10} \, \mathrm{s}^{-2}$ 以上。700 hPa 上重庆西部地区存在低涡辐合环流，重庆中部及东北部水汽辐合较强。850 hPa 上四川盆地东部东北急流强盛，最大风速达到 16 m/s，重庆西部也为低涡辐合环流，其前部中部就东北部都为水汽辐合大值区，西部地区辐合较强，水汽通量散度最大值达到 $-8 \times 10^{-9} \, \mathrm{g/(cm^2 \cdot hPa \cdot s)}$。

沿 31°N 纬向—垂直剖面图上显示 6 月 22 日 08 时—20 时降水区域为正的涡度柱，且略向西倾斜，涡度最大值位于 800 hPa，量值达 $10 \times 10^{-5} \, \mathrm{s}^{-1}$ 左右，降水区垂直上升运动较强，垂直速度为 -0.3 hPa/s 以上。沿 109°E 经向—垂直剖面上降水区为正的涡度区，涡度值最大为 $6 \times 10^{-5} \, \mathrm{s}^{-1}$ 左右，垂直上升运动较强，垂直速度最大值位于 500 hPa，值为 -1.5 hPa/s 以上。此外，21 日 20 时重庆中西部及东南部降水区的 CAPE 值较大，均在 1000 J/kg 以上，大致中心位于西部，最大值达到 2200 J/kg 左右。22 日 20 时，降水区的 CAPE 值略有降低，量值约在 800 J/kg 左右。*K* 指数在降水过程中都维持在 35℃ 以上。

个例47　2011年7月7日暴雨

（1）暴雨时段

2011年7月6日20时—7日20时。

（2）雨情描述

2011年7月6日夜间至7日白天，重庆出现了一次区域暴雨天气过程，东北部大部地区及东南部部分地区出现了大雨到暴雨，其中局部地区达大暴雨，其余地区小到中雨、局部大雨。

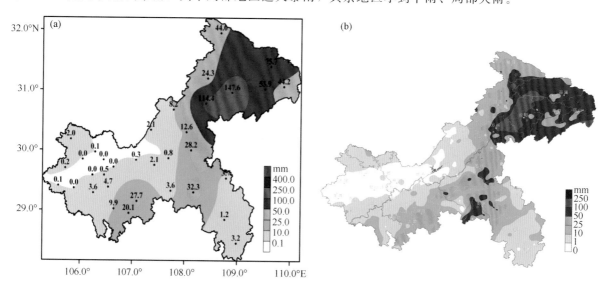

图1　雨量分布图（单位：mm）

（a）2011年7月6日20时—7日20时国家站过程总雨量；（b）2011年7月6日20时—7日20时区域站过程总雨量

（3）灾情描述

此次过程造成云阳、巫溪、奉节、万州、丰都、彭水等地受灾，受灾人口达21.9万人，其中死亡1人，转移安置5279人；农作物受灾1.7万 hm²，成灾3261.4 hm²，绝收2036.4 hm²；房屋损坏2558间，倒塌877间；公路受损296.4 km；直接经济损失1.7亿元。

（4）形势分析

影响系统：高空槽、切变线、低空急流

1）4日20时，副高588 dagpm线控制长江中下游沿线及其以南大部地区，势力达到最强，自5日开始，副高逐渐东退，高原低槽和贝加尔湖低涡底部的冷槽逐渐东移，6日20时，两槽合并影响重庆，7日08时，高空槽主体影响重庆，20时，高空槽向北收缩，重庆大部地区转为槽后的西偏北气流。

2）随着高空槽的东移，贝加尔湖低涡后部的冷平流侵入四川盆地，6日20时700 hPa切变线位于陕南到成都一线，达州为10 m/s的西南气流，随着强冷空气的入侵，7日08时，达州转为20 m/s的东北气流，切变线东移到恩施到贵阳一线，而850 hPa的低空急流位于广西北部到武汉一线，重庆东北部地区位于急流左侧，7 日 08 时，湖南怀化的西南气流增大为 18 m/s。冷平流和西南低空急流触发了本地高不稳定能量的释放。

3）7 日 08 时，地面冷锋位于陕南到成都一线。

（5）天气分析图

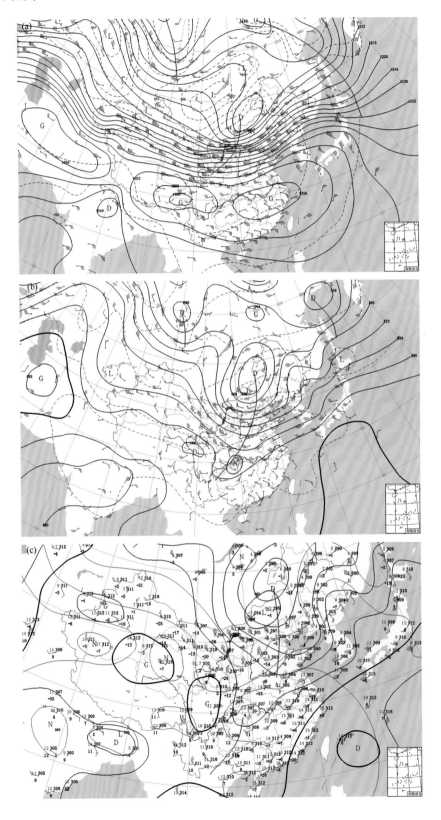

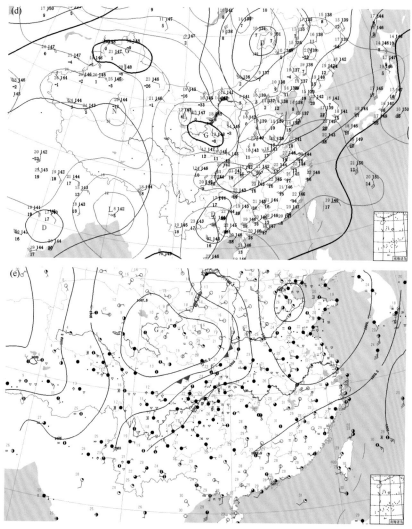

图 2　2011 年 7 月 7 日 08 时天气图

(a) 200 hPa；(b) 500 hPa；(c) 700 hPa；(d) 850 hPa；(e) 地面

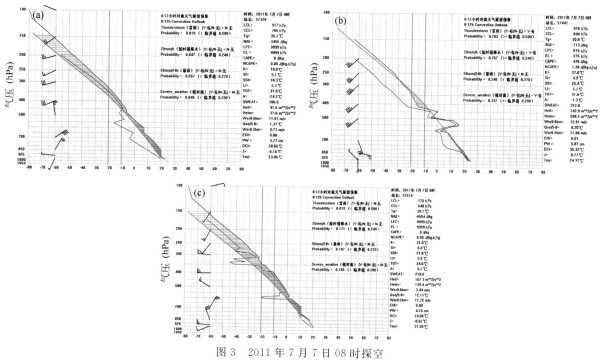

图 3　2011 年 7 月 7 日 08 时探空

(a) 达州（降水中）；(b) 恩施（降水中）；(c) 沙坪坝（降水前）

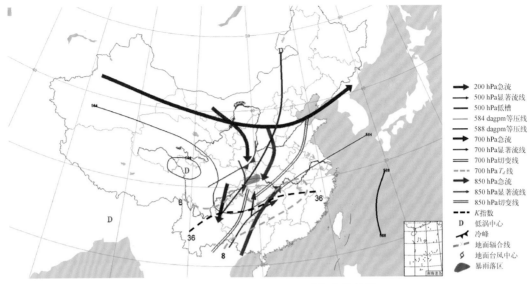

图4　2011年7月7日08时综合分析图

（6）卫星云图

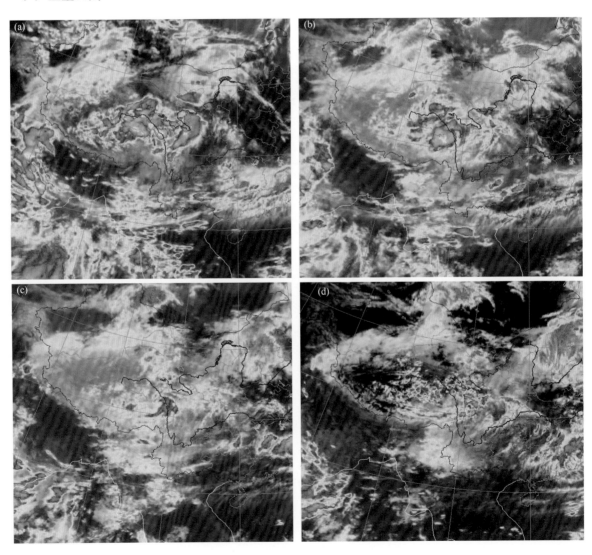

图5　2011年7月6—7日红外云图
(a) 6日20时；(b) 7日02时；(c) 7日08时；(d) 7日14时

（7）雷达回波分析

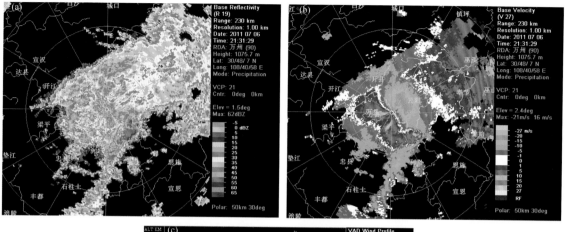

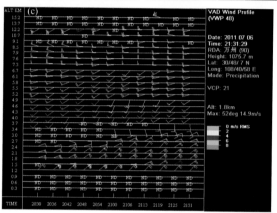

图 6　2011 年 7 月 6 日 21 时 31 分万州多普勒天气雷达图
（a）基本反射率因子；（b）径向速度图；（c）风廓线图

雷达图描述：本次降水过程 24 小时暴雨区域主要位于万州、云阳、巫溪、巫山、奉节、城口南部，从万州基本反射率因子图上可以看到，7 月 6 日 21 时 31 分，万州以东的区域均为 40 dBZ 强回波区，万州南部到石柱东部有一条狭长的 50 dBZ 以上的强回波带。与之相对应时刻的 2.4°速度图上可以看到在万州到云阳之间有正负速度大值区，风向为东北向，速度绝对值最大达 22 m/s，而雷达站南侧的石柱到万州东南部则为明显的西南气流，这表明降水强盛时存在明显的风切变，对降水的持续和发展有非常重要的作用。风廓线图上可以看到，低层风为东北向（冷空气），中高层为西偏南气流，从低层到高层为顺转。随着高空槽逐渐东移，回波强度仍然持续但位置也规律东移。

（8）物理量分析

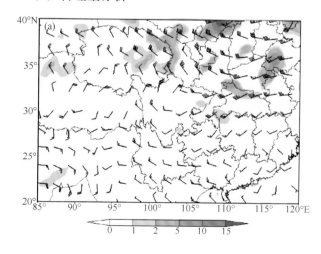

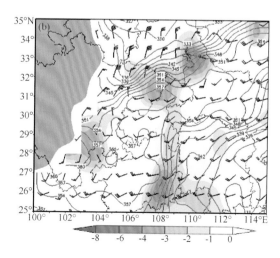

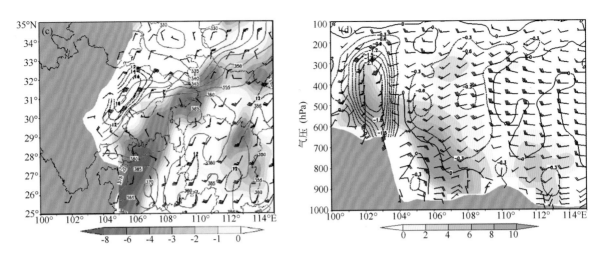

图 7 2011 年 7 月 6 日 20 时

（a）500 hPa 风场（羽状风矢量，单位：m/s）和涡度平流（蓝色阴影，单位：$10^{-10}\,s^{-2}$）；（b）700 hPa 水汽通量散度（蓝色阴影，单位：$10^{-9}\,g/(cm^2 \cdot hPa \cdot s)$）和假相当位温（红色实线，单位：K）；（c）850 hPa 水汽通量散度（蓝色阴影，单位：$10^{-9}\,g/(cm^2 \cdot hPa \cdot s)$）和假相当位温（红色实线，单位：K）；（d）垂直速度（黑色等值线，单位：hPa/s）、风场（羽状风矢量，单位：m/s）以及涡度（绿色阴影，单位：$10^{-5}\,s^{-1}$）沿 31°N 纬向一垂直剖面

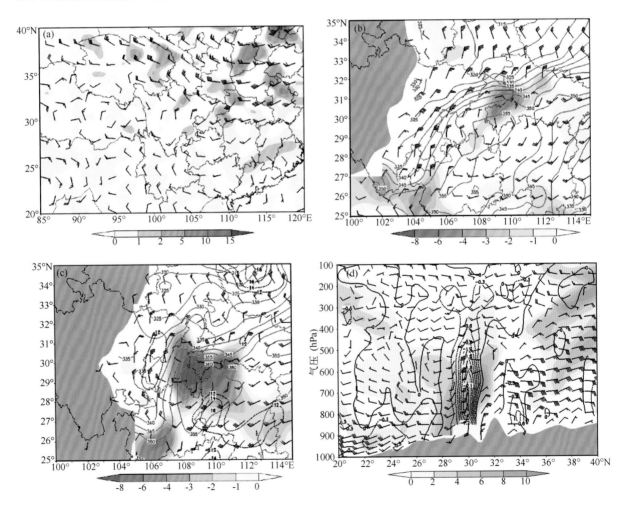

图 8 2011 年 7 月 7 日 08 时

（a）500 hPa 风场（羽状风矢量，单位：m/s）和涡度平流（蓝色阴影，单位：$10^{-10}\,s^{-2}$）；（b）700 hPa 水汽通量散度（蓝色阴影，单位：$10^{-9}\,g/(cm^2 \cdot hPa \cdot s)$）和假相当位温（红色实线，单位：K）；（c）850 hPa 水汽通量散度（蓝色阴影，单位：$10^{-9}\,g/(cm^2 \cdot hPa \cdot s)$）和假相当位温（红色实线，单位：K）；（d）垂直速度（黑色等值线，单位：hPa/s）、风场（羽状风矢量，单位：m/s）以及涡度（绿色阴影，单位：$10^{-5}\,s^{-1}$）沿 109°E 经向一垂直剖面

物理量分析：7 月 6 日 20 时，500 hPa 上空重庆为正的涡度平流区，量值为 $1\times10^{-10}\,s^{-2}$ 左右。700 hPa 上四川盆地东北部存在切变辐合，辐合线前重庆东北部都为较大水汽通量散度，水汽通量散度最大值达到$-4\times10^{-9}\,g/(cm^2\cdot hPa\cdot s)$。850 hPa 上，四川盆地东部东北急流强盛，最大风速达到 18 m/s，重庆大部地区都为水汽辐合大值区，水汽通量散度最大值达到$-8\times10^{-9}\,g/(cm^2\cdot hPa\cdot s)$ 左右。此外，沿 31°N 纬向一垂直剖面图上显示降水区域为正的涡度区，最大涡度值达 $10\times10^{-5}\,s^{-1}$ 左右，同时降水区垂直上升运动较弱，垂直速度大值为-0.3 hPa/s。

7 日 08 时，500 hPa 上空重庆东北部正的涡度平流明显增大，最大值达到 $5\times10^{-10}\,s^{-2}$ 左右。700 hPa 上重庆东部为低涡辐合环流，其附近重庆东北部维持水汽辐合大值区，水汽通量散度增大至 $-6\times10^{-9}\,g/(cm^2\cdot hPa\cdot s)$。850 hPa 上，东北急流逐渐进入重庆，并有西南暖湿气流在重庆中部形成低涡辐合环流，低涡中心东部水汽辐合较强，水汽通量散度最大值为$-8\times10^{-9}\,g/(cm^2\cdot hPa\cdot s)$ 左右。109°E 经向一垂直剖面图上降水区存在一垂直涡度柱，涡度最大值达 $10\times10^{-5}\,s^{-1}$ 左右，此外强降水区垂直上升运动明显增强，垂直速度中心大致位于 700 hPa，量值达到-1.8 hPa/s 以上。

个例 48　2011 年 8 月 5 日暴雨

（1）暴雨时段

2011 年 8 月 3 日 20 时—5 日 20 时。

（2）雨情描述

2011 年 8 月 3 日夜间至 5 日白天，重庆出现了一次区域暴雨天气过程，东北部、中部部分、西部偏南及东南部部分地区普降大到暴雨，局部达大暴雨，其余地区小到中雨。

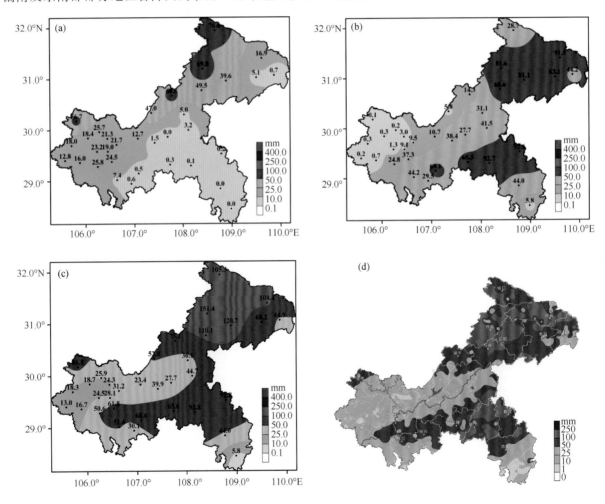

图 1　雨量分布图（单位：mm）

（a）2011 年 8 月 3 日 20 时—4 日 20 时；（b）2011 年 8 月 4 日 20 时—5 日 20 时；（c）2011 年 8 月 3 日 20 时—5 日 20 时国家站过程总雨量；（d）2011 年 8 月 3 日 20 时—5 日 20 时区域站过程总雨量

（3）灾情描述

此次过程造成城口、开县、巫溪、万州、忠县、丰都、彭水、黔江等地受灾，受灾人口达 42.4 万人，紧急转移安置 2502 人；农作物受灾 24796.6 hm²，成灾 4185.6 hm²，绝收 2315.6 hm²；损坏房屋

3855 间，倒塌 877 间；直接经济损失 15148 万元。

（4）形势分析

影响系统：高原涡、西南涡、低空切变线、低空急流、冷锋

1）此次暴雨过程范围大，强度强，是一次由高原低涡与西南低涡共同作用形成的暴雨天气。

2）500 hPa，2011 年 8 月 4 日 08 时，高原低涡移出高原，重庆处于槽前西南气流，由于华东及华北地区为副高西侧高压脊控制，且日本南部有热带气旋活动，使得副高脊维持在华东及华北地区，高原涡及西南涡的东移受到阻塞，速度缓慢，在川渝地区形成了持续而强烈的上升运动。

3）700 hPa，4 日 08 时，西南低涡在盆地东部生成，之后东移，西南涡东侧有低空急流生成维持，并随着西南涡缓慢东移，为暴雨区输送了充沛的水汽；850 hPa，4 日 08 时，重庆中西部处于西南低涡中心。

4）暴雨发生于南亚高压东部的高空强辐散区域，南亚高压北侧的高空急流与西南涡东侧的低空急流之间的耦合作用，加强了暴雨区的上升运动。

5）暴雨过程中对流层低层有弱冷空气侵入，850 hPa 有 $-4℃$ 负变温区出现，有利于强降水的触发。

（5）天气分析图

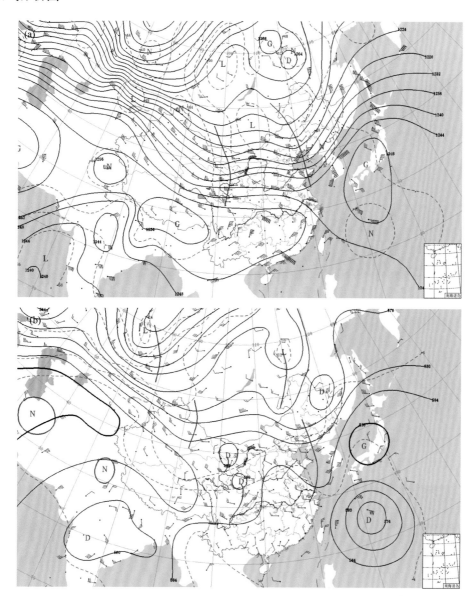

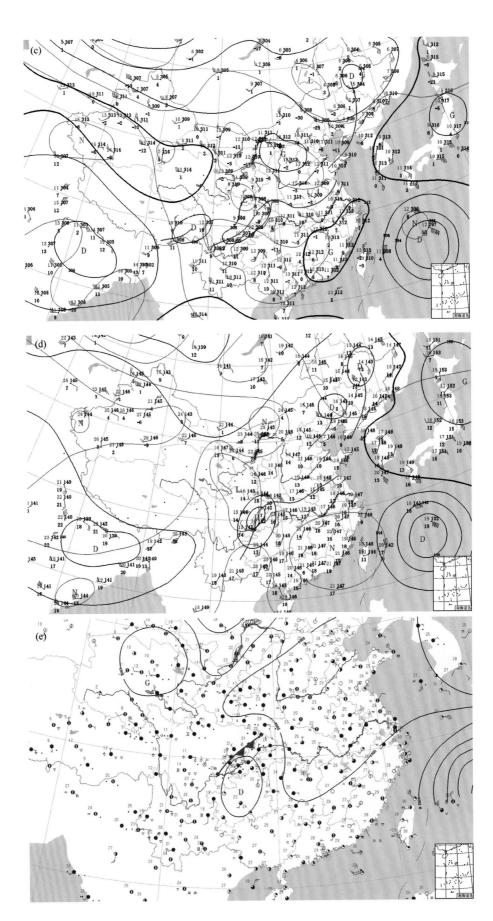

图 2　2011 年 8 月 4 日 08 时高空天气图
(a) 200 hPa；(b) 500 hPa；(c) 700 hPa；(d) 850 hPa；(e) 地面

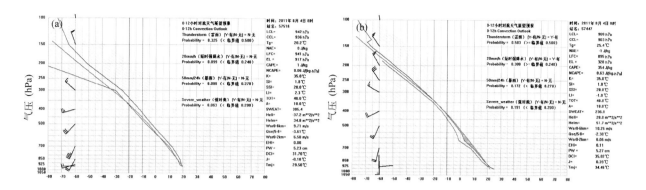

图 3　2011 年 8 月 4 日 08 时探空

（a）沙坪坝（降水中）；（b）恩施（降水中）

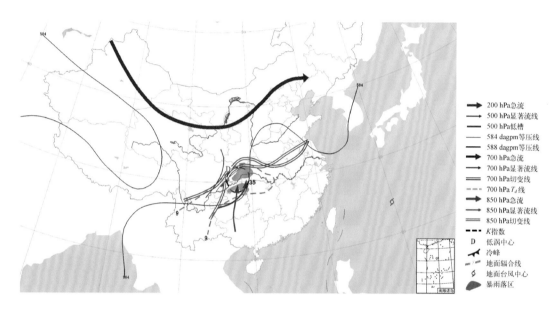

图 4　2011 年 8 月 4 日 08 时综合分析图

（6）卫星云图

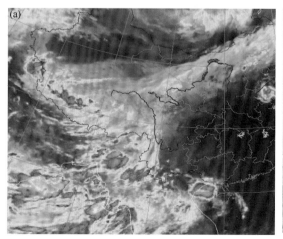

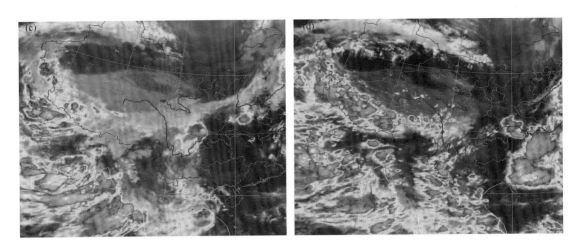

图5 2011年8月4—5日红外云图

(a) 4日08时；(b) 4日20时；(c) 5日08时；(d) 5日20时

(7) 雷达回波分析

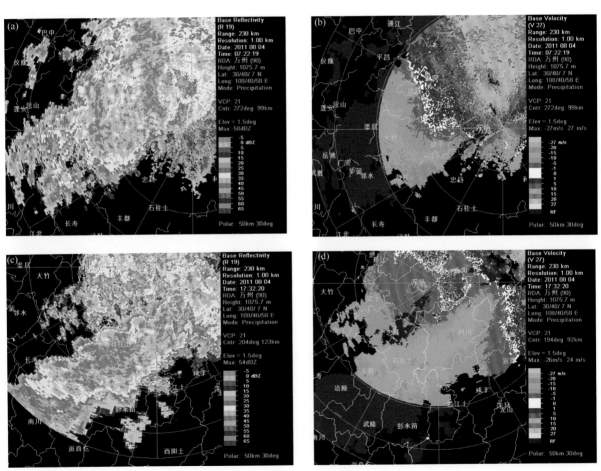

图6 2011年8月4日7时22分万州多普勒天气雷达图

(a) 基本反射率因子，(b) 径向速度图；8月4日17时32分万州多普勒天气雷达图：(c) 基本反射率因子，(d) 径向速度图

雷达图描述：7时22分，径向速度图显示暴雨区有西南低空急流，急流轴位于丰都—开县，最强急流高度为2.5km左右，风速20 m/s，基本反射率因子图显示，强降水期间以层状云和对流云混合性降水回波为主，强对流范围和强度不大。17时32分，石柱有强降水回波，速度图显示负速度占据绝

大部分区域，表明低层辐合强，上升运动剧烈，利于产生强降水。

（8）物理量分析

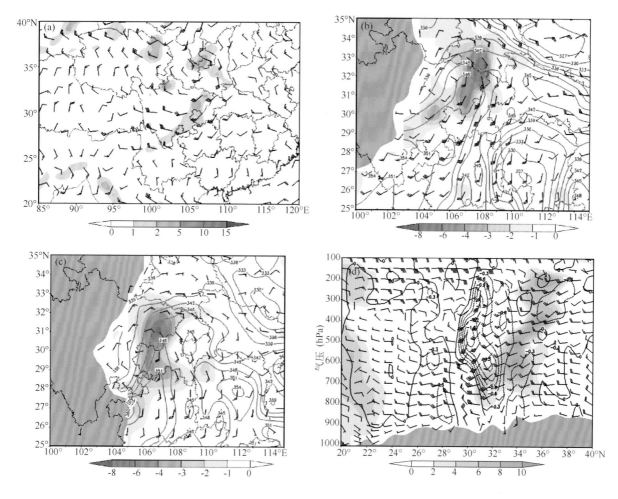

图 7　2011 年 8 月 4 日 08 时

（a）500 hPa 风场（羽状风矢量，单位：m/s）和涡度平流（蓝色阴影，单位：10^{-10} s^{-2}）；（b）700 hPa 水汽通量散度（蓝色阴影，单位：10^{-9} g/(cm² · hPa · s)）和假相当位温（红色实线，单位：K）；（c）850 hPa 水汽通量散度（蓝色阴影，单位：10^{-9} g/(cm² · hPa · s)）和假相当位温（红色实线，单位：K）；（d）垂直速度（黑色等值线，单位：hPa/s）、风场（羽状风矢量，单位：m/s）以及涡度（绿色阴影，单位：10^{-5} s^{-1}）沿 106°E 经向一垂直剖面

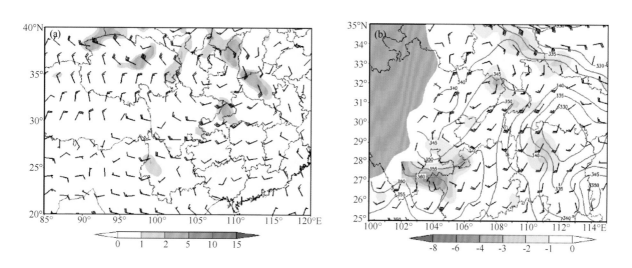

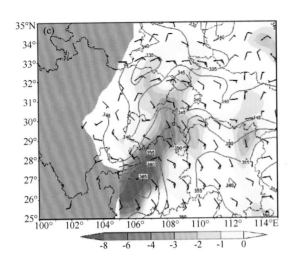
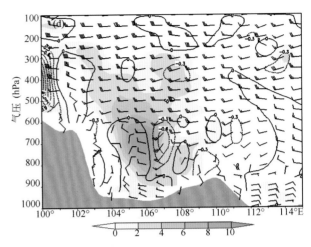

图 8　2011 年 8 月 4 日 20 时

(a) 500 hPa 风场（羽状风矢量，单位：m/s）和涡度平流（蓝色阴影，单位：$10^{-10} \, s^{-2}$）；(b) 700 hPa 水汽通量散度（蓝色阴影，单位：$10^{-9} \, g/(cm^2 \cdot hPa \cdot s)$）和假相当位温（红色实线，单位：K）；(c) 850 hPa 水汽通量散度（蓝色阴影，单位：$10^{-9} \, g/(cm^2 \cdot hPa \cdot s)$）和假相当位温（红色实线，单位：K）；(d) 垂直速度（黑色等值线，单位：hPa/s）、风场（羽状风矢量，单位：m/s）以及涡度（绿色阴影，单位：$10^{-5} \, s^{-1}$）沿 30°N 纬向－垂直剖面

　　物理量分析：8 月 4 日 08 时，500 hPa 上空重庆西部为正的涡度平流大值区，量值为 $5 \times 10^{-10} \, s^{-2}$ 左右。700 hPa 上四川盆地东北部存在低涡辐合环流，其前部重庆东北部为较大水汽通量散度，为 $-4 \times 10^{-9} \, g/(cm^2 \cdot hPa \cdot s)$ 以上。850 hPa 上，重庆西部存在一高能湿舌，低涡辐合环流中心位于重庆西部，低涡中心水汽辐合较强，水汽通量散度最大值达到 $-6 \times 10^{-9} \, g/(cm^2 \cdot hPa \cdot s)$ 左右。此外，106°E 经向－垂直剖面图上降水区存在略向北倾斜的正涡度柱，涡度最大值增大至 $10 \times 10^{-5} \, s^{-1}$ 左右，同时垂直上升运动较强，垂直速度最大值达到 -1.5 hPa/s 左右，中心位于 500 hPa。

　　4 日 20 时，500 hPa 上空重庆东北部正的涡度平流明显增大，最大值达到 $5 \times 10^{-10} \, s^{-2}$ 左右。700 hPa 上四川盆地东北部低涡辐合环流继续维持，其前部重庆东北部水汽辐合较强，水汽通量散度值为 $-4 \times 10^{-9} \, g/(cm^2 \cdot hPa \cdot s)$。850 hPa 上，重庆西部低涡辐合环流维持，低涡中心前部重庆水汽辐合较强，水汽通量散度最大值达到 $-6 \times 10^{-9} \, g/(cm^2 \cdot hPa \cdot s)$ 左右。沿 30°N 纬向－垂直剖面图上显示降水区存在略向西倾斜的正涡度柱，涡度最大值中心位于 700 hPa，量值为 $10 \times 10^{-5} \, s^{-1}$ 左右，同时垂直上升运动较强，垂直速度最大值略有降低，值为 -0.8 hPa/s 左右，中心位于 700 hPa。